高等学校计算机应用规划教材

计算机应用基础

(Win 7+Office 2010，第 2 版)

张韶回　王静波
崔战友　陈少军　编著

清华大学出版社
北　京

内 容 简 介

本书以培养学生的计算思维能力和计算机操作能力为核心任务，全书共分16章，分别介绍了计算机基础知识、使用Windows 7操作系统、键盘与汉字输入、Word 2010基础操作、格式化与排版文档、设置文档页面与邮件合并、Excel 2010基础操作、设置与管理表格数据、使用Excel宏与模板、使用图表与数据透视表、PowerPoint 2010基础操作、演示文稿的设置与放映、计算机网络基础与应用、多媒体技术及应用、计算机安全与维护、计算机新技术等内容。

本书内容丰富、结构清晰、语言简练、图文并茂，具有很强的实用性和可操作性，可作为高等学校、职业院校计算机基础课程教材，也可作为全国计算机等级考试或其他计算机能力考试的参考书，还可作为各类计算机培训班教材或初学者的自学用书。

本书封面贴有清华大学出版社防伪标签，无标签者不得销售。
版权所有，侵权必究。举报：010-62782989，beiqinquan@tup.tsinghua.edu.cn。

图书在版编目(CIP)数据

计算机应用基础：Win 7+Office 2010 / 张韶回等编著. —2版. —北京：清华大学出版社，2020.11
（2023.9重印）
高等学校计算机应用规划教材
ISBN 978-7-302-56246-7

Ⅰ. ①计⋯ Ⅱ. ①张⋯ Ⅲ. ①Windows 操作系统—高等学校—教材 ②办公自动化—应用软件—高等学校—教材 Ⅳ. ①TP316.7 ②TP317.1

中国版本图书馆 CIP 数据核字(2020)第 151704 号

责任编辑：王　定
封面设计：高娟妮
版式设计：孔祥峰
责任校对：马遥遥
责任印制：丛怀宇

出版发行：清华大学出版社
　　　　网　　址：http://www.tup.com.cn, http://www.wqbook.com
　　　　地　　址：北京清华大学学研大厦A座　　邮　编：100084
　　　　社 总 机：010-83470000　　　　　　　　邮　购：010-62786544
　　　　投稿与读者服务：010-62776969, c-service@tup.tsinghua.edu.cn
　　　　质 量 反 馈：010-62772015, zhiliang@tup.tsinghua.edu.cn
印 装 者：三河市东方印刷有限公司
经　　销：全国新华书店
开　　本：185mm×260mm　　　印　张：20.75　　　字　数：528千字
版　　次：2017年6月第1版　　2020年12月第2版　　印　次：2023年9月第6次印刷
定　　价：59.80元

产品编号：080098-01

编 委 会

编著者：张韶回　　王静波　　崔战友　　陈少军

编　委：(排名不分先后)

　　张婧妮　　徐浩鸣　　谢　妮　　关　琳

　　王　吉　　李　浩　　李元斌　　何　康

　　陈宇红　　周尽忠　　彭　玲

前　言

大学计算机基础课程是高等院校非计算机专业学生必修的公共基础课程，也是学习其他计算机应用技术的基础课程。本课程的教学内容是根据教育部的教学基本要求，实现教学与科研有效结合，通过对教学内容的基础性、科学性和前瞻性的研究，体现以技能、技术为主体，构建支持学生终身学习的基础，反映本学科领域的最新科技应用成果，特别要以加强人才培养的针对性、应用性、实践性为重点，调整学生的知识结构和提升学生的素质。通过本课程的学习，学生应较全面、系统地掌握计算机软硬件技术与网络技术的基本概念，了解软件设计与信息处理的基本过程，掌握典型计算机系统的基本工作原理，具备安装、设置与操作现代典型计算机环境的能力，具有较强的信息系统安全意识与社会责任意识，为后续计算机技术课程的学习打下坚实的基础。

本书系统研究了目前大学计算机基础教育和计算机技术发展的状况，在内容取舍、篇章结构、教学讲解和实验安排等方面都进行了精心的设计。全书共分 16 个章节，全面讲述了计算机基础知识、网络技术基础、Windows 7 操作系统、文字处理软件 Word 2010、电子表格软件 Excel 2010、演示文稿软件 Powerpoint 2010、程序设计基础以及云计算、大数据、物联网等新技术。

本书内容全面，由浅入深，同时紧密结合了计算机专业技术的发展，并采用计算机专业写作手法，避免了内容过于通俗而专业讲解不足的问题。本书可以适应多层次分级教学，以满足不同学时的教学要求和适应不同基础的学生的学习需要。

本书由张韶回、王静波、崔战友、陈少军编著。参与编写的人员还有张婧妮、徐浩鸣、谢妮、关琳、王吉、李浩、李元斌、何康、陈宇红、周尽忠、彭玲。由于作者水平有限，本书难免存在不足之处，希望同行和读者提出宝贵的意见。

本书提供课件、素材文件和习题参考答案，读者可扫描下方二维码获取：

课件

素材文件

习题参考答案

编　者

2020 年 7 月

目 录

第1章 计算机基础知识……………………1
1.1 计算机的诞生与发展………………2
- 1.1.1 计算机的诞生……………………2
- 1.1.2 计算机的发展……………………2
1.2 计算机的分类与应用………………3
- 1.2.1 计算机的分类……………………4
- 1.2.2 计算机的应用领域………………4
1.3 计算机的组成与工作原理…………5
- 1.3.1 计算机系统的组成………………5
- 1.3.2 计算机的工作原理………………5
1.4 计算机的发展趋势…………………7
1.5 计算机中的数制与编码……………7
- 1.5.1 二进制编码的优点………………7
- 1.5.2 不同进制的表示方法……………8
- 1.5.3 计算机中数据的表示方法………10
- 1.5.4 计算机中的常用编码……………11
1.6 鼠标与键盘的基本操作……………13
- 1.6.1 使用鼠标…………………………13
- 1.6.2 使用键盘…………………………14
1.7 课后习题……………………………16

第2章 使用Windows 7操作系统………18
2.1 使用Windows 7系统桌面…………19
- 2.1.1 添加与排列桌面图标……………19
- 2.1.2 使用任务栏………………………20
- 2.1.3 使用【开始】菜单………………22
- 2.1.4 使用窗口、对话框和菜单………23
2.2 设置个性化工作环境………………29
- 2.2.1 设置桌面背景……………………30
- 2.2.2 更改系统时间……………………30
- 2.2.3 创建用户账户……………………31
- 2.2.4 设置屏幕保护程序………………33
2.3 管理文件……………………………33
- 2.3.1 文件和文件夹的概念……………34
- 2.3.2 文件和文件夹的基本操作………35
- 2.3.3 使用回收站………………………37
2.4 管理软件……………………………38
- 2.4.1 安装软件…………………………38
- 2.4.2 运行软件…………………………38
- 2.4.3 卸载软件…………………………39
2.5 使用控制面板………………………39
- 2.5.1 打开控制面板……………………40
- 2.5.2 控制面板的视图模式……………40
- 2.5.3 设置【开始】菜单和任务栏……40
- 2.5.4 设置系统时间和日期……………42
- 2.5.5 安装与更新硬件驱动……………42
- 2.5.6 更新软件…………………………42
- 2.5.7 添加打印机………………………43
2.6 课后习题……………………………44

第3章 键盘与汉字输入…………………45
3.1 键盘指法和击键要点………………45
3.2 汉字输入法基础……………………46
- 3.2.1 汉字输入法简介…………………46
- 3.2.2 添加输入法………………………47
- 3.2.3 选择输入法………………………48
- 3.2.4 删除输入法………………………48
3.3 使用拼音输入法……………………48
- 3.3.1 输入单个汉字……………………48
- 3.3.2 输入汉字词组……………………49

3.3.3　使用手工造词…………………………49
3.4　使用五笔输入法……………………………50
　　3.4.1　汉字结构解析…………………………50
　　3.4.2　基本字根及键位分布…………………51
　　3.4.3　五笔字根之间的关系…………………53
　　3.4.4　汉字的拆分原则………………………54
3.5　综合案例……………………………………55
3.6　课后习题……………………………………55

第4章　Word 2010 基础操作……………………57
4.1　Word 2010简介……………………………58
　　4.1.1　Word 2010的工作界面………………58
　　4.1.2　Word 2010的视图模式………………59
4.2　Word 2010文档基本操作…………………60
　　4.2.1　新建文档………………………………60
　　4.2.2　保存文档………………………………60
　　4.2.3　打开与关闭文档………………………61
4.3　输入与编辑文本……………………………62
　　4.3.1　输入文本………………………………62
　　4.3.2　输入日期和时间………………………65
　　4.3.3　选取文本………………………………66
　　4.3.4　移动、复制和删除文本………………67
　　4.3.5　查找与替换文本………………………68
　　4.3.6　撤销与恢复操作………………………69
4.4　使用样式……………………………………70
　　4.4.1　应用样式………………………………71
　　4.4.2　创建样式………………………………71
　　4.4.3　修改样式………………………………73
　　4.4.4　删除样式………………………………73
4.5　使用模板……………………………………74
　　4.5.1　使用模板创建文档……………………74
　　4.5.2　创建模板………………………………75
　　4.5.3　加载与卸载共用模板…………………77
4.6　使用宏………………………………………79
　　4.6.1　显示【开发工具】选项卡……………79
　　4.6.2　有宏的文档……………………………79
　　4.6.3　计划录制宏……………………………80
　　4.6.4　录制宏…………………………………80
　　4.6.5　修改录制的宏…………………………81
　　4.6.6　删除宏…………………………………81

4.7　综合案例……………………………………82
4.8　课后习题……………………………………83

第5章　格式化与排版文档………………………85
5.1　设置文本格式………………………………86
　　5.1.1　使用【字体】功能组设置……………86
　　5.1.2　利用浮动工具栏设置…………………86
　　5.1.3　通过【字体】对话框设置……………87
5.2　设置段落格式………………………………88
　　5.2.1　设置段落对齐方式……………………89
　　5.2.2　设置段落缩进…………………………89
　　5.2.3　设置段落间距…………………………90
5.3　使用项目符号和编号………………………92
　　5.3.1　添加项目符号和编号…………………92
　　5.3.2　自定义项目符号和编号………………92
　　5.3.3　删除项目符号和编号…………………94
5.4　使用格式刷…………………………………94
　　5.4.1　应用文本格式…………………………94
　　5.4.2　应用段落格式…………………………94
5.5　制作图文混排文档…………………………95
　　5.5.1　使用图片………………………………95
　　5.5.2　使用艺术字……………………………99
　　5.5.3　使用自选图形…………………………100
5.6　在文档中使用表格…………………………102
　　5.6.1　创建表格………………………………102
　　5.6.2　操作行、列与单元格…………………104
　　5.6.3　设置表格的外观………………………107
5.7　综合案例……………………………………108
5.8　课后习题……………………………………109

第6章　设置文档页面与邮件合并………………111
6.1　页面设置……………………………………112
　　6.1.1　设置页边距……………………………112
　　6.1.2　设置纸张………………………………113
　　6.1.3　设置文档网格…………………………113
　　6.1.4　设置稿纸页面…………………………114
6.2　设计页眉和页脚……………………………115
　　6.2.1　为首页创建页眉和页脚………………115
　　6.2.2　为奇偶页创建页眉和页脚……………117
6.3　插入与设置页码……………………………118

		6.3.1	插入页码……………………118
6.4	插入分页符和分节符………119
	6.3.2	设置页码格式……………118
	6.4.1	插入分页符………………119
	6.4.2	插入分节符………………120
6.5	设置页面背景和主题………120
	6.5.1	使用纯色背景……………120
	6.5.2	设置背景填充效果………120
	6.5.3	添加水印…………………121
	6.5.4	设置主题…………………122
6.6	使用特殊排版方式…………124
	6.6.1	文字竖排…………………124
	6.6.2	首字下沉…………………125
	6.6.3	设置分栏…………………125
6.7	长文档的编排与处理………126
	6.7.1	使用大纲视图查看长文档…126
	6.7.2	使用大纲视图组织长文档…127
	6.7.3	查看文档结构……………128
	6.7.4	使用书签…………………128
	6.7.5	制作目录…………………130
6.8	使用"邮件合并"功能……132
	6.8.1	创建主文档………………132
	6.8.2	选择数据源………………133
	6.8.3	编辑主文档………………134
	6.8.4	合并文档…………………135
6.9	打印文档……………………136
	6.9.1	预览文档…………………137
	6.9.2	打印设置与执行打印……137
6.10	综合案例……………………139
6.11	课后习题……………………140

第7章 Excel 2010基础操作………141

7.1	Excel 2010简介………………142
	7.1.1	Excel 2010的主要功能……142
	7.1.2	Excel 2010的工作界面……142
	7.1.3	Excel的三大元素…………143
7.2	工作表的常用操作…………144
	7.2.1	插入工作表………………144
	7.2.2	选定工作表………………144

	7.2.3	删除工作表………………145
	7.2.4	重命名工作表……………145
	7.2.5	移动或复制工作表………145
	7.2.6	保护工作表………………146
7.3	查看工作簿窗口……………147
	7.3.1	工作簿视图………………147
	7.3.2	并排查看工作簿…………147
	7.3.3	拆分工作簿窗口…………148
	7.3.4	冻结工作簿窗口…………149
7.4	隐藏工作簿和工作表………149
	7.4.1	隐藏工作簿………………149
	7.4.2	隐藏工作表………………150
7.5	输入与编辑数据……………150
	7.5.1	输入数据…………………150
	7.5.2	编辑数据…………………153
7.6	单元格的基础操作…………157
	7.6.1	选定单元格………………157
	7.6.2	合并与拆分单元格………157
	7.6.3	插入与删除单元格………159
7.7	格式化工作表………………159
	7.7.1	设置数据样式……………160
	7.7.2	设置表格样式……………162
7.8	综合案例……………………164
7.9	课后习题……………………165

第8章 设置与管理表格数据………167

8.1	数据有效性管理………………168
	8.1.1	设置数据有效性……………168
	8.1.2	设置输入提示和警告………168
	8.1.3	圈释无效数据………………169
8.2	使用公式与函数………………170
	8.2.1	使用公式……………………170
	8.2.2	使用函数……………………174
	8.2.3	单元格的引用………………177
	8.2.4	定义与使用名称……………178
	8.2.5	常用函数应用案例…………180
8.3	数据排序、筛选与分类汇总……186
	8.3.1	数据的排序…………………186
	8.3.2	数据的筛选…………………188

		8.3.2	分类汇总	190
	8.4	数据的合并计算		192
		8.4.1	按类合并计算	192
		8.4.2	按位置合并计算	192
	8.5	使用条件格式功能		193
	8.6	综合案例		194
	8.7	课后习题		195

第 9 章 使用 Excel 宏与模板 …… 196

	9.1	使用模板		196
		9.1.1	创建模板	196
		9.1.2	应用模板	197
	9.2	使用宏		197
		9.2.1	启用宏	197
		9.2.2	录制宏	198
		9.2.3	执行宏	200
	9.3	综合案例		202
	9.4	课后习题		203

第 10 章 使用图表与数据透视表 …… 204

	10.1	图表简介		205
		10.1.1	图表的组成	205
		10.1.2	图表的选择	205
	10.2	插入图表		206
		10.2.1	创建图表	206
		10.2.2	创建组合图表	207
		10.2.3	添加图表注释	208
	10.3	编辑图表		208
		10.3.1	调整图表	208
		10.3.2	更改图表布局和样式	209
		10.3.3	设置图表背景	209
		10.3.4	更改图表类型	211
		10.3.5	更改图表数据源	211
		10.3.6	设置图表标签	212
		10.3.7	设置图表坐标轴与网格线	212
	10.4	设置图表格式		212
		10.4.1	设置图表元素样式	213
		10.4.2	设置图表文本格式	213
	10.5	使用数据透视表/图		214
		10.5.1	数据透视表/图简介	214
		10.5.2	创建数据透视表	214
		10.5.3	设置数据透视表	215
		10.5.4	修改数据透视表格式	216
		10.5.5	创建数据透视图	217
	10.6	打印Excel工作表		217
		10.6.1	设置打印参数	217
		10.6.2	使用打印预览	218
		10.6.3	打印表格	218
	10.7	综合案例		218
	10.8	课后习题		219

第 11 章 PowerPoint 2010 基础操作 …… 220

	11.1	PowerPoint 2010简介		221
		11.1.1	PowerPoint 2010的工作界面	221
		11.1.2	PowerPoint 2010的视图模式	221
	11.2	新建演示文稿		223
		11.2.1	新建空白演示文稿	223
		11.2.2	根据模板创建演示文稿	223
	11.3	幻灯片的基本操作		225
		11.3.1	添加幻灯片	225
		11.3.2	选择幻灯片	225
		11.3.3	移动和复制幻灯片	226
		11.3.4	删除幻灯片	226
	11.4	输入与编辑幻灯片文本		226
		11.4.1	输入幻灯片文本	226
		11.4.2	设置文本格式	228
		11.4.3	设置段落格式	228
		11.4.4	使用项目符号和编号	229
	11.5	插入多媒体元素		229
		11.5.1	在幻灯片中插入图片	230
		11.5.2	在幻灯片中插入艺术字	231
		11.5.3	在幻灯片中插入声音	232
		11.5.4	在幻灯片中插入视频	233
	11.6	综合案例		233
	11.7	课后习题		234

第 12 章 演示文稿的设置与放映 …… 236

	12.1	设置幻灯片母版		237

	12.1.1	幻灯片母版简介 ……………… 237
	12.1.2	设计母版版式 ………………… 237
	12.1.3	设置页面和页脚 ……………… 239
12.2	设置主题和背景 …………………… 240
	12.2.1	为幻灯片设置主题 …………… 240
	12.2.2	为幻灯片设置背景 …………… 240
12.3	设置幻灯片动画 …………………… 241
	12.3.1	设置幻灯片切换效果 ………… 242
	12.3.2	为对象添加动画效果 ………… 242
	12.3.3	设置动画效果选项 …………… 246
12.4	设置互动式演示文稿 ……………… 247
	12.4.1	添加超链接 …………………… 247
	12.4.2	添加动作按钮 ………………… 248
	12.4.3	隐藏幻灯片 …………………… 249
12.5	设置放映方式 ……………………… 249
	12.5.1	定时放映幻灯片 ……………… 249
	12.5.2	循环放映幻灯片 ……………… 250
	12.5.3	连续放映幻灯片 ……………… 250
	12.5.4	自定义放映幻灯片 …………… 250
12.6	设置放映类型 ……………………… 251
	12.6.1	演讲者放映(全屏幕) ………… 252
	12.6.2	观众自行浏览(窗口) ………… 252
	12.6.3	在展台浏览(全屏幕) ………… 252
12.7	控制幻灯片放映 …………………… 252
	12.7.1	排列计时 ……………………… 252
	12.7.2	控制放映过程 ………………… 253
	12.7.3	添加墨迹注释 ………………… 254
	12.7.4	录制旁白 ……………………… 254
12.8	综合案例 …………………………… 255
12.9	课后习题 …………………………… 256

第13章 计算机网络基础与应用 ………… 258

13.1	计算机网络的基础知识 …………… 258
	13.1.1	计算机网络的概念 …………… 259
	13.1.2	计算机网络的组成 …………… 259
	13.1.3	计算机网络的功能 …………… 260
	13.1.4	计算机网络的分类 …………… 260
	13.1.5	网络体系结构与网络协议 …… 262
13.2	局域网的组建 ……………………… 264

	13.2.1	对等局域网的接入方式 ……… 264
	13.2.2	双绞线的接线标准 …………… 265
	13.2.3	双绞线的制作方法 …………… 265
	13.2.4	连接集线器/路由器 …………… 266
	13.2.5	配置计算机IP地址 …………… 267
	13.2.6	测试网络连通性 ……………… 268
	13.2.7	设置计算机名称 ……………… 268
13.3	Internet基础应用 …………………… 269
	13.3.1	Internet概述 ………………… 269
	13.3.2	Internet常用术语 …………… 269
	13.3.3	Internet提供的基本服务 …… 270
	13.3.4	Internet接入方式 …………… 271
13.4	移动互联网 ………………………… 272
	13.4.1	移动互联网的特点 …………… 272
	13.4.2	移动互联网的接入方式 ……… 273
13.5	课后习题 …………………………… 273

第14章 多媒体技术及应用 ……………… 275

14.1	多媒体技术概述 …………………… 276
	14.1.1	多媒体概念 …………………… 276
	14.1.2	多媒体的关键技术 …………… 277
	14.1.3	多媒体计算机系统的组成 …… 277
14.2	声音媒体简介 ……………………… 279
	14.2.1	音频信息 ……………………… 279
	14.2.2	数字音频文件格式 …………… 280
	14.2.3	MIDI音乐 …………………… 280
14.3	图形图像基础 ……………………… 281
	14.3.1	图形与图像的基本属性 ……… 281
	14.3.2	图形与图像的数字化 ………… 282
	14.3.3	图形与图像文件的格式 ……… 282
14.4	视频信息基础 ……………………… 282
	14.4.1	常用视频文件格式 …………… 283
	14.4.2	流媒体信息 …………………… 283
14.5	计算机动画简介 …………………… 285
	14.5.1	二维计算机动画制作 ………… 286
	14.5.2	动画制作应注意的问题 ……… 286
	14.5.3	动画文件格式 ………………… 287
14.6	综合案例 …………………………… 287
14.7	课后习题 …………………………… 288

第 15 章　计算机安全与维护 ………… 289
15.1　计算机的日常维护常识 ………… 289
- 15.1.1　计算机的使用环境 ………… 290
- 15.1.2　计算机的使用习惯 ………… 290

15.2　维护计算机硬件设备 ………… 290
- 15.2.1　硬件维护的注意事项 ………… 290
- 15.2.2　维护主要硬件设备 ………… 291
- 15.2.3　维护计算机常用外设 ………… 295

15.3　维护计算机操作系统 ………… 297
- 15.3.1　清理磁盘空间 ………… 297
- 15.3.2　整理磁盘碎片 ………… 298
- 15.3.3　关闭Windows防火墙 ………… 299

15.4　计算机病毒及防范 ………… 299
- 15.4.1　计算机病毒的概念 ………… 300
- 15.4.2　计算机病毒的传播途径 ………… 300
- 15.4.3　计算机病毒的特点 ………… 300
- 15.4.4　计算机感染病毒后的症状 ………… 301
- 15.4.5　计算机病毒的预防 ………… 301

15.5　课后习题 ………… 301

第 16 章　计算机新技术 ………… 303
16.1　云计算 ………… 304
- 16.1.1　云计算的概念 ………… 304
- 16.1.2　云计算的发展 ………… 305
- 16.1.3　云计算的特点 ………… 305
- 16.1.4　云计算的应用 ………… 307

16.2　大数据 ………… 309
- 16.2.1　大数据的概念 ………… 309
- 16.2.2　大数据的发展 ………… 309
- 16.2.3　大数据的特点 ………… 309
- 16.2.4　大数据的应用 ………… 311

16.3　物联网 ………… 312
- 16.3.1　物联网的概念 ………… 312
- 16.3.2　物联网的发展 ………… 313
- 16.3.3　物联网的应用 ………… 313

16.4　人工智能 ………… 314
- 16.4.1　人工智能的概念 ………… 314
- 16.4.2　人工智能的发展 ………… 314
- 16.4.3　人工智能的特点 ………… 314
- 16.4.4　人工智能的应用 ………… 315

16.5　课后习题 ………… 316

参考文献 ………… 317

第 1 章
计算机基础知识

☑ **学习目标**

在信息技术飞速发展的今天,计算机已经成为人类工作和生活不可或缺的部分,掌握相应的计算机基础操作,也成为人们在各行各业所必备的技能。本章将主要讲解计算机的发展历程、组成与工作原理等基础知识。

☑ **知识体系**

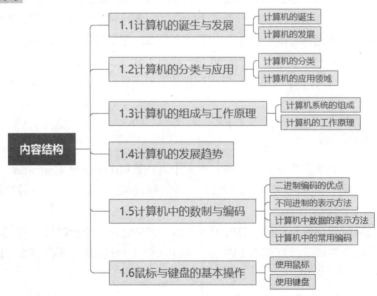

☑ **重点内容**

- 计算机的发展简史、主要特点、应用领域和发展趋势
- 计算机硬件和软件系统的组成
- 计算机中信息表示的方法
- 计算机鼠标与键盘的正确操作方法

1.1 计算机的诞生与发展

1946年，世界上第一台电子计算机在美国宾夕法尼亚大学诞生。之后短短的几十年里，电子计算机经历了几代的演变，并迅速渗透到人类的生活和生产的各个领域，在科学计算、工程设计、数据处理以及人们的日常生活中发挥着巨大的作用。电子计算机被公认为是20世纪最重大的工业革命成果之一。

计算机是一种能够存储程序，并按照程序自动、高速、精确地进行大量计算和信息处理的电子机器。科技的进步促使计算机的产生和迅速发展，而计算机的迅速发展又反过来促进了科学技术和生产水平的提高。电子计算机的发展和应用水平，已经成为衡量一个国家的科学、技术水平和经济实力的重要标志。

1.1.1 计算机的诞生

目前，人们公认的第一台计算机是1946年2月由宾夕法尼亚大学莫尔学院研制成功的ENIAC(Electronic Numerical Integrator And Computer)，即电子数字积分计算机。ENIAC最初专门用于火炮弹道的计算，后经多次改进而成为能够进行各种科学计算的通用计算机。它采用电子管作为计算机的基本元件，由18000多只电子管、1500多只继电器、10000多只电容和7000多只电阻构成，其占地170平方米，重量30吨，耗电140～150千瓦，每秒能进行5000次加减运算。ENIAC完全采用电子管线路执行算术运算、逻辑运算和信息存储，其运算速度比继电器计算机快1000倍。

1.1.2 计算机的发展

本书中所说的计算机是指微型计算机，也称个人计算机(Personal Computer，PC)。那么到底什么才是计算机呢？简单地说，计算机就是一种能够按照指令对收集的各种数据和信息进行分析并自动加工和处理的电子设备。

计算机的发展阶段通常以构成计算机的电子器件来划分，至今已经历了四代，目前正在向第五代过渡。每一个发展阶段在技术上都是一次新的突破，在性能上都是一次质的飞跃。下面就来介绍计算机的发展简史。

1. 第一代电子管计算机(1946－1957年)

第一代计算机采用的主要元件是电子管，称为电子管计算机。其主要特征如下。
(1) 采用电子管元件，体积庞大，耗电量高，可靠性差，维护困难。
(2) 计算速度慢，一般为每秒钟一千次到一万次运算。
(3) 使用机器语言，几乎没有系统软件。
(4) 采用磁鼓、小磁芯作为存储器，存储空间有限。
(5) 输入/输出设备简单，采用穿孔纸带或卡片。
(6) 主要用于科学计算。

2．第二代晶体管计算机(1958－1964 年)

晶体管的发明给计算机技术的发展带来了革命性的变化。第二代计算机采用的主要元件是晶体管，称为晶体管计算机。其主要特征如下。

(1) 采用晶体管元件，体积大大缩小，可靠性增强，寿命延长。
(2) 计算速度加快，达到每秒几万次到几十万次运算。
(3) 提出了操作系统的概念，出现了汇编语言，产生了 FORTRAN 和 COBOL 等高级程序设计语言和批处理系统。
(4) 普遍采用磁芯作为内存储器，磁盘、磁带作为外存储器，容量大大提高。
(5) 计算机应用领域扩大，除科学计算外，还用于数据处理和实时过程控制。

3．第三代集成电路计算机(1965－1969 年)

20 世纪 60 年代中期，随着半导体工艺的发展，已制造出了集成电路元件。集成电路可以在几平方毫米的单晶硅片上集成十几个甚至上百个电子元件。计算机开始使用中小规模的集成电路元件。其主要特征如下。

(1) 采用中小规模集成电路软件，体积进一步缩小，寿命更长。
(2) 计算速度加快，可达每秒几百万次运算。
(3) 高级语言进一步发展，操作系统的出现使计算机功能更强，计算机开始广泛应用在各个领域。
(4) 普遍采用半导体存储器，存储容量进一步提高，而体积更小、价格更低。
(5) 计算机应用范围扩大到企业管理和辅助设计等领域。

4．第四代大规模和超大规模集成电路计算机(1970 年至今)

随着 20 世纪 70 年代初集成电路制造技术的飞速发展，产生了大规模集成电路元件，使计算机进入了一个崭新的时代，即大规模和超大规模集成电路计算机时代。其主要特征如下。

(1) 采用大规模(Large Scale Integration，LSI)和超大规模集成电路(Very Large Scale Integration，VLSI)元件，体积与第三代相比进一步缩小，在硅半导体上集成了几十万甚至上百万个电子元器件，可靠性更好，寿命更长。
(2) 计算速度加快，可达每秒几千万次到几十亿次运算。
(3) 软件配置丰富，软件系统工程化、理论化，程序设计部分自动化。
(4) 发展了并行处理技术和多机系统，微型计算机大量进入家庭，产品更新速度加快。
(5) 计算机在办公自动化、数据库管理、图像处理、语言识别和专家系统等各个领域大显身手，计算机的发展进入了以计算机网络为特征的时代。

1.2 计算机的分类与应用

计算机的种类很多，从不同角度对计算机有不同的分类方法。随着计算机科学技术的不断发展，计算机的应用领域越来越广泛，应用水平越来越高，正在改变着人们传统的工作、学习和生活方式，推动着人类社会的不断进步。下面将介绍计算机的分类和主要应用领域。

1.2.1 计算机的分类

根据计算机的性能指标，如机器规模的大小、运算速度的高低、主存储容量的大小、指令系统性能的强弱以及机器的价格等，可将计算机分为巨型机、大型机、中型机、小型机、微型机和工作站。

(1) 巨型机：是指运算速度在每秒亿次以上的计算机。巨型机运算速度快、存储量大、结构复杂、价格昂贵，主要用于尖端科学研究领域。巨型机目前在国内还不多，我国研制的"银河"计算机就属于巨型机。

(2) 大、中型机：是指运算速度在每秒几千万次左右的计算机，通常在国家级科研机构以及重点理、工科类院校使用。

(3) 小型机：运算速度在每秒几百万次左右，通常在一般的科研与设计机构以及普通高校等使用。

(4) 微型机：也称个人计算机(PC)，是目前应用最广泛的机型。

(5) 工作站：主要用于图形、图像处理和计算机辅助设计中。它实际上是一台性能更高的微型机。

1.2.2 计算机的应用领域

计算机的快速性、通用性、准确性和逻辑性等特点，使它不仅具有高速运算能力，而且具有逻辑分析和逻辑判断能力。这不仅可以大大提高人们的工作效率，而且现代计算机还可以部分替代人的脑力劳动，进行一定程度的逻辑判断和运算。如今计算机已渗透到人们生活和工作的各个层面中，主要体现在以下几个方面的运用。

(1) 科学计算(或数值计算)：是指利用计算机来完成科学研究和工程技术中提出的数学问题的计算。在现代科学技术工作中，科学计算问题是大量的和复杂的。利用计算机的高速计算、大存储容量和连续运算的能力，可以实现人工无法解决的各种科学计算问题。

(2) 信息处理(或数据处理)：是指对各种数据进行收集、存储、整理、分类、统计、加工、利用、传播等一系列活动的统称。据统计，80%以上的计算机主要用于数据处理。这类工作量大面宽，决定了计算机应用的主导方向。

(3) 自动控制(或过程控制)：是利用计算机及时采集检测数据，按最优值迅速地对控制对象进行自动调节或自动控制。采用计算机进行自动控制，不仅可以大大提高控制的自动化水平，而且可以提高控制的及时性和准确性，从而改善劳动条件、提高产品质量及合格率。目前，计算机自动控制已在机械、冶金、石油、化工、纺织、水电、航天等部门得到广泛的应用。

(4) 计算机辅助技术：是指利用计算机帮助人们进行各种设计、处理等过程。它包括计算机辅助设计(CAD)、计算机辅助制造(CAM)、计算机辅助教学(CAI)和计算机辅助测试(CAT)等。另外，计算机辅助技术还有辅助生产、辅助绘图和辅助排版等。

(5) 人工智能(或智能模拟)：人工智能(Artificial Intelligence，AI)是指计算机模拟人类的智能活动，诸如感知、判断、理解、学习、问题求解和图像识别等。人工智能的研究目标是计算机更好地模拟人的思维活动，那时的计算机将可以完成更复杂的控制任务。

(6) 网络应用：随着社会信息化的发展，通信业也发展迅速，计算机在通信领域的作用越来越大，特别是促进了计算机网络的迅速发展。目前全球最大的网络(Internet，国际互联网)，已把全球的大多数计算机联系在一起。除此之外，计算机在信息高速公路、电子商务、娱乐和游戏等领域也得到了快速的发展。

1.3 计算机的组成与工作原理

一个完整的计算机系统由硬件系统和软件系统两部分组成。现在的计算机已经发展成一个庞大的家族，其中的每个成员尽管在规模、性能、结构和应用等方面存在很大的差别，但是它们的基本结构和工作原理是相同的。

1.3.1 计算机系统的组成

计算机由许多部件组成，但总体来说，一个完整的计算机系统由两大部分组成，即硬件系统和软件系统，如图1-1所示。

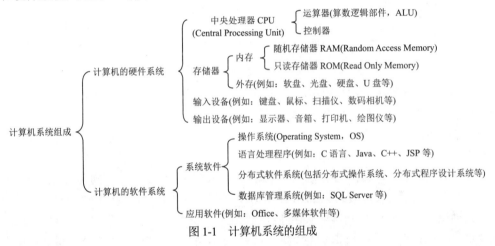

图 1-1 计算机系统的组成

(1) 计算机的硬件系统：是组成计算机系统的各种物理设备的总称，是计算机系统的物质基础，如 CPU、存储器、输入设备和输出设备等。计算机硬件系统又称为"裸机"，裸机只能识别由 0、1 组成的机器代码。没有软件系统的计算机几乎是没有用的。

(2) 计算机的软件系统：指为使计算机运行和工作而编制的程序和全部文档的总和。硬件系统的发展给软件系统提供了良好的开发环境，而软件系统的发展又给硬件系统提出了新的要求。

1.3.2 计算机的工作原理

在介绍计算机的基本工作原理之前，首先了解几个相关的概念。

所谓指令，是指挥计算机进行基本操作的命令，是计算机能够识别的一组二进制编码。通常一条指令由两部分组成：第一部分指出应该进行什么样的操作，称为操作码；第二部分指出参与操作的数据本身或该数据在内存中的地址。在计算机中，可以完成各种操作的指令有很多，计算机所能执行的全部指令的集合称为计算机的指令系统。把能够完成某一人物的所有指令(或语句)有序地排列起来，就组成程序，即程序是能够完成某一任务的指令的有序集合。

现代计算机的基本工作原理是存储程序和程序控制。这一原理是美籍匈牙利数学家冯·诺依曼于 1946 年提出的，因此又称为冯·诺依曼原理。其主要思想如下：

(1) 计算机硬件由运算器、控制器、存储器、输入设备和输出设备 5 个基本部分组成。
(2) 在计算机内采用二进制的编码方式。
(3) 程序和数据一样，都存放于存储器中(即存储程序)。
(4) 计算机按照程序逐条取出指令加以分析，并执行指令规定的操作(即程序控制)。

计算机的基本工作方式如图 1-2 所示。

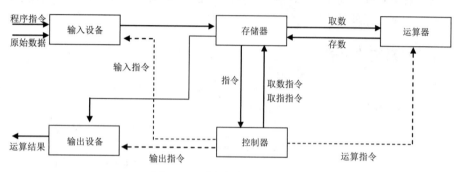

图 1-2　计算机的基本工作方式

在图 1-2 中，实线为数据和程序，虚线为控制命令。首先，在控制器的作用下，计算所需的原始数据和计算步骤的程序指令通过输入设备送入计算机的存储器中。其次，控制器向存储器发送取指命令，存储器中的程序指令被送入控制器中。控制器对取出的指令进行译码，接着向存储器发送取数指令，存储器中的相关运算数据被送到运算器中。控制器向运算器发送运算指令，运算器执行运算，并得到结果，把运算结果存入存储器中。控制器向存储器发出取数指令，数据被送往输出设备。最后，控制器向输出设备发送输出指令，输出设备将计算机结果输出。一系列操作完成后，控制器再从存储器中取出下一条指令进行分析，执行该指令，周而复始地重复"取指令""分析指令""执行指令"的过程，直到程序中的全部指令执行完毕为止。

按照冯·诺依曼原理构造的计算机称为冯·诺依曼计算机，其体系结构称为冯·诺依曼体系结构。冯·诺依曼计算机的基本特点如下。

(1) 程序和数据在同一个存储器中存储，二者没有区别，指令与数据一样可以送到运算器中进行运算，即由指令组成的程序是可以修改的。
(2) 存储器采用按地址访问的线性结构，每个单元的大小是一定的。
(3) 通过执行指令直接发出控制信号控制计算机操作。指令在存储器中按顺序存放，由指令计算器指明将要执行的指令在存储器中的地址。指令计算器一般按顺序递增，但执行顺序也可以随外界条件的变化而改变。
(4) 整个计算过程以运算器为中心，输入/输出设备与存储器间的数据传送都要经过运算器。

如今，计算机正在以难以置信的速度向前发展，但其基本原理和基本构架仍然没有脱离冯·诺依曼体系结构。

1.4 计算机的发展趋势

随着计算机技术的发展、网络的发展及软件业的发展，计算机的发展已经进入了一个崭新的时代。目前计算机正向功能巨型化、体积微型化、资源网络化和处理智能化的方向发展。

1. 功能巨型化

巨型化指的是发展高速运算、大存储容量和强功能的巨型计算机。其运算能力一般在每秒千万亿次以上，内存容量在几万兆字节以上。巨型计算机主要用于尖端科学技术和军事国防系统的研究开发。巨型计算机的发展集中体现了计算机科学技术的发展水平，推动了计算机系统结构、硬件和软件的理论和技术、计算数学以及计算机应用等多个科学分支的发展。因此，巨型机标志着一个国家的科学技术水平，可以衡量某个国家的科技能力、工业发展水平和综合实力。

2. 体积微型化

随着微电子技术和超大规模集成电路的发展，计算机的体积趋向微型化。从20世纪80年代开始，计算机得到了普及。到了20世纪90年代，微型机在家庭的拥有率不断升高。之后又出现了笔记本型计算机、掌上计算机、手表计算机等。微型机的生产和应用体现了一个社会的科技现代化程度。

3. 资源网络化

现代信息社会的发展趋势就是实现资源的共享，在计算机的使用上表现为网络化，即利用计算机和现代通信技术把各个地区的计算机互联起来，形成一个规模巨大、功能很强的计算机网络，从而使一个地区、国家甚至全世界的计算机共享信息资源。这样，信息就能得到快速、高效的传递。随着网络技术的发展，凭借一台计算机在家办公，就可以"足不出户而知天下事"。

4. 处理智能化

计算机的智能化是计算机技术(硬件和软件技术)发展的一个高目标。智能化是指计算机具有模仿人类较高层次智能活动的能力，即模拟人类的感觉、行为、思维过程，使计算机具备"视觉""听觉""话语""行为""思维""推理""学习""定理证明"及"语言翻译"等感官或能力。机器人技术、计算机对弈、专家系统等就是计算机智能化的具体应用。计算机的智能化催促着第五代计算机的孕育和诞生。

1.5 计算机中的数制与编码

数据是计算机处理的对象。在计算机内部，各种信息都必须经过数字化编码后才能被传送、存储和处理。而在计算机中采用什么数制，如何表示数的正负和大小，是学习计算机首先遇到的一个重要问题。

1.5.1 二进制编码的优点

二进制并不符合人们的使用习惯，但是计算机内部却采用二进制表示信息，其主要原因有以下 4 点。

（1）电路简单：计算机是由逻辑电路组成的，逻辑电路通常只有两个状态。例如：开关的接通与断开，电压电平的高与低等。这两种状态正好用二进制的 0 和 1 来表示。若采用十进制，则要求处理 10 种电路状态，相对于两种状态的电路来说是很复杂的。

（2）工作可靠：两种状态代表两种数据信息，数字传输和处理不容易出错，因而电路更加可靠。

（3）简化运算：二进制运算法则简单。例如，求和法则有 3 个，求积法则有 3 个。

（4）逻辑性强：计算机工作原理是建立在逻辑运算基础上的，逻辑代数是逻辑运算的理论依据。二进制只有两个数码，正好代表逻辑代数中的"真"与"假"。

1.5.2 不同进制的表示方法

在计算机中必须采用某一方式来对数据进行存储或表示，这种方式就是计算机中的数制。数制，即进位计数制，是人们利用数字符号按进位原则进行数据大小计算的方法。人们通常是以十进制来进行计算的，此外还有二进制、八进制和十六进制等。

在计算机的数制中，数码、基数和位权这 3 个概念是必须掌握的。下面将简单地介绍这 3 个概念。

（1）数码：一个数制中表示基本数值大小的不同数字符号。例如，十进制有 10 个数码，即 0、1、2、3、4、5、6、7、8、9。

（2）基数：一个数值所使用数码的个数。例如，二进制的基数为 2，十进制的基数为 10。

（3）位权：一个数值中某一位上的 1 所表示数值的大小。例如，十进制的 123，1 的位权是 100，2 的位权是 10，3 的位权是 1。

1. 十进制(Decimal notation)

十进制的特点如下。

(1) 有 10 个数码：0、1、2、3、4、5、6、7、8、9。

(2) 基数：10。

(3) 逢十进一(加法运算)，借一当十(减法运算)。

(4) 按权展开式。对于任意一个 n 位整数和 m 位小数的十进制数 D，均可按权展开为：

$D=D_{n-1} \cdot 10^{n-1}+D_{n-2} \cdot 10^{n-2}+\cdots+D_1 \cdot 10^1+D_0 \cdot 10^0+D_{-1} \cdot 10^{-1}+\cdots+D_{-m} \cdot 10^{-m}$

【例 1-1】将十进制数 314.16 写成按权展开式形式。

$314.16=3 \times 10^2+1 \times 10^1+4 \times 10^0+1 \times 10^{-1}+6 \times 10^{-2}$

2. 二进制(Binary notation)

二进制的特点如下。

(1) 有两个数码：0、1。

(2) 基数：2。

(3) 逢二进一(加法运算)，借一当二(减法运算)。

(4) 按权展开式。对于任意一个 n 位整数和 m 位小数的二进制数 D，均可按权展开为：

$D=B_{n-1} \cdot 2^{n-1}+B_{n-2} \cdot 2^{n-2}+\cdots+B_1 \cdot 2^1+B_0 \cdot 2^0+B_{-1} \cdot 2^{-1}+\cdots+B_{-m} \cdot 2^{-m}$

【例1-2】把$(1101.01)_2$写成展开式,它表示的十进制数为:
$1×2^3+1×2^2+0×2^1+1×2^0+0×2^{-1}+1×2^{-2}=(13.25)_{10}$

3. 八进制(Octal notation)

八进制的特点如下。

(1) 有8个数码:0、1、2、3、4、5、6、7。

(2) 基数:8。

(3) 逢八进一(加法运算),借一当八(减法运算)。

(4) 按权展开式。对于任意一个n位整数和m位小数的八进制数D,均可按权展开为:

$D=O_{n-1}·8^{n-1}+…+O_1·8^1+O_0·8^0+O_{-1}·8^{-1}+…+O_{-m}·8^{-m}$

【例1-3】将八进制数$(317)_8$转换为十进制数。
$3×8^2+1×8^1+7×8^0=(207)_{10}$

4. 十六进制(Hexadecimal notation)

十六进制的特点如下。

(1) 有16个数码:0、1、2、3、4、5、6、7、8、9、A、B、C、D、E、F。

(2) 基数:16。

(3) 逢十六进一(加法运算),借一当十六(减法运算)。

(4) 按权展开式。对于任意一个n位整数和m位小数的十六进制数D,均可按权展开为:

$D=H_{n-1}·16^{n-1}+…+H_1·16^1+H_0·16^0+H_{-1}·16^{-1}+…+H_{-m}·16^{-m}$

提示
　　在16个数码中,A、B、C、D、E和F这6个数码分别代表十进制的10、11、12、13、14和15,这是国际上通用的表示法。

【例1-4】将十六进制数$(3C4)_{16}$转换为十进制数。
$3×16^2+12×16^1+4×16^0=(964)_{10}$

二进制数与其他数之间的对应关系如表1-1所示。

表1-1 二进制数与其他数之间的对应关系

十进制	二进制	八进制	十六进制	十进制	二进制	八进制	十六进制
0	0	0	0	9	1001	11	9
1	1	1	1	10	1010	12	A
2	10	2	2	11	1011	13	B
3	11	3	3	12	1100	14	C
4	100	4	4	13	1101	15	D
5	101	5	5	14	1110	16	E
6	110	6	6	15	1111	17	F
7	111	7	7	16	10000	20	10
8	1000	10	8				

1.5.3 计算机中数据的表示方法

数据是指能够输入计算机并被计算机处理的数字、字母和符号的集合。我们平常所看到的景象和听到的事实都可以用数据来描述。数据经过收集、组织和整理就能成为有用的信息。

1. 计算机中数的单位

在计算机内部，数据都是以二进制的形式存储和运算的。计算机数据的表示经常使用到以下几个概念。

(1) 位。位(bit)简写为b，音译为比特，是计算机存储数据的最小单位，是二进制数据中的一个位。一个二进制位只能表示0或1两种状态，若要表示更多的信息，就得把多个位组合成一个整体，每增加一位，所能表示的信息量就增加一倍。

(2) 字节。字节(Byte)简记为B，规定一个字节为8位，即1Byte=8bit。计算机数据处理以字节为基本单位解释信息。每个字节由8个二进制位组成。通常，一个字节可存放一个ASCII码，两个字节存放一个汉字国际码。

(3) 字。字(Word)是计算机进行数据处理时一次存取、加工和传送的数据长度。一个字通常由一个或若干个字节组成。由于字长是计算机一次所能处理信息的实际位数，所以它决定了计算机数据处理的速度，是衡量计算机性能的一个重要标识。字长越长，计算机性能越好。计算机型号不同，其字长是不同的，常用的字长有8位、16位、32位和64位。

计算机存储器容量以字节数来度量，经常使用的度量单位有KB、MB和GB，其中B代表字节。各度量单位可用字节表示为：

$1KB = 2^{10}B = 1024B$

$1MB = 2^{10} \times 2^{10}B = 1024 \times 1024B$

$1GB = 2^{10} \times 2^{10} \times 2^{10}B = 1024MB = 1024 \times 1024KB = 1024 \times 1024 \times 1024B$

例如，一台计算机的内存标注为2GB，外存硬盘标注为500GB，则它实际可存储的内外存字节数分别为：

内存容量=$2 \times 1024 \times 1024 \times 1024B$

外存硬盘容量=$500 \times 1024 \times 1024 \times 1024B$

2. 计算机中数的表示

在计算机内部，任何信息都以二进制代码表示(即0与1的组合来表示)。一个数在计算机中的表示形式称为机器数，机器数所对应的原来的数值称为真值。由于采用二进制，必须要把符号数字化，通常是用机器数的最高位作为符号位，仅用来表示数符。若该位为0，则表示正数；若该位为1，则表示负数。机器数也有不同表示法，常用有3种：原码、补码和反码。下面以字长8位为例，介绍计算机中数的原码表示法。

原码表示法，即用机器数的最高位代表符号(若为0，则代表正数，若为1，则代表负数)，数值部分为真值的绝对值。例如，表1-2列出了几个十进制数的真值和原码。

表 1-2　十进制数的真值和原码

十 进 制	+73	−73	+127	−127	+0	−0
二进制 (真值)	+1001001	−1001001	+1111111	−1111111	+0000000	−0000000
原　码	01001001	11001001	01111111	1111111	0000000	10000000

用原码表示时，数的真值及其用原码表示的机器数之间的对应关系简单，相互转换方便。

1.5.4　计算机中的常用编码

字符又称为符号数据，包括字母和符号等。计算机除处理数值信息外，大量处理的是字符信息。例如，将高级语言编写的程序输入计算机时，人与计算机通信时所用的语言就不再是一种纯数字语言而是字符语言。由于计算机中只能存储二进制数，这就需要对字符进行编码，建立字符数据与二进制数据之间的对应关系，以便于计算机识别、存储和处理。

1. ASCII 码

目前，国际上使用的字母、数字和符号的信息、编码系统种类很多，但使用最广泛的是 ASCII 码(American Standard Code for Information Interchange，美国信息交换标准代码)。该码开始时是美国国家信息交换标准字符码，后来被采纳为一种国际通用的信息交换标准代码。

ASCII 码总共有 128 个元素，其中包括 32 个通用控制字符、10 个十进制数码、52 个英文大小写字母和 34 个专用符号。因为 ASCII 码总共为 128 个元素，故用二进制编码表示需用 7 位。任意一个元素由 7 位二进制数 $D_6D_5D_4D_3D_2D_1D_0$ 表示，从 0000000 到 1111111 共有 128 种编码，可用来表示 128 个不同的字符。ASCII 码是 7 位的编码，但由于字节(8 位)是计算机中常用单位，故仍以 1 字节来存放一个 ASCII 字符，每个字节中多余的最高位 D_6 取为 0。表 1-3 所示为 7 位 ASCII 编码表(省略了恒为 0 的最高位 D_7)。

表 1-3　7 位 ASCII 编码表

$D_3D_2D_1D_0$	$D_6D_5D_4$							
	000	001	010	011	100	101	110	111
0000	NUL	DLE	SP	0	@	P	`	p
0001	SOH	DC1	!	1	A	Q	a	q
0010	STX	DC2	"	2	B	R	b	r
0011	ETX	DC3	#	3	C	S	c	s
0100	EOT	DC4	$	4	D	T	d	t
0101	ENQ	NAK	%	5	E	U	e	u
0110	ACK	SYN	&	6	F	V	f	v
0111	BEL	ETB	'	7	G	W	g	w
1000	BS	CAN	(	8	H	X	h	x

(续表)

$D_3D_2D_1D_0$	$D_6D_5D_4$							
	000	001	010	011	100	101	110	111
1001	HT	EM	)	9	I	Y	i	y
1010	LF	SUB	*	:	J	Z	j	z
1011	VT	ESC	+	;	K	[	k	{
1100	FF	FS	,	<	L	\	l	|
1101	CR	GS	-	=	M	]	m	}
1110	SO	RS	.	>	N	^	n	~
1111	SI	US	/	?	O	_	o	DEL

要确定某个字符的 ASCII 码，在表中可先查到它的位置，然后确定它所在位置相应的列和行，最后根据列确定高位码($D_6D_5D_4$)，根据行确定低位码($D_3D_2D_1D_0$)，把高位码与低位码合在一起就是该字符的 ASCII 码(高位码在前，低位码在后)。例如：字母 A 的 ASCII 码是 1000001，符号＋的 ASCII 码是 0101011。

ASCII 码的特点如下。

(1) 编码值 0～31(0000000～0011111)不对应任何可印刷字符，通常为控制符，用于计算机通信中的通信控制或对设备的功能控制；编码值 32(0100000)是空格字符，编码值 127(1111111)是删除控制 DEL 码；其余 94 个字符为可印刷字符。

(2) 字符 0～9 这 10 个数字字符的高 3 位编码($D_6D_5D_4$)为 011，低 4 位编码为 0000～1011。当去掉高 3 位的值时，低 4 位正好是二进制形式的 0～9。这既满足正常的排序关系，又有利于完成 ASCII 码与二进制码之间的转换。

(3) 英文字母的编码是正常的字母排序关系，且大、小写英文字母编码的对应关系相当简便，差别仅表现在 D_5 位的值为 0 或 1，有利于大、小写字母之间的编码转换。

2. 汉字的存储与编码

汉字的存储有两个方面的含义：一是字形码的存储，二是汉字内码的存储。

为了能显示和打印汉字，必须存储汉字的字形。目前普遍使用的汉字字形码是用点阵方式表示的，称为"点阵字模码"。所谓"点阵字模码"，就是将汉字像图像一样置于网状方格上，每格是存储器中的一个位。16×16 点阵是在纵向 16 点、横向 16 点的网状方格上写一个汉字，有笔画的格对应 1，无笔画的格对应 0。这种用点阵形式存储的汉字字形信息的集合称为汉字字模库，简称汉字字库。

在 16×16 点阵字库中，每一个汉字以 32 个字节存放，存储一、二级汉字及符号共 8836 个，需要 282.5KB 磁盘空间。而用户的文档假定有 10 万个汉字，却只需要 200KB 的磁盘空间，这是因为用户文档中存储的只是每个汉字(符号)的内码。

一个汉字用两个字节的内码表示，计算机显示一个汉字的过程是：首先根据其内码找到该汉字在字库中的地址，然后将该汉字的点阵字形在屏幕上输出。

汉字是我国表示信息的主要手段，常用汉字有 3000～5000 个，汉字通常用两个字节编码。为了与 ASCII 码相区别，规定汉字编码的两个字节最高位为 1。采用双 7 位汉字编码，最多可表示 $128 \times 128 = 16\ 384$ 个汉字。

国标码(GB 码)即中华人民共和国国家标准信息交换汉字编码，代号为 GB2312－80。国标码中有 6763 个汉字和 682 个其他基本图形字符，共计 7445 个字符。其中一级汉字 3755 个，二级汉字 3008 个，图形符号 682 个。

国标码是一种机器内部编码，主要用于统一不同系统之间所用的不同编码，将不同系统使用的不同编码统一转换成国标码，以实现不同系统之间的汉字信息交换。

除了 GB 码外，还有 BIG5 码和 GBK 码。BIG5 码即大五码，是我国港台地区广泛使用的汉字编码。GBK 码是汉字扩展内码规范，它与 GB 码体系标准完全兼容，是当前收录汉字最全面的编码标准，涵盖了经过国际化的 20 902 个汉字，对于解决古籍整理、医药名称、法律文献和百科全书编纂等行业的用字问题起到了极大的作用。

1.6　鼠标与键盘的基本操作

用户操作计算机主要依靠鼠标和键盘。用户在使用计算机时，无论是打开一个程序还是关闭计算机，都需要使用鼠标或键盘来操作。下面将详细介绍鼠标和键盘的具体使用方法。

1.6.1　使用鼠标

鼠标上一般有 3 个按键，分别是左键、右键和滚轮(中键)，它们分别有不同的功能。在操作鼠标时，应采用正确的握姿。一般情况下，鼠标放在显示器的右侧，操作者使用右手握住鼠标。使用鼠标的正确方法如下。

(1) 将鼠标平放在鼠标垫上，手心轻贴鼠标后部，拇指横向放在鼠标左侧，无名指和小指轻轻抓住鼠标右侧。

(2) 食指和中指自然弯曲，分别轻放在鼠标左键和右键上。

(3) 手腕自然放于桌面上，移动鼠标时只需移动手腕运动即可。

用户在使用鼠标操作计算机的过程中，鼠标光标的形状会随着操作的不同或者系统工作状态的不同而呈现出不同的形态，即不同形态的鼠标光标代表着不同的操作，具体如表 1-4 所示。

表 1-4　计算机鼠标的形态

指针形态	含　义	指针形态	含　义
▶	正常选择，这是正常状态下鼠标光标的基本形状	⧖	"忙"状态
▶	系统正在执行某项操作，要求用户等待	▶?	可在相应位置显示该对象的含义和作用
I	编辑状态，用于输入或选定文本	↕	调整窗口(或某区域边框)的垂直大小
+	精确定位	↔	调整窗口(或某区域边框)的水平大小

(续表)

指针形态	含义	指针形态	含义
↖	对角方向按比例调整窗口或边框大小	↗	对角方向按比例调整窗口或边框大小
✦	移动对象		

1.6.2 使用键盘

键盘是计算机最常用的输入设备。用户向计算机发出的命令、编写的程序等都要通过键盘输入计算机中，使计算机能够按照用户发出的指令来操作，实现人机对话。本节将具体介绍常见键盘的结构以及操作键盘的基本方法。

1. 键盘的结构

目前常用的键盘在原有标准键盘的基础上，增加了许多新的功能键。虽然不同的键盘多出的功能键各不相同，但所有键盘上的主要按键功能大致相同。下面以107键的标准键盘为例来介绍键盘的按键组成及功能，如图1-3所示。

图1-3　107键标准键盘结构

标准键盘包括多个区域，其上排为功能键区，下方左侧为标准键区，中间为光标控制键区，右侧为小键盘区，右上侧为3个状态指示灯。

2. 键盘按键的功能

键盘上的按键有很多，各个按键的作用也不相同。下面将重点介绍键盘上比较常用的按键功能。

- Esc键：该键是强行退出键，它的功能是退出当前环境，返回原菜单。
- 字母键：字母键的键面为英文大写字母，从A到Z。运用Shift键可以进行大小写切换。在使用键盘输入文字时，主要通过字母键来实现。
- 数字和符号键：数字和符号键的键面上有上下两种符号，故又称双字符键。上面的符号称为上档符号，下面的符号称为下档符号。
- 控制键：在控制键中，Shift、Ctrl、Alt和Windows徽标键各有两个，这些键在打字键的两端，基本呈对称分布。此外还有BackSpace键、Tab键、Enter键、Caps Lock键、空格键和快捷菜单键。
- 小键盘区：小键盘区一共有 17 个键，其中包括 Num Lock 键、数字键、双字符键、Enter 键和符号键。其中数字键大部分为双字符键，上档符号是数字，下档符号具有光标控制功能。

3. 键盘的操作姿势

使用键盘录入时，操作姿势的正确与否将直接影响工作情绪和工作效率。正确的键盘操作姿势要求如下。
- 坐姿：平坐且将身体重心置于椅子上，腰背挺直，身体稍偏于键盘右方。身体向前微微倾斜，身体与键盘之间的距离保持在 20cm 左右。
- 手臂、肘和手腕的位置：两肩放松，大臂自然下垂，肘与腰部的距离为 5~10cm。小臂与手腕略向上倾斜，手腕切忌向上拱起，手腕与键盘下边框保持 1cm 左右的距离。
- 手指位置：手掌以手腕为轴略向上抬起，手指略微弯曲并自然下垂轻放在基本键上，左右手拇指轻放在空格键上。
- 录入时的要求：将位于显示器正前方的键盘右移 5cm。书稿稍斜放在键盘的左侧，使视线和字行成平行线。打字时，不看键盘，只专注于书稿或屏幕，稳、准、快地击键。

4. 十指的分工

键盘手指的分工是指键位和手指的搭配，即把键盘上的全部字符合理地分配给 10 个手指，并且规定每个手指击打哪几个字符键。在使用键盘时，左右手各手指的具体分工如下。
- 左手小指主要分管 1、Q、A、Z 和左 Shift 键 5 个键，此外还分管左边的一些控制键。
- 左手无名指分管 2、W、S 和 X 这 4 个键。
- 左手中指分管 3、E、D 和 C 这 4 个键。
- 左手食指分管 4、R、F、V、5、T、G、B 这 8 个键。
- 右手小指主要分管 0、P、【;】、【/】和右 Shift 键 5 个键，此外还分管右边的一些控制键。
- 右手无名指分管 9、O、L、【.】这 4 个键。
- 右手中指分管 8、I、K、【,】这 4 个键。
- 右手食指分管 6、Y、H、N、7、U、J、M 这 8 个键。
- 大拇指专门击打空格键。当左手击完字符键需按空格键时，用右手大拇指击空格键；反之，则用左手大拇指击空格键。击打空格键时，大拇指瞬间发力后立即反弹。

位于打字键区第 3 行的 A、S、D、F、J、K、L 和【;】这 8 个键称为基本键，其中的 F 键和 J 键称为原点键。这 8 个基本键位是左、右手指固定的位置。

5. 精确击键的要点

在击键时，主要用力的部位不是手腕，而是手指关节。当练到一定阶段时，手指敏感度加强，可以过渡到指力和腕力并用。击键时应注意以下要点。
- 手腕保持平直，手臂保持静止，全部动作只限于手指部分。
- 手指保持弯曲并稍微拱起，指尖的第一关节略成弧形，轻放在基本键的中央位置。
- 击键时，只允许伸出要击键的手指，击键完毕必须立即回位，切忌触摸键或停留在非基本键键位上。
- 以相同的节拍轻轻击键，不可用力过猛。以指尖垂直向键盘瞬间发力，并立即反弹，切不可用手指按键。
- 用右手小指击 Enter 键后右手立即返回基本键键位，返回时右手小指应避免触到【;】键。

1.7 课后习题

1. 计算机的应用领域有哪些?
2. 简述现代计算机一般具有哪些重要特点(可通过百度、360 搜索等搜索引擎在网上搜索)。
3. 简述决定计算机性能的主要参数指标。
    (1) 主板：_____
    (2) 内存：_____
    (3) CPU：_____
    (4) 显卡：_____
    (5) 显示器：_____
4. 结合网上搜索的配件参数，根据日常使用计算机的需要，确定一份计算机配件采购清单，并详细标注主要配件的型号和价格(总价在 4500 元以内)。
5. 试计算一块 1TB 大小的移动硬盘可以存放 1.5GB 大小的视频文件数量，并写出计算过程。
6. 查看当前计算机的硬盘空间和内存容量，并写出方法。
7. 列举你所在机房中计算机使用的应用软件有哪几款。
8. 将二进制数 11011.011 根据按权展开的方法转换成十进制数。
9. 将十进制数 0.5 转换为对应的二进制数。
10. 将二进制数 1101000.0010011 转换为对应的十六进制数。
11. 汉字"学"的区位码是 4907(十进制)，它的机内码(十六进制)是(　　)。
    A. 5127H   B. B187H   C. DlA7H   D. 3107H
12. 以下数未标明进制，但能肯定不是八进制数的是(　　)。
    A. 2667   B. 101000   C. 458   D. 360
13. 下列数据最小的是(　　)。
    A. 1111B   B. 1111O   C. 1111D   D. 1111H
14. 十进制数 524.6875 对应的十六进制数是(　　)。
    A. 20C.A   B. 20C.B   C. 181.A   D. 181.B
15. 最大的 15 位二进制数换算成十六进制数是(　　)。
    A. FFFF   B. 3FFF   C. 7FFF   D. OFFF
16. 在计算机内部，数据和指令的表示形式采用(　　)。
    A. 二进制   B. 八进制   C. 十进制   D. 十六进制
17. "美国信息交换标准代码"的简称是(　　)。
    A. EBCDIC   B. ASCII   C. GB2312－80   D. BCD

18. 关于基本ASCII码在计算机中的表示方法，准确的描述应该是(　　)。
   A. 使用8位二进制数，最低位为1
   B. 使用8位二进制数，最高位为1
   C. 使用8位二进制数，最低位为0
   D. 使用8位二进制数，最高位为0
19. 在微型计算机系统中，基本字符编码是(　　)。
   A. 机内码　　　　B. ASCII码　　　　C. BCD码　　　　D. 拼音码
20. 如果字符C的十进制ASCII码值是67，则字符H的十进制ASCII码值是(　　)。
   A. 77　　　　　　B. 75　　　　　　C. 73　　　　　　D. 72
21. 如果字符A的十进制ASCII码值是65，则字符H的十六进制ASCII码值是(　　)。
   A. 48　　　　　　B. 4C　　　　　　C. 73　　　　　　D. 72
22. 下列描述中，正确的是(　　)。
   A. 1KB=1024×1024Bytes　　　　　　B. 1MB=1024×1024Bytes
   C. 1KB=1024MB　　　　　　　　　　D. 1MB=1024Bytes
23. 计算机中最小的数据单位是(　　)。
   A. 字　　　　　　B. 字节　　　　　C. 位　　　　　　D. 字长

第 2 章
使用Windows 7操作系统

☑ **学习目标**

操作系统是人们操作计算机的平台，计算机只有在安装了操作系统之后才能发挥其功能。目前，绝大部分用户使用 Windows 系列操作系统，而在该系列操作系统中，Windows XP、Windows 7、Windows 8 与 Windows 10 系统更是被广泛应用。

☑ **知识体系**

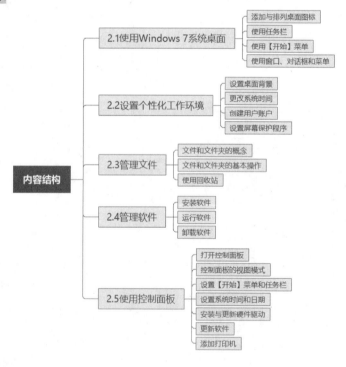

☑ **重点内容**

- Windows 7 系统用户界面的基本操作
- 使用 Windows 系统管理文件与文件夹
- 在 Windows 7 中安装、运行和卸载软件
- 【控制面板】窗口的使用方法

2.1 使用 Windows 7 系统桌面

在 Windows 7 操作系统中,"桌面"是一个重要的概念,它指的是当用户启动并登录操作系统后所看到的一个主屏幕区域。桌面是用户进行工作的一个平面,它由图标、【开始】按钮、任务栏、窗口等几个部分组成。

2.1.1 添加与排列桌面图标

常用的桌面系统图标有【计算机】、【网络】、【回收站】和【控制面板】等。除了添加系统图标之外,用户还可以添加快捷方式图标。

1. 添加系统图标

第一次进入 Windows 7 操作系统的时候,发现桌面上只有一个回收站图标,要增加其他常用系统图标,可以使用下面的方法进行操作。

【例 2-1】在桌面上添加【计算机】和【网络】两个系统图标。

(1) 启动 Windows 7 操作系统后,在系统桌面空白处右击鼠标,在弹出的快捷菜单中选择【个性化】命令。

(2) 打开【个性化】窗口后,单击窗口左侧的【更改桌面图标】文字链接,设置桌面图标,如图 2-1 所示。

图 2-1 打开【个性化】窗口

(3) 打开【桌面图标设置】对话框,选中【计算机】和【网络】复选框,然后单击【确定】按钮,如图 2-2 所示。此时,即可在桌面上看到【计算机】和【网络】图标。

2. 添加快捷方式图标

用户还可以添加其他应用程序或文件夹的快捷方式图标。一般情况下,一个新的应用程序安装完成后,都会自动在桌面上建立相应的快捷方式图标。如果该程序没有自动建立快捷方式图标,可采用以下方法来添加。

在程序的启动图标上右击鼠标，在弹出的快捷菜单中选择【发送到】|【桌面快捷方式】命令，即可创建一个快捷方式，并将其显示在桌面上，如图2-3所示。

图2-2 【桌面图标设置】对话框

图2-3 发送到桌面快捷方式

3. 排列图标

当用户安装了新的程序后，桌面也添加了更多的快捷方式图标。为了让用户更方便、快捷地使用图标，可以将图标按照自己的要求排列顺序。除了用鼠标拖曳图标随意安放外，用户也可以按照名称、大小、类型和修改日期来排列桌面图标。

例如在桌面空白处右击鼠标，在弹出的快捷菜单中选择【排序方式】下的【项目类型】命令，桌面上的图标即可按照类型进行排序，如图2-4所示。

图2-4 设置图标按类型排序

2.1.2 使用任务栏

任务栏是位于桌面下方的一个条形区域，它显示了系统正在运行的程序、打开的窗口和当前时间等内容，用户通过任务栏可以完成许多操作。任务栏最左边的圆形(球状)的立体按钮是【开始】菜单按钮，在【开始】按钮的右边依次是快速启动区(包含IE图标和库图标等系统自带程序、当前打开的窗口和程序等)、语言栏(输入法语言)、通知区域(系统运行程序的设置显示和系统时间日期)、【显示桌面】按钮(单击该按钮即可显示完整桌面，再单击即会还原)，如图2-5所示。

图 2-5 Windows 7 任务栏

1. 任务栏按钮

Windows 7 的任务栏可以将计算机运行的同一程序的不同文档集中在同一个图标上，如果是尚未运行的程序，单击相应图标可以启动对应的程序；如果是运行中的程序，单击图标则会将此程序放在最前端。在任务栏上，用户可以通过鼠标的各种按键操作来实现不同的功能。

(1) 左键单击：如果图标对应的程序尚未运行，单击鼠标左键即可启动该程序；如果已经运行，单击左键则会将对应的程序窗口放置于最前端。如果该程序打开了多个窗口和标签，左键单击可以查看该程序所有窗口和标签的缩略图，再次单击缩略图中的某个窗口，即可将该窗口显示于桌面的最前端，如图 2-6 所示。

(2) 中键单击：中键单击程序的图标后，会新建该程序的一个窗口。如果鼠标上没有中键，也可以单击滚轮实现中键单击的效果。

(3) 右键单击：右键单击一个图标，可以打开跳转列表，查看该程序历史记录，执行解锁任务栏及关闭程序的命令，如图 2-7 所示。

图 2-6 显示程序缩略图

图 2-7 右键单击任务栏的显示结果

任务栏的快速启动区图标可以用鼠标左键拖曳移动来改变它们的顺序。对于已经启动的程序的任务栏按钮，Windows 7 还有一些特别的视觉效果。例如某个程序已经启动，那么该程序的按钮周围就会添加边框；在将光标移动至按钮上时，还会发生颜色的变化；另外如果某程序同时打开了多个窗口，按钮周围的边框的个数与窗口数相符；用光标在多个此类图标上滑动时，对应程序的缩略图还会出现动态的切换效果。

2. 任务进度监视

在 Windows 7 操作系统中，任务栏中的按钮具有任务进度监视的功能。例如用户在复制某个文件时，在任务栏的按钮中同样会显示复制的进度。

2.1.3 使用【开始】菜单

【开始】菜单是指单击任务栏中的"开始"按钮所打开的菜单。用户通过该菜单可以访问硬盘上的文件或者运行安装好的程序。Windows 7 的【开始】菜单和以前的 Windows 系统没有太大变化，主要分成 5 个部分：常用程序列表、【所有程序】列表、常用位置列表、搜索框、关机按钮组，如图 2-8 所示。

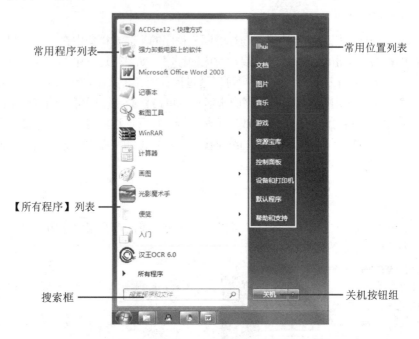

图 2-8　Windows 7 系统中的【开始】菜单

(1) 常用程序列表：该列表列出了最近频繁使用的程序快捷方式，只要是从【所有程序】列表中运行过的程序，系统会按照使用频率的高低自动将其排列在常用程序列表上。对于某些支持跳转列表功能的程序(右侧会带有箭头)，也可以在这里显示出跳转列表，如图 2-9 所示。

(2) 【所有程序】列表：系统中所有的程序都能在【所有程序】列表里找到。用户只需将光标指向或者单击【所有程序】命令，即可显示【所有程序】列表，如图 2-10 所示。如果光标指向或者单击【返回】命令，则恢复常用程序列表状态。

(3) 常用位置列表：该列表列出了硬盘上的一些常用位置，使用户能快速进入常用文件夹或系统设置，如有"控制面板""设备和打印机"等常用程序。

(4) 搜索框：在搜索框中输入关键字，即可搜索本机安装的程序或文档。

(5) 关机按钮组：由【关机】按钮和右侧的 键下拉菜单组成，包括关机、睡眠、休眠、锁定、注销、切换用户、重新启动等系统命令。

图 2-9　常用程序列表

图 2-10　【所有程序】列表

【例 2-2】通过【开始】菜单搜索运行硬盘上的【迅雷】软件。

(1) 单击【开始】按钮，打开【开始】菜单，在搜索框中输入"迅雷"。

(2) 此时，系统将自动搜索出与关键字"迅雷"相匹配的内容，并将结果显示在【开始】菜单中。

2.1.4　使用窗口、对话框和菜单

窗口、对话框和菜单是 Windows 操作系统中主要的人机交互界面，用户对 Windows 系统的操作也主要是对窗口、对话框和菜单的操作。

1. 窗口

窗口是 Windows 系统里最常见的图形界面，外形为一个矩形的屏幕显示框，是用来区分各个程序的工作区域，用户可以在窗口里进行文件、文件夹及程序的操作和修改。Windows 7 系统的窗口操作加入了许多新模式，大大提高了窗口操作的便捷性与趣味性。

1) 窗口的组成

窗口一般分为系统窗口和程序窗口，系统窗口是指如【计算机】窗口等 Windows 7 操作系统窗口；程序窗口是各个应用程序所使用的执行窗口。它们的组成部分大致相同，主要由标题栏、地址栏、搜索栏、工具栏、窗口工作区、导航窗格、细节窗格等元素组成。双击桌面上的【计算机】图标，打开【计算机】窗口，该窗口的组成部分如图 2-11 所示。

(1) 标题栏。在 Windows 7 窗口中，标题栏位于窗口的顶端，标题栏最右端显示【最小化】、【最大化/还原】、【关闭】3 个按钮。通常情况下，用户可以通过标题栏进行移动窗口、改变窗口的大小和关闭窗口等操作。

【最小化】是指将窗口缩小为任务栏上的一个图标；【最大化/还原】是指将窗口充满整个屏幕，再次单击该按钮则窗口恢复为原样；【关闭】是指将窗口关闭退出。

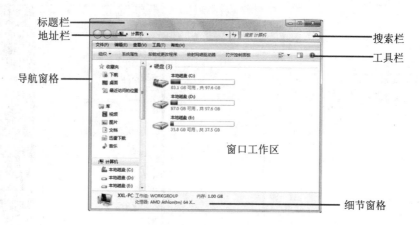

图 2-11　Windows 7【计算机】窗口

(2) 地址栏。地址栏用于显示和输入当前浏览位置的详细路径信息。Windows 7 的地址栏提供按钮功能，单击地址栏文件夹后的 ▶ 按钮，弹出一个下拉菜单，里面列出了与该文件夹同级的其他文件夹，在菜单中选择相应的路径便可以跳转到对应的文件夹，如图 2-12 所示。

用户单击地址栏最右端的 ▼ 按钮，即可打开历史记录，用户通过该操作可以在曾经访问过的文件夹之间来回切换，如图 2-13 所示。

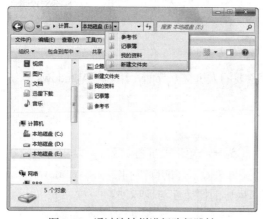

图 2-12　通过地址栏进行路径跳转

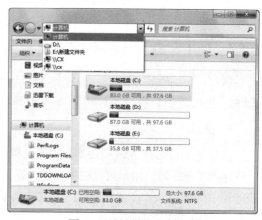

图 2-13　地址栏的历史记录

地址栏最左侧的按钮群为【浏览导航按钮】，其中【返回】按钮 可以返回上一个浏览位置；【前进】按钮 可以重新进入之前所在的位置； 按钮可以列出最近的浏览记录，方便进入曾经访问过的位置。

(3) 搜索栏。Windows 7 窗口右上角的搜索栏与【开始】菜单中的【搜索框】作用和用法相同，都具有在计算机中搜索各种文件的功能。用户进行搜索时，地址栏中会显示搜索进度情况。

(4) 工具栏。工具栏位于地址栏的下方，提供一些基本工具和菜单任务。它相当于 Windows XP 的菜单栏和工具栏的结合，但是 Windows 7 的工具栏具有智能化功能，它可以根据实际情况动态选择最匹配的选项。

单击工具栏右侧的【更改您的视图】按钮，可以切换显示不同的视图；单击【显示预览窗格】按钮，则可以在窗口的右侧出现一个预览窗格；单击【获取帮助】按钮，则会出现【Windows 帮助和支持】窗口提供帮助文件。

(5) 窗口工作区。窗口工作区用于显示主要的内容，如多个不同的文件夹、磁盘驱动等。窗口工作区是窗口中最主要的部位。

(6) 导航窗格。导航窗格位于窗口左侧的位置，它给用户提供了树状结构文件夹列表，从而方便用户迅速地定位所需的目标。窗格从上到下分为不同的类别，通过单击每个类别前的箭头，可以展开或者合并，其主要分为收藏夹、库、计算机、网络 4 个大类。

(7) 细节窗格。细节窗格位于窗口的最底部，用于显示当前操作的状态及提示信息，或当前用户选定对象的详细信息。

2) 打开与关闭窗口

在 Windows 7 中打开窗口有多种方式，下面以【计算机】窗口为例进行介绍。

- 双击桌面图标：在【计算机】图标上双击鼠标左键即可打开该图标所对应的窗口。
- 通过快捷菜单：右击【计算机】图标，在弹出的快捷菜单上选择【打开】命令。
- 通过【开始】菜单：单击【开始】按钮，在弹出的【开始】菜单里选择常用位置列表里的【计算机】选项。

关闭窗口也有多种方式，同样以【计算机】窗口为例进行介绍。

- 单击【关闭】按钮：直接单击窗口标题栏右上角的【关闭】按钮，将【计算机】窗口关闭。
- 使用菜单命令：在窗口标题栏上右击，在弹出的快捷菜单中选择【关闭】命令即可关闭【计算机】窗口。
- 使用任务栏：在任务栏上的对应窗口图标上右击，在弹出的快捷菜单中选择【关闭窗口】命令即可关闭【计算机】窗口。

3) 改变窗口大小

用户可以通过对窗口的拖曳来改变窗口的大小，只需将鼠标指针移动到窗口四周的边框或四个角上，当光标变成双箭头形状时，按住鼠标左键不放进行拖曳既可以拉伸或收缩窗口。Windows 7 系统特有的 Aero 特效功能也可以改变窗口大小，下面举例说明。

【例 2-3】通过 Aero 特效功能改变窗口大小。

(1) 双击桌面上的【计算机】图标，打开【计算机】窗口。

(2) 用鼠标拖动【计算机】窗口标题栏至屏幕的最上方，当光标碰到屏幕的上方边沿时，会出现放大的气泡，同时会看到 Aero Peek 效果(窗口边框里面透明)填充桌面，如图 2-14 所示。

(3) 此时松开鼠标左键，【计算机】窗口即可全屏显示，如图 2-15 所示。若要还原窗口，只需将最大化的窗口向下拖动即可。

图 2-14　光标碰到屏幕上边沿　　　　　　　　图 2-15　窗口全屏显示

（4）将窗口用拖动标题栏的方式移动到屏幕的最右边，当光标碰到屏幕的右边沿时，会看到 Aero Peek 效果填充至屏幕的右半边，如图 2-16 所示。

（5）同理，将窗口移动到屏幕左边沿也会将窗口大小变为屏幕靠左边的一半区域，如图 2-17 所示。若要还原窗口原来大小，只需将窗口向下拖动即可。

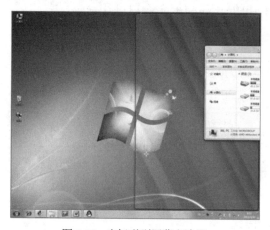 

图 2-16　光标碰到屏幕右边沿　　　　　　　　图 2-17　光标碰到屏幕左边沿

Windows 7 的 Aero 晃动功能可以快速清理窗口。用户只需将当前要保留的窗口拖住，然后轻轻一摇，其余的窗口即可全部自动最小化，再次摇动当前窗口，即可使其他窗口重新恢复。

2. 对话框

Windows 7 中的对话框多种多样，一般来说，对话框中的可操作元素主要包括命令按钮、选项卡、单选按钮、复选框、文本框、下拉列表框和数值框等，但并不是所有的对话框都包含以上所有的元素，如图 2-18 所示。

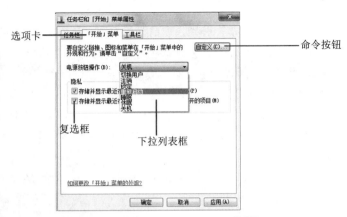

图 2-18　Windows 7 对话框

对话框各组成元素的作用如下。

(1) 选项卡：对话框内一般有多个选项卡，用户选择不同的选项卡可以切换到相应的设置页面。

(2) 下拉列表框：列表框在对话框里以矩形框形状显示，有时会以下拉列表框的形式显示，里面列出多个选项以供用户选择。

(3) 单选按钮：单选按钮是一些互相排斥的选项，每次只能选择其中的一个项目，被选中的圆圈中将会有个黑点，如图 2-19 所示。

(4) 文本框：文本框主要用来接收用户输入的信息，以便正确地完成对话框的操作。如图 2-20 所示，"数值数据"选项下方的矩形白色区域即为文本框。

图 2-19　单选按钮　　　　　　　　图 2-20　文本框

(5) 复选框：复选框中所列出的各个选项是不互相排斥的，用户可根据需要选择其中的一个或几个选项。当选中某个复选框时，框内出现一个√标记，一个选择框代表一个可以打开或关闭的选项。在空白选择框上单击便可选中它，再次单击这个选择框便可取消选择。

(6) 数值框：数值框用于输入或选中一个数值。它由文本框和微调按钮组成。在微调框中，单击上三角的微调按钮，可增加数值；单击下三角的微调按钮，可减少数值。用户也可以在文本框中直接输入需要的数值。

移动和关闭对话框的操作与窗口的有关操作相同，不过对话框不能像窗口那样任意改变大小，在其标题栏上也没有【最小化】、【最大化】按钮，取而代之的是【帮助】按钮。

3. 菜单

菜单是应用程序中命令的集合，一般都位于窗口的菜单栏里。菜单栏通常由多层菜单组成，每个菜单又包含若干个命令。要打开菜单，用鼠标单击需要执行的菜单选项即可。

1）菜单的分类

Windows 7 中的菜单大致分为 4 类，分别是窗口菜单、程序菜单、右键快捷菜单以及【开始】菜单。前三类统称为一般菜单，【开始】菜单在上文已介绍过，主要是用于对 Windows 7 操作系统进行控制和启动程序。下面我们主要对一般菜单分别进行介绍。

(1) 窗口菜单。窗口里一般都有菜单栏，单击菜单栏会弹出相应的子菜单命令，有些子菜单还有多级子菜单命令。在 Windows 7 中，用户需要单击【组织】下拉列表按钮，在弹出的下拉列表中选择【布局】|【菜单栏】选项，选中该选项前的复选框，才能显示窗口的菜单栏，如图 2-21 所示。

(2) 程序菜单。应用程序里一般包含多个菜单项，如图 2-22 所示为 Word 程序菜单。

图 2-21　窗口菜单

图 2-22　程序菜单

(3) 右键快捷菜单。在不同的对象上右击，会弹出不同的快捷菜单。

2）菜单的命令

菜单其实就是命令的集合，一般来说，菜单中的命令包含以下几种。

(1) 可执行命令和暂时不可执行命令。菜单中可以执行的命令以黑色字符显示，暂时不可执行的命令以灰色字符显示，如图 2-23 所示。当满足相应的条件下，暂时不可执行的命令才能变为可执行命令，灰色字符也会变为黑色字符。

(2) 快捷键命令。有些命令的右侧会显示快捷键，用户通过使用这些快捷键可以快速直接地执行相应的菜单命令，如图 2-24 所示。

图 2-23　可执行命令和暂时不可执行命令

图 2-24　快捷键命令

(3) 带大写字母的命令。菜单命令中有许多命令的后面有一个括号，括号中有一个大写字母(为该命令英文第一个字母)。当菜单处于激活状态时,在键盘上键入相应字母,可执行该命令,如图 2-25 所示。

(4) 带省略号的命令。命令的后面有省略号"…",表示选择此命令后将弹出一个对话框或者一个设置向导,这种命令表示可以完成一些设置或者更多的操作,如图 2-26 所示。

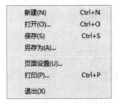

图 2-25 带大写字母的命令

图 2-26 带省略号的命令

(5) 单选和复选命令。在一些菜单命令中,有一组命令每次只能有一个命令被选中,当前选中的命令左边会出现一个单选标记"•"。选择该组的其他命令,标记"●"出现在选中命令的左边,原先命令前面的标记"●"将消失,这类命令被称为单选命令。

在一些菜单命令中,选择某个命令后,该命令的左边会出现一个复选标记"√",表示此命令正在发挥作用;再次选择该命令,命令左边的标记"√"消失,表示该命令不起作用,这类命令被称为复选命令。

(6) 子菜单命令。有些菜单命令的右边有一个向右箭头,则光标指向此命令后会弹出一个下级子菜单,子菜单通常给出某一类选项或命令,有时是一组应用程序。

3) 菜单的操作

菜单的操作主要包括选择菜单和撤销菜单,通俗来讲就是打开和关闭菜单。

(1) 选择菜单。使用鼠标选择 Windows 窗口的菜单时,只需单击菜单栏上的菜单名称,即可打开该菜单。在使用键盘选择菜单时,用户可按下列步骤进行操作。

① 按下 Alt 键或 F10 键时,菜单栏的第一个菜单项被选中。

② 利用左、右光标键选择需要的菜单项。

③ 按下 Enter 键打开选择的菜单项。

(2) 撤销菜单。使用鼠标撤销菜单的方式是单击菜单外的任何地方,即可撤销菜单。使用键盘撤销菜单时,可以按下 Alt 或 F10 键返回到文档编辑窗口,或连续按下 Esc 键逐渐退回到上级菜单,直到返回到文档编辑窗口。

如果用户选择的菜单具有子菜单,使用右光标键"→"可打开子菜单,按左光标键"←"可收起子菜单,按 Home 键可选择菜单的第一个命令,按 End 键可选择最后一个命令。

2.2 设置个性化工作环境

在使用 Windows 7 时,用户可根据自己的习惯和喜好为系统设置个性化的使用环境,其中主要包括设置桌面背景、更改系统时间、创建用户账户等。

2.2.1 设置桌面背景

桌面背景就是 Windows 7 系统桌面的背景图案,又叫墙纸。除了系统安装时默认的设置桌面以外,用户还可以根据自己的喜好更换桌面背景。

【例 2-4】更换 Windows 7 系统的桌面背景。

(1) 启动 Windows 7 系统后,右击桌面空白处,在弹出的快捷菜单中选择【个性化】命令,如图 2-27 所示。

(2) 打开【个性化】窗口,单击窗口下方的【桌面背景】图标,如图 2-28 所示。

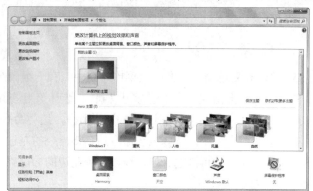

图 2-27 桌面右键快捷菜单　　　　图 2-28 【个性化】窗口

(3) 打开【选择桌面背景】对话框,单击【全面清除】按钮,然后在选项框内选择一幅图片,单击【保存修改】按钮,此时桌面背景已经改变。

2.2.2 更改系统时间

Windows 7 系统的日期和时间都显示在桌面的任务栏上,如果系统时间和现实生活中的不一致,用户可以对系统时间和日期进行调整。

【例 2-5】更改 Windows 7 系统的日期和时间。

(1) 单击任务栏最右侧的时间显示区域,打开显示日期和时间的对话框,然后在该对话框中单击【更改日期和时间设置】链接,如图 2-29 所示。

(2) 打开【日期和时间】对话框,单击【更改日期和时间】按钮,如图 2-30 所示。(用户也可以在【日期和时间】对话框中选择【Internet 时间】选项卡,然后单击该选项卡中的【更改设置】按钮,从 Internet 上获取时间设置,详见视频操作。)

图 2-29 显示日期和时间的对话框　　　　图 2-30 【日期和时间】对话框

(3) 打开【日期和时间设置】对话框，在【日期】选项区域中设置系统的日期(单击具体的日期即可)，在【时间】数值框中设置系统的时间，单击【确定】按钮，如图 2-31 所示。

(4) 返回至【日期和时间】对话框，单击【确定】按钮，返回至系统桌面，即可查看设置后的日期和时间，如图 2-32 所示。

图 2-31　手动设置日期和时间

图 2-32　查看系统中显示的日期和时间

2.2.3 创建用户账户

Windows 7 是一个多用户、多任务的操作系统，它允许每个使用电脑的用户建立自己的专用工作环境。一般来说，用户账户有以下 3 种：计算机管理员账户、标准用户账户和来宾账户。

(1) 计算机管理员账户：计算机管理员账户拥有对全系统的控制权，它可改变系统设置，可以安装和删除程序，能访问计算机上所有的文件。除此之外，它还拥有控制其他用户的权限。

(2) 标准用户账户：标准用户账户是权限受到限制的账户，这类用户可以访问已经安装在计算机上的程序，可以更改自己的账户图片，还可以创建、更改或删除自己的密码，但无权更改大多数计算机的设置，不能删除重要文件，无法安装软件或硬件，也不能访问其他用户的文件。

(3) 来宾账户：来宾账户是给那些在计算机上没有用户账户的人使用的一个临时账户，因此来宾账户的权限最小，它没有密码，可以快速登录，仅限于查看电脑中的资源、检查电子邮件、浏览 Internet 等。

用户在安装 Windows 7 的过程中，第一次启动时建立的用户账户就属于"管理员"类型，在系统中只有"管理员"类型的账户才能创建新账户。

【例 2-6】在 Windows 7 中创建一个用户账户，并为其设置图标和密码。

(1) 单击【开始】按钮，选择【控制面板】命令，打开【控制面板】窗口，单击【用户账户和家庭安全】链接，如图 2-33 所示。

(2) 打开【用户账户和家庭安全】窗口，单击【用户账户】链接，如图 2-34 所示。

图 2-33 【控制面板】窗口

图 2-34 【用户账户和家庭安全】窗口

(3) 在打开的【用户账户】窗口中单击【管理其他账户】链接,如图 2-35 所示。

(4) 打开【管理账户】窗口,单击【创建一个新账户】链接,如图 2-36 所示。

图 2-35 【用户账户】窗口

图 2-36 【管理账户】窗口

(5) 在【管理账户】对话框中创建好账户名称后,打开【更改账户】窗口,单击【更改图片】链接,如图 2-37 所示。

(6) 打开【更改图片】窗口,选中一张图片,单击【更改图片】按钮,如图 2-38 所示。

图 2-37 【更改账户】窗口(1)

图 2-38 【更改图片】窗口

(7) 此时【更改账户】窗口显示图标图片,单击【创建密码】链接,如图 2-39 所示。

(8) 打开【创建密码】窗口,用户可以在其中为"客户"账户设置密码,单击【创建密码】按钮,如图 2-40 所示。

(9) 再次登录 Windows 7 系统时,进入"客户"账户则需要输入密码。

第 2 章　使用 Windows 7 操作系统

图 2-39　【更改账户】窗口(2)

图 2-40　【创建密码】窗口

2.2.4　设置屏幕保护程序

屏幕保护程序是指在一定时间内没有使用鼠标或键盘进行任何操作而在屏幕上显示的画面。设置屏幕保护程序可以对电脑显示器起到保护作用，使电脑处于节能状态。

【例 2-7】在 Windows 7 中设置一种屏幕保护程序。

(1) 在桌面上右击，在弹出的快捷菜单中选择【个性化】命令。

(2) 打开【个性化】窗口，单击下方的【屏幕保护程序】图标，如图 2-41 所示。

(3) 打开【屏幕保护程序设置】对话框，在【屏幕保护程序】下拉菜单中选择一个屏幕保护程序(例如【气泡】、【彩带】或【变幻线】选项)，在【等待】数值框中设置屏幕保护程序的激活时间(例如 1 分钟，也可以使用默认设置)，设置完成后单击【确定】按钮，如图 2-42 所示。

图 2-41　【个性化】窗口

图 2-42　【屏幕保护程序设置】对话框

(4) 当屏幕静止时间超过设定的等待时间时(鼠标、键盘均没有任何动作)，系统即可自动启动屏幕保护程序。

2.3　管理文件

计算机中的一切数据都是以文件的形式存放的，而文件夹则是文件的集合。要想把计算机中的资源管理得井然有序，首先要掌握文件和文件夹的操作方法。

2.3.1 文件和文件夹的概念

文件是储存在计算机磁盘内的一系列数据的集合，而文件夹则是文件的集合，用来存放单个或多个文件。

1. 文件

文件是 Windows 中最基本的存储单位，它包含文本、图像及数值数据等信息。不同的信息种类保存在不同的文件类型中，文件名的格式为"文件名.扩展名"。文件主要由文件名、文件扩展名、分隔点、文件图标及文件描述信息等部分组成，如图2-43所示。

图 2-43　文件

文件的各组成部分作用如下。

(1) 文件名：标注当前文件的名称，用户可以根据需求来自定义文件的名称。

(2) 文件扩展名：标注当前文件的系统格式，如图 2-43 中文件扩展名为 doc，表示这个文件是一个 Word 文档文件。

(3) 分隔点：用来分隔文件名和文件扩展名。

(4) 文件图标：用图例表示当前文件的类型，是由系统里相应的应用程序关联建立的。

(5) 文件描述信息：用来显示当前文件的大小和类型等系统信息。

在 Windows 中常用的文件扩展名及其表示的文件类型如表 2-1 所示。

表 2-1　Windows 中常用的文件扩展名

扩 展 名	文件类型	扩 展 名	文件类型
AVI	视频文件	BMP	位图文件
BAK	备份文件	EXE	可执行文件
BAT	批处理文件	DAT	数据文件
DCX	传真文件	DRV	驱动程序文件
DLL	动态链接库	FON	字体文件
DOC	Word 文件	HLP	帮助文件
INF	信息文件	RTF	文本格式文件
MID	乐器数字接口文件	SCR	屏幕文件
MMF	mail 文件	TTF	TrueType 字体文件
TXT	文本文件	WAV	声音文件

2. 文件夹

文件夹用于存放计算机中的文件，是为了更好地管理文件而设计的。通过将不同的文件保存在相应的文件夹中，可以让用户方便快捷地找到想找的文件。

文件夹的外观由文件夹图标和文件夹名称组成，如图 2-44 所示。文件和文件夹都是存放在计算机的磁盘中的。文件夹中可以包含文件和子文件夹，子文件夹中又可以包含文件和子文件夹。

当打开某个文件夹时，在资源管理器的地址栏中即可看到该文件夹的路径，路径的结构一般包括磁盘名称、文件夹名称。

图 2-44　文件夹

2.3.2　文件和文件夹的基本操作

文件和文件夹的基本操作主要包括新建文件和文件夹，以及文件和文件夹的选择、重命名、移动、复制、删除等。

1. 新建文件和文件夹

用户新建文件是为了存储数据或者满足使用应用程序的需要。下面将举例介绍新建文件和文件夹的具体步骤。

【例 2-8】新建一个文本文件和文件夹。

(1) 打开【计算机】窗口，然后双击【本地磁盘(E:)】盘符，打开 E 盘，在窗口空白处右击，在弹出的快捷菜单中选择【新建】|【文件夹】命令。

(2) 显示"新建文件夹"文件夹，由于文件夹名呈可编辑状态，可直接输入"看电影"，则改成"看电影"文件夹。

(3) 双击打开创建的文件夹，在文件夹窗口空白处右击，从弹出的菜单中选择【新建】|【文本文档】命令。

(4) 此时窗口出现"新建文本文档.txt"文件，并且文件名"新建文本文档"呈可编辑状态。用户输入"电影目录"，则变为"电影目录.txt"文件。

2. 选择文件和文件夹

为了便于用户快速选择文件和文件夹，Windows 系统提供了多种文件和文件夹的选择方法，分别介绍如下。

(1) 选择单个文件或文件夹：直接单击文件或文件夹图标即可将其选中。

(2) 选择多个不相邻的文件或文件夹：选择第一个文件或文件夹后，按住 Ctrl 键，逐一单击要选择的文件或文件夹，如图 2-45 所示。

(3) 选择所有的文件或文件夹：按 Ctrl+A 快捷键即可选中当前窗口中所有的文件或文件夹。

(4) 选择某一区域的文件和文件夹：在需要选择的文件或文件夹起始位置处按住鼠标左键进行拖动，此时在窗口中出现一个蓝色的矩形框，当该矩形框包含了需要选择的文件或文件夹后松开鼠标，即可完成选择，如图 2-46 所示。

图 2-45　选择多个不相邻文件或文件夹

图 2-46　选择某一区域的文件或文件夹

3. 重命名文件和文件夹

用户在新建文件和文件夹后，已经给文件和文件夹命名，不过在实际操作过程中，为了方便用户管理和查找文件和文件夹，可能要根据用户需求对其进行重新命名。

用户只需右击该文件或文件夹，在弹出的快捷菜单中选择【重命名】命令，如图 2-47 所示，则文件名变为可编辑状态，此时输入要改的名称即可，如图 2-48 所示。

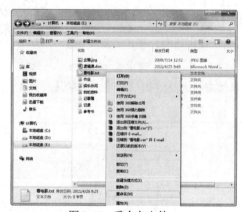
图 2-47　重命名文件

图 2-48　输入文件名称

4. 移动、复制文件和文件夹

移动文件和文件夹是指将文件和文件夹从原先的位置移动至其他的位置，同时会删除原先位置下的文件和文件夹。在 Windows 7 系统中，用户可以使用右键快捷菜单中的【剪切】和【粘贴】命令，对文件或文件夹进行移动操作。

复制文件和文件夹是将文件或文件夹复制一份到硬盘的其他位置上，源文件依旧存放在原先位置。用户可以选择用右键快捷菜单中的【复制】和【粘贴】命令，对文件或文件夹进行复制操作。

此外，使用拖动文件的方法也可以进行移动和复制的操作。将文件和文件夹在不同磁盘分区之间进行拖动时，Windows 的默认操作是复制。在同一分区中拖动时，Windows 的默认操作是移动。如果要在同一分区中从一个文件夹复制对象到另一个文件夹，必须在拖动时按住 Ctrl

键，否则将会移动文件。同样，若要在不同的磁盘分区之间移动文件，则必须要在拖动的同时按下 Shift 键。

5. 删除文件和文件夹

为了保持计算机中文件系统的整洁、有条理，同时也为了节省磁盘空间，用户经常需要删除一些已经没有用的或损坏的文件和文件夹。删除文件和文件夹的方法有如下几种。

(1) 右击要删除的文件或文件夹(可以选中多个文件或文件夹)，然后在弹出的快捷菜单中选择【删除】命令。

(2) 在【Windows 资源管理器】窗口中选中要删除的文件或文件夹，然后选择【组织】|【删除】命令。

(3) 选中想要删除的文件或文件夹，然后按键盘上的 Delete 键。

(4) 使用鼠标将要删除的文件或文件夹直接拖动到桌面的【回收站】图标上。

2.3.3 使用回收站

回收站是 Windows 7 系统用来存储被删除文件的场所。在管理文件和文件夹的过程中，系统将被删除的文件自动移动到回收站中，用户可以根据需要将回收站中的文件彻底删除或者恢复到原来的位置，这样可以保证数据的安全性和可恢复性。

1. 还原文件和文件夹

从回收站中还原文件和文件夹有两种方法：第一种方法是右击要还原的文件或文件夹，在弹出的快捷菜单中选择【还原】命令，这样即可将该文件或文件夹还原到被删除之前的磁盘目录位置，如图 2-49 所示。第二种方法则是直接单击回收站窗口中工具栏上的【还原此项目】按钮，效果和第一种方法相同。

2. 删除回收站文件

在回收站中删除文件和文件夹是永久删除，删除方法是：右击要删除的文件，在弹出的快捷菜单中选择【删除】命令，然后在弹出的提示对话框中单击【是】按钮，如图 2-50 所示。

图 2-49　还原文件

图 2-50　删除回收站中的文件

3. 清空回收站

清空回收站是将回收站里的所有文件和文件夹全部永久删除，直接右击桌面【回收站】图标,在弹出的快捷菜单中选择【清空回收站】命令,此时弹出提示对话框,单击【是】按钮即可清空回收站。

2.4 管理软件

使用计算机离不开软件的支持,操作系统和应用程序都属于软件范畴之内。虽然 Windows 7 操作系统中提供了一些用于文字处理、图片编辑、多媒体播放、数据计算、娱乐休闲等应用程序组件,但是这些程序还无法满足实际应用的需求,所以在安装操作系统软件之后,用户会经常安装其他的应用软件或删除不适合的软件。

2.4.1 安装软件

用户可以在安装程序目录下找到安装可执行文件 Setup 或 Install,双击运行该文件,然后按照打开的安装向导窗口中根据提示进行操作。

【例 2-9】在计算机中安装 Office 2010 软件。

(1) 在 Office 2010 安装文件夹中双击 Setup.exe 文件,启动安装程序向导。

(2) 在打开的【选择所需的安装】对话框中单击【自定义】按钮,如图 2-51 所示。

(3) 在打开的对话框中选中【保留所有早期版本】单选按钮,如图 2-52 所示。

图 2-51 【选择所需的安装】对话框

图 2-52 选中【保留所有早期版本】

(4) 单击【安装选项】选项卡,在打开的选项区域中设置需要安装的 Office 程序或工具,然后单击【立即安装】按钮,此时系统将自动安装选中的 Office 程序或工具。

(5) 安装完成后,在打开的对话框中单击【关闭】按钮。

2.4.2 运行软件

在 Windows 7 操作系统中,用户有多种方式运行安装好的软件程序。下面以 Excel 2010 为例介绍应用程序启动的方式。

(1) 从【开始】菜单选择:选择【开始】|【所有程序】命令,然后在程序列表中选中要打开的软件的快捷方式即可,例如打开 Excel 2010 的启动程序。

(2) 双击桌面快捷方式:用鼠标双击在桌面上的 Excel 2010 快捷方式图标,即可打开该程序。

(3) 任务栏启动：使用任务栏上的快速启动工具栏运行，如果运行的软件在任务栏中的快速启动栏上有快捷图标，单击该图标即可启动该程序。

(4) 双击安装目录下的可执行文件：找到软件安装好的目录下的可执行文件，例如 Excel 2010 的可执行文件为 Excel.exe，双击该文件即可运行该应用程序。

2.4.3 卸载软件

卸载软件就是将该软件从计算机硬盘内删除，软件如果使用一段时候后不再需要，或者由于磁盘空间不足，可以将其删除。由于软件程序不是独立的文档、图片等文件，不是简单的【删除】命令就能完全将其删除，必须通过其自带的卸载程序将其删除，也可以通过控制面板中的【程序和功能】窗口来卸载软件。

1. 使用卸载程序卸载软件

大部分软件都提供了内置的卸载功能，一般都提供了以 uninstall.exe 为文件名的可执行文件。我们可以在【开始】菜单中选择卸载命令来删除该软件。例如：用户要卸载"迅雷"下载软件，可以单击【开始】按钮，选择【所有程序】|【迅雷软件】|【迅雷 7】|【卸载迅雷 7】命令，如图 2-53 所示。此时系统会打开如图 2-54 所示的对话框，在该对话框中选择【卸载迅雷 7】单选按钮，然后单击【下一步】按钮即可开始卸载软件，此后按照卸载界面的提示一步步操作，即可将其会从当前计算机里删除。

图 2-53　【开始】菜单选择卸载命令

图 2-54　卸载软件

2. 使用【控制面板】卸载软件

如果程序没有自带卸载功能，则可以通过【控制面板】中的【程序和功能】窗口来卸载该程序。

【例 2-10】通过【控制面板】卸载 iTools 软件。

(1) 选择【开始】|【控制面板】命令，打开【控制面板】窗口，单击其中的【程序和功能】超链接。

(2) 在打开的【程序和功能】窗口中，右击 iTools 选项，在弹出的菜单中选择【卸载/更改】命令。

(3) 在弹出的提示对话框中单击【卸载】按钮，即可开始卸载 iTools。

2.5 使用控制面板

Windows 中的控制面板主要用于管理系统硬件和软件，使用控制面板是用户进行计算机日常管理的重要手段。控制面板被形象地称为 Windows 系统的工具箱。在这个工具箱中，用户可以设置 Windows 的相关属性，如更改桌面外观、创建和管理用户账户、添加或删除 Windows 组件、安装打印机等。

2.5.1 打开控制面板

用户可采用以下两种方法打开控制面板。

(1) 单击【开始】按钮，选择【控制面板】命令，即可打开控制面板。

(2) 单击【计算机】窗口的工具栏，再单击【打开控制面板】按钮，即可打开控制面板。

2.5.2 控制面板的视图模式

Windows 7 系统的控制面板在默认状态下以分类视图形式显示，即将具有类似功能的项目组合在一起，如图 2-55 所示。这种布局和以前的 Windows 版本差别较大。根据各自不同的功能，分类视图窗口将所有设置项分成十大类，这样可以降低窗口的杂乱程度，便于用户使用。在分类视图窗口中，选中某个类型的任务后，将会打开该分类的任务窗口。在此窗口选择一个具体任务或一个图标，即可启动相关的设置程序。

用户也可以在窗口工具栏选择使用大图标或小图标的控制面板显示形式，这样窗口将显示所有的设置项目，如图 2-56 所示。视图间的切换可以通过单击界面左上角的【查看方式】按钮来实现。

图 2-55 【控制面板】的默认显示

图 2-56 切换大图标或小图标显示

2.5.3 设置【开始】菜单和任务栏

在前面的章节中我们已经介绍了【开始】菜单和任务栏的作用及操作，用户如果对默认的 Windows 7 系统里的【开始】菜单和任务栏的外观界面或使用方式不满意，可以在【控制面板】中设置【开始】菜单和任务栏，使其能更加符合用户个人的习惯。

1. 设置【开始】菜单

如图 2-57 所示，单击【任务栏和「开始」菜单】选项，将打开【任务栏和「开始」菜单属性】对话框，在该对话框中选择【「开始」菜单】选项卡，可以对【开始】菜单进行设置，其中各选项作用如下。

图 2-57　打开【任务栏和「开始」菜单属性】对话框

(1)【电源按钮操作】下拉列表框：包含了【开始】菜单右下角的电源按钮对应的所有操作，即关机、切换用户、注销、锁定、重新启动、睡眠、休眠这几种命令，默认是关机，用户想要改变可以选择其他操作。

(2)【隐私】选项：这两个选项决定了是否在【开始】菜单里显示有关程序和文件打开的历史记录，在启动对应功能后，常用程序列表和跳转列表里会显示最近频繁使用和最近打开的程序及文件。

(3)【自定义】按钮：单击【自定义】按钮，可以对【开始】菜单的外观和显示内容进行详细设置。

2．设置任务栏

在【任务栏和「开始」菜单属性】对话框中单击【任务栏】选项卡，可以对 Windows 7 系统的任务栏进行设置，如图 2-58 所示。

(1) 调整任务栏位置：在默认状况下，Windows 7 系统里的任务栏处于屏幕的底部，如果用户想要改变任务栏的位置，可以在图 2-58 所示的【任务栏】选项卡中的【屏幕上的任务栏位置】下拉列表框内选择所需选项，这里选择【右侧】选项，然后单击【确定】按钮，即完成任务栏位置的设置。设置后任务栏在桌面上的效果如图 2-59 所示。

图 2-58　【任务栏】选项卡　　　　图 2-59　任务栏位置调整后效果图

(2) 隐藏任务栏：在【任务栏】选项卡中勾选【自动隐藏任务栏】复选框，即可将任务栏隐藏。

(3) 在任务栏使用小图标：在【任务栏】选项卡中勾选【使用小图标】复选框，然后单击【确定】按钮，即可使任务栏的图标变小。

(4) 显示任务栏中的窗口：在【任务栏】选项卡的【任务栏按钮】下拉列表内选择【从不

合并】选项,然后单击【确定】按钮,即可使任务栏中的窗口都显示出来。

2.5.4 设置系统时间和日期

Windows 7 以前的版本只显示时间,而 Windows 7 系统的日期和时间都显示在桌面的任务栏里。用户在【控制面板】窗口中单击【日期和时间】选项,在打开的【日期和时间】对话框中可以设置系统的日期和时间,如图 2-60 所示。

图 2-60　打开【日期和时间】对话框

2.5.5 安装与更新硬件驱动

通常在安装新硬件设备时,系统会提示用户需要为硬件设备安装驱动程序,此时可以使用光盘、本机硬盘、联网等方式寻找与硬件相符的驱动程序。安装驱动程序可以先打开【设备管理器】窗口,选择菜单栏上的【操作】|【扫描检测硬件改动】命令,系统会自动寻找新安装的硬件设备。

驱动程序也和其他应用程序一样,随着系统软硬件的更新,软件厂商会对相应的驱动程序进行版本升级,通过更新驱动程序来完善计算机硬件性能。用户可以通过光盘或联网等方式安装更新的驱动程序版本。

2.5.6 更新软件

由于硬件的更新或对操作需求的提升,软件一般都会有更新版本推出,例如 Office 系列软件,从 1993 年的 Office 3.0 系列到如今的 Office 2019,经历了十多个版本的更替,使软件的功能更加强大和完善。无论是操作系统还是应用程序,都需要与时俱进,不断更新软件版本。

更新软件可以增强计算机安全性,还可以提高计算机性能。应用软件的更新版本可以在网上下载获得,而 Windows 7 操作系统的更新则建议用户启用 Windows 自动更新,这样 Windows 便可以在有更新可用时自动为计算机安装"安全更新"和"重要更新"或"推荐更新"。

【例 2-11】在【控制面板】窗口中启动 Windows 自动更新。

打开【控制面板】窗口后,单击其中的 Windows Update 选项,在打开的窗口中单击【启用自动更新】按钮。

2.5.7 添加打印机

在 Windows 7 系统下,可以使用控制面板中的添加打印机向导,指引用户按照步骤来安装适合的打印机。要使用打印机还需要安装驱动程序,用户可以通过安装光盘或联网下载获得驱动程序,这两种安装方式和安装软件流程相似;用户还可以选择 Windows 7 系统下自带的相应型号打印机驱动程序来安装打印机。下面举例介绍通过【控制面板】窗口使用系统自带驱动程序的方式来安装打印机。

【例 2-12】在 Windows 7 系统中安装打印机。

(1) 关闭计算机,然后通过数据线将计算机和打印机连接起来。

(2) 启动计算机,打开【控制面板】窗口,单击【设备和打印机】选项,打开【设备和打印机】窗口,如图 2-61 所示。单击【添加打印机】按钮,打开添加打印机向导对话框。

(3) 选择【添加本地打印机】选项,打开【选择打印机端口】对话框,如图 2-62 所示。

图 2-61 【设备和打印机】窗口

图 2-62 【选择打印机端口】对话框

(4) 保持选中【使用现有的端口】单选按钮,然后单击【下一步】按钮,打开【安装打印机驱动程序】对话框。

(5) 在列表中选择打印机的正确型号,这里选择型号为 HP Deskjet 9800 Printer,如图 2-63 所示。

(6) 单击【下一步】按钮,打开【键入打印机名称】对话框。输入打印机的名称后,单击【下一步】按钮,系统会自动安装驱动程序。

(7) 安装完毕,系统自动打开成功添加打印机向导对话框,如图 2-64 所示。

图 2-63 选择打印机型号

图 2-64 成功添加打印机

(8) 单击【完成】按钮即可添加打印机，此时在【打印机】窗口中将显示刚刚添加的打印机图标。

2.6 课后习题

1. 简述 Windows 系统有哪些版本，并尝试论述各版本的应用范围。
2. Windows 7 操作系统的桌面主要由几种元素构成？
3. 简述对话框和窗口之间的区别。
4. 尝试在当前计算机上安装 Windows 10 和 Windows 7 双操作系统。
5. 改变桌面图标的大小有几种方法？
6. Windows 7 中的"主题"包含什么？如何更换"主题"？
7. 简述用户账户的分类及各自的区别。
8. 设置 Windows 7 系统时间，并设置计算机时间和 Internet 时间一致。
9. 磁盘、文件和文件夹三者之间有何关系？
10. 文件或文件夹的移动和复制分别如何操作？
11. 创建一个【新图片】库，并选择磁盘上有关图片的文件和文件夹加入该库中。
12. 通过网络查找运行 Windows 7 操作系统的最低系统要求有哪些。

第 3 章
键盘与汉字输入

☑ **学习目标**

在计算机的日常使用中,用户经常需要输入汉字,而选择合适的汉字输入法可以极大地提高用户的办公效率。目前常见的汉字输入法主要有拼音输入法和五笔输入法两种,本章将详细介绍在 Windows 7 系统中设置并使用汉字输入法的方法与技巧。

☑ **知识体系**

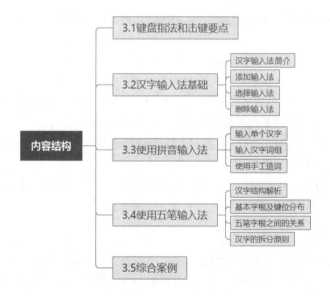

☑ **重点内容**

- 正确操作键盘快速输入文字的要点
- 在 Windows 7 中添加、切换与删除输入法
- 使用拼音和五笔输入法输入汉字

3.1 键盘指法和击键要点

许多用户使用键盘的方法不正确,这不仅会影响工作效率,时间长了还会使人感到疲劳。

因此，掌握键盘的正确使用方法至关重要。

在进行键盘输入指法练习时，必须严格遵守以下要点。

(1) 严格遵守指法的规定，明确分工，养成正确的打字习惯。

(2) 每个手指在击完键后，必须立刻返回到对应的基本键上。

(3) 手指击键必须靠手指和手腕的灵活运动，切忌靠整个手臂的运动来找键位。

(4) 击键时力量必须适度，过重了易损坏键盘和产生疲劳，过轻了会导致错误率加大。

(5) 操作姿势必须正确，手腕须悬空。切忌弯腰低头，也不要把手腕、手臂靠在键盘上。

关于击键要点的介绍，读者可回顾 1.6.2 节中的相关内容。

3.2 汉字输入法基础

在学习输入汉字之前，需要先了解关于计算机打字的一些基本常识，如常见的输入法有哪些，如何添加输入法、删除输入法和选择输入法等。

3.2.1 汉字输入法简介

汉字输入法是进行中文信息处理的前提和基础。根据汉字编码方式的不同，可以将汉字输入法分为以下 3 类。

(1) 音码：通过汉语拼音来实现输入。对于大多数用户来说，这是最容易学习和掌握的输入法。但是，这种输入法需要的击键和选字次数较多，输入速度较慢。

(2) 形码：通过字形拆分来实现输入。这种输入法在使用键盘输入的输入法中是最快的。但是，这种输入法需要用户掌握拆分原则和字根，不易掌握。

(3) 音形结合码：利用汉字的语音特征和字形特征进行编码，音形结合码输入法需要记忆部分输入规则，也存在部分重码。

这 3 类输入法各有其优点和缺陷，用户可以结合自身的特点和习惯来尝试与选择最适合自己的输入法。本章主要介绍拼音输入法和五笔字型输入法。

1. 拼音输入法

拼音输入法是以汉语拼音为基础的输入法，用户只要会用汉语拼音，就可以使用拼音输入法轻松地输入汉字。目前常见的拼音输入法有智能 ABC 输入法、微软拼音输入法、搜狗拼音输入法等。

2. 五笔字型输入法

五笔字型输入法是一种以汉字的构字结构为基础的输入法。它将汉字拆分成一些基本结构，并称其为"字根"。每个字根都与键盘上的某个字母键相对应。要在计算机上输入汉字，就要先找到构成这个汉字的基本字根，然后按相应的按键即可输入。

常见的五笔字型输入法有智能五笔输入法、万能五笔输入法和极品五笔输入法等。

3. 两种输入法的比较

拼音输入法上手容易，只要会用汉语拼音就能使用拼音输入法输入汉字。但是，由于汉字的同音字比较多，因此使用拼音输入法输入汉字时，重码率会比较高。

五笔字型输入法是根据汉字结构来输入的，因此重码率比较低，输入汉字比较快。但是要想熟练地使用五笔字型输入法，必须要花大量的时间来记忆烦琐的字根和键位分布，还要学习汉字的拆分方法。因此，这种输入法一般为专业打字工作者所使用，对于初学者来说稍有难度。

3.2.2 添加输入法

Windows 7 操作系统自带了多种输入法供用户选用，如果想要使用其他类型的输入法，可使用添加输入法的功能，将其添加到输入法循环列表中。

【例 3-1】在输入法列表中添加【简体中文全拼】输入法。

(1) 在任务栏的语言栏上右击，在弹出的快捷菜单中选择【设置】命令，如图 3-1 所示。

(2) 打开【文字服务和输入语言】对话框，如图 3-2 所示。单击【已安装的服务】选项组中的【添加】按钮，打开【添加输入语言】对话框。

图 3-1　语言栏右键快捷菜单

图 3-2　【文字服务和输入语言】对话框

(3) 在【添加输入语言】对话框中勾选需要添加输入法前的复选框(例如简体中文全拼)，如图 3-3 所示。

(4) 单击【确定】按钮，返回【文字服务和输入语言】对话框，此时可在【已安装的服务】选项组中的输入法列表框中看到简体中文全拼输入法，如图 3-4 所示。

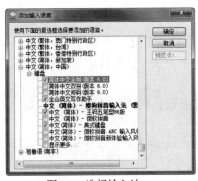

图 3-3　选择输入法

图 3-4　输入法已添加

3.2.3 选择输入法

在 Windows 7 操作系统中，默认状态下，用户可以使用 Ctrl+空格组合键在中文输入法和英文输入法之间进行切换，使用 Ctrl+Shift 组合键切换输入法。Ctrl+Shift 组合键采用循环切换的形式，在各个输入法和英文输入方式之间依次进行转换。

选择中文输入法也可以通过单击任务栏上的输入法指示图标来完成，这种方法比较直接。在 Windows 的任务栏中，单击代表输入法的图标，在弹出的输入法列表单击要使用的输入法即可。

3.2.4 删除输入法

用户如果习惯于使用某种输入法，可将其他输入法全部删除，这样可避免在多种输入法之间来回切换的麻烦。

【例3-2】从输入法列表中删除【简体中文双拼】输入法。

(1) 在任务栏的语言栏上右击，在弹出的快捷菜单中选择【设置】命令。

(2) 打开【文字服务和输入语言】对话框，在【常规】选项卡中，选择【已安装的服务】选项组中的【简体中文双拼】选项，然后单击【删除】按钮，即可删除【简体中文双拼】输入法。

(3) 操作完成后，单击【确定】按钮，完成输入法的删除操作。

3.3 使用拼音输入法

微软拼音输入法是 Windows 7 默认的汉字输入法，它采用基于语句的整句转换方式，用户可以连续输入整句话的拼音，而不必人工分词和挑选候选词语，这样大大提高了输入的效率。另外，微软拼音输入法还提供了许多有特色的功能，以更加方便用户的使用。本节将重点介绍使用微软拼音输入法输入汉字的方法。

3.3.1 输入单个汉字

输入单个汉字可以使用全拼输入方式，输入方法是：在输入框中输入汉字的全部拼音字母，然后按空格键。如果在输入框中显示的汉字是所需汉字，则按空格键即可输入该汉字。如果显示的不是所需汉字，按相应的数字键即可输入所选编号的汉字。

【例3-3】使用微软拼音输入法输入一个单字"天"。

(1) 单击【开始】按钮，在弹出的菜单中选择【所有程序】|【附件】|【记事本】命令，打开【记事本】窗口，然后将鼠标光标插入该窗口中，并单击任务栏中的【输入法】按钮，选择【微软拼音】选项。

(2) 依次按键盘上的 T、I、A、N 这 4 个键，则会自动出现多个同音的汉字，由于"天"位于第一位，直接按两次空格键即可输入。

(3) 此时，要输入同音的"田"字，则可直接按"田"字对应的数字键 3，然后按空格键确认即可。在确认前，如果发现选错了字，可按左方向键重新选择。

用户在使用微软拼音输入法输入汉字时，如果要输入的汉字不在候选词的第一页，可按 PageDown 键翻页查找所需的汉字。

3.3.2 输入汉字词组

微软拼音输入法输入词组可以使用全拼输入或简拼输入的方式。其中简拼输入方式是取每个汉字音节中的第一个字母，或者取音节中的前两个字母(一般复合字母如 zh、sh、ch 等)。

【例 3-4】使用微软拼音输入法的简拼方式输入词组"电脑"。

(1) 打开【记事本】程序，将光标定位在记事本中，然后切换至微软拼音输入法，并依次按键盘上的 D、N 两个键，这时在候选词语的第一个位置出现词组"电脑"。

(2) 直接按两次空格键，即可在记事本中输入词组"电脑"。

3.3.3 使用手工造词

使用微软拼音输入法的手工造词功能，可以将一些复杂的词组通过较为简单的拼音快速完成输入操作。也就是说，给这些复杂的词组创建一个快捷的输入方式，这样可以提高文字输入的速度。

【例 3-5】使用微软拼音输入法自造人物名称"常遇秋"。

(1) 单击微软拼音输入法状态条上的【功能菜单】按钮，在弹出的菜单中选择【自造词工具】命令。

(2) 打开【微软拼音输入法自造词工具】窗口，选择【编辑】|【增加】命令，打开【词条编辑】对话框。

(3) 在【自造词】文本框中输入"常遇秋"，在【快捷键】文本框中设置快捷键为 changyuq，然后单击【确定】按钮，如图 3-5 所示。此时，系统会打开一个新的【词条编辑】对话框，用户可单击【取消】按钮将其关闭。

(4) 关闭【词条编辑】对话框后，在【微软拼音输入法自造词工具】窗口中，即可看到新添加的词条，如图 3-6 所示。

(5) 单击【保存修改】按钮，保存新添加的词条，然后关闭窗口即可完成新词条的添加。由于为新添加的词条设置了快捷键，因此当用户需要输入人物名称"常遇秋"时，只需输入 changyuq，然后按空格键即可。

图 3-5 【词条编辑】对话框

图 3-6 【微软拼音输入法自造词工具】窗口

3.4 使用五笔输入法

五笔字型输入法是国内应用最为广泛的中文输入法之一。对于专业的文字录入人员来讲，五笔字型输入法能带来更高的工作效率。它具有直观、重码率低、输入速度快等优点。本节将主要讲述五笔字型输入法的编码原理和输入方法。

3.4.1 汉字结构解析

五笔字型输入法的发明者运用汉字可拆分的思想，将汉字从结构上划分为 3 个层次：笔画、字根和单字。下面讲解汉字结构的基础知识，帮助读者理解五笔字型输入法的编码原理。

1. 汉字的 3 个层次

五笔字型方案的研制者把汉字从结构上分为 3 个层次：笔画、字根和单字。其中，字根由笔画交叉连接而成，而单字又是由字根按照一定位置组合而成，如图 3-7 所示。

图 3-7 汉字的 3 个层次

2. 汉字的笔画

汉字是一种象形文字，从最初书写极不规范的甲骨文，逐渐演变成现在以楷书为标准的众多形式。每一个"笔画"就是一个楷书中连续书写不间断的线条。从书法上讲，笔画种类很多；在五笔字型输入法中，把它们归纳为 5 种，如表 3-1 所示。

表 3-1 汉字的笔画

代 号	笔画名称	笔画走向	笔画及其变形
1	横	左→右	一
2	竖	上→下	丨
3	撇	右上→左下	丿
4	捺	左上→右下	丶
5	折	带转折	乙

以上 5 种笔画的分类，只按该笔画书写时的运笔方向为唯一的划分依据，而不计较它们的轻重、长短。

3. 汉字的字根

由笔画或笔画复合连线交叉而形成的一些相对不变的结构，用来作为组字的固定成分，这些结构称为"字根"。在五笔字型输入法中，大多数的字根是传统汉字中的偏旁部首，如单立人、双立人、言字旁、金字旁、两点水、三点水等，还有一些是发明者规定的。发明者把它们归纳为 130 个基本字根,并把这些字根分布在 25 个英文字母键位上(不含 Z)。学习五笔字型输入法时应该认识到:使用五笔输入法时,所有的汉字都要由这 130 个基本字根拼合而成,这些字根是组字的依据,也是拆字的依据,是汉字的最基本零件。上面讲过的 5 种笔画就是这 130 个字根中的 5 个最简单的字根。

4. 汉字的结构

字根按照一定方式组成汉字,根据构成汉字的各字根之间的相对位置关系,可以把汉字分左右型、上下型和杂合型 3 种类型。要掌握汉字的拆分技术,必须要首先熟悉汉字的结构。

(1) 左右结构:由左右两部分或左中右三部分构成,例如利、明、例。
(2) 上下结构:由上下两部分或自上而下若干部分构成,例如表、党、算。
(3) 杂合结构:杂合结构既非左右结构,又非上下结构,主要包括半包围或全包围结构,例如边、国、超,以及独体字,如虫、心。

3.4.2 基本字根及键位分布

五笔字型输入法所规定的 130 个字根,分布在 25 个英文字母键上。分配方法是:按字根笔画的形式划分为 5 个区,每个区对应 5 个英文字母键,每个键称为一个位。区和位都给予从 1 到 5 的编号,称为区号、位号。每一区中的位号都是从键盘中间向外侧顺序排列。每个键都是唯一的一个两位数的编号,区号作为十位数字,位号作为个位数字。例如,11、12、13、14、15;21、22、23、24、25;……;51、52、53、54、55 等。

5 个区的具体划分方法是:以横起笔的字根为第 1 区,以竖起笔的字根为第 2 区,以撇起笔的字根为第 3 区,以捺(点)起笔的字根为第 4 区,以折起笔的字根为第 5 区,每个区的每个键位都赋予一个代表字根,从而形成了五笔字型的键盘布局,如图 3-8 所示。

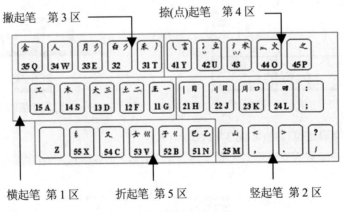

图 3-8 五笔字型的键盘布局

键盘上的每个字母都表示若干个字根,25 个键位的分区、键名、每个键名所代表的字根如图 3-9 所示。

图 3-9 键盘上各个按键所代表的字根

记住这些字根及其键位是学习五笔的基本功和首要步骤。由于字根较多，为了便于记忆，研制者编写了一首"助记歌"，增加些韵味，易于上口，帮助初学者记忆。

(1) 1(横)区字根键位排列(如图 3-10 所示)。

11G：王旁青头戋(兼)五一 (借同音转义)

12F：土士二干十寸雨

13D：大犬三羊古石厂

14S：木丁西

15A：工戈草头右框七

(2) 2(竖)区字根键位排列(如图 3-11 所示)。

21H：目具上止卜虎皮（"具上"指具字的上部"且"）

22J：日早两竖与虫依

23K：口与川，字根稀

24L：田甲方框四车力

25M：山由贝，下框几

图 3-10 1(横)区字根键位排列

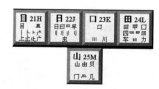

图 3-11 2(竖)区字根键位排列

(3) 3(撇)区字根键位排列(如图 3-12 所示)。

31T：禾竹一撇双人立（"双人立"即"彳"），反文条头共三一（"条头"即"夂"）

32R：白手看头三二斤（"三二"指键为 32）

33E：月彡(衫)乃用家衣底（"家衣底"即"豕"）

34W：人和八，三四里（"三四"即 34）

35Q：金勹缺点无尾鱼 (指"勹")，犬旁留乂儿一点夕，氏无七(妻)

(4) 4(捺)区字根键排列(如图 3-13 所示)。

41Y：言文方广在四一，高头一捺谁人去

42U：立辛两点六门疒

43I：水旁兴头小倒立

44O：火业头，四点米（"火""业""灬"）

45P：之宝盖，摘衤(示)(衣)

图 3-12 3(撇)区字根键位排列

图 3-13 4(捺)区字根键排列

(5) 5(折)区字根键位排列(如图 3-14 所示)。

51N：已半巳满不出己，左框折尸心和羽

52B：子耳了也框向上（"框向上"指"凵"）

53V：女刀九臼山朝西（"山朝西"为"彐"）

54C：又巴马，丢矢矣（"矣"丢掉"矢"为"厶"）

55X：慈母无心弓和匕，幼无力（"幼"去掉"力"为"幺"）

图 3-14 5(折)区字根键位排列

3.4.3 五笔字根之间的关系

汉字都是由字根组成的，要输入汉字必须先把汉字拆分成一个个的字根，然后将这些字根在键盘上"对号入座"，再按照一定的录入规则，依次按相应的键输入汉字。

正确地将汉字分解成字根是五笔字型输入法的关键。基本字根在组成汉字时，按照它们之间的位置关系可以分成单、散、交和连 4 种结构。

1. "单"字结构

在五笔字根键盘图中可以看到，每个键位上都有一些本身就是汉字的字根，如王、五、人、月等，这些字根就是"单"字根。

2. "散"字结构

如果汉字由不止 1 个字根构成，并且组成汉字的基本字根之间保持了一定距离，既不相连也不相交，这种字根之间的关系称为"散"。例如，"功""字""李"等为"散"字结构。

3. "交"字结构

"交"是指两个或两个以上字根交叉、套叠后构成汉字的结构，其基本字根之间没有距离。例如，"里"由"日"和"土"交叉构成。一切由基本字根相交叉构成的汉字字形均属于杂合型，即"交"字结构。

4. "连"字结构

有的汉字是由一个基本字根和单笔画组成的，这种汉字的字根之间有相连关系，即称为"连"字结构。具有"连"字结构的汉字的字形均为杂合型。"连"字结构主要分为以下两种情况。

(1) 基本字根连一个单笔画：即单笔画与字根相连，单笔画可在基本字根的上下左右，如"月"字下连"一"为"且"。如果单笔画与字根有明显间距的都不认为是相连，如"旧""乞"。

(2) 基本字根连带一点：该类型的汉字是由一个基本字根和一个孤立的点构成，该点在任何位置时，均认为相连，如"勺""主""太"等。需要注意的是，带点结构的汉字不能当作"散"的关系。

3.4.4 汉字的拆分原则

汉字的拆分是学习五笔字型输入法最重要的部分。有的汉字因为拆分方式不同，可以拆分成不同的字根，这就需要按照统一的拆分原则来进行汉字的拆分。下面将介绍汉字拆分所要遵循的5个原则。只有熟练掌握这5个拆分原则，才能准确地拆分出汉字的字根。

1. 书写顺序

按书写顺序拆分汉字是最基本的拆分原则。书写顺序通常为从左到右、从上到下、从外到内及综合应用，拆分时也应该按照该顺序来拆分。

例如，汉字"则"拆分成"贝、刂"，而不能拆分成"刂、贝"；汉字"名"拆分成"夕、口"，而不能拆分成"口、夕"；汉字"因"拆分成"囗、大"，而不能拆分成"大、囗"；汉字"坦"拆分成"土、日、一"，而不能拆分成"日、一、土"，以保证字根序列的顺序性。

2. 取大优先

"取大优先"也称为"优先取大"或者"能大不小""尽量向前凑"，是指拆分汉字时，应以再添一个笔画便不能成为字根为限，每次都拆取一个笔画尽可能多的字根。

"取大优先"原则的要求如下。

(1) 在一个汉字有几种可能拆分时，拆出的字根数最少的那一种是正确的。

(2) 在字根拆分的每一个步骤中，如果在同一部位上有不止一种拆分方法，就必须选用笔画最多的字根。

例如："世"字的两种拆法，如图3-15所示。

图3-15 "世"字的两种拆法

显然，第一种拆法是错误的，因为其第二个字根"凵"，完全可以向前"凑"到"一"上，形成一个"更大"的已知字根"廿"。

总之，"取大优先"俗称"尽量往前凑"，是一个在汉字拆分中最常用到的基本原则。至于什么才算"大"，"大"到什么程度才到"边"，这要等熟悉了字根总表，便不会出错了。

3. 兼顾直观

兼顾直观是在拆分汉字时，要考虑拆分出的字根符合人们的直观判断和感觉以及汉字字根的完整性，有时并不符合"书写顺序"和"取大优先"两个规则，形成个别例外情况。例如，"国"拆分成"囗、王、丶"，而不能拆分成"冂、王、丶、一"；"自"拆分成"丿、目"，而不能拆分成"亻、乙、三"。

4. 能散不连

能散不连指当一个汉字被拆分成几个部分时,而这几个部分又是复笔字根时,它们之间的关系即可为"散"也可为"连"时,按"散"拆分。例如,"午"拆分成"𠂉、十",而不能拆分成"丿、干";"严"拆分成"一、业、厂",而不能拆分成"一、业、丿"。

5. 能连不交

能连不交指当一个汉字既可以拆分成相连的几个部分,也可以拆分成相交的几个部分时,在这种情况下相连的拆字法是正确的。例如,"天"拆分成"一、大",而不能拆分成"二、人";"丑"拆分成"乙、土",而不能拆分成"刀、二"等。

3.5 综合案例

1. 英文输入练习,启动 Word 2010,输入以下内容。

Second language

A mother mouse was out for a stroll with her babies when she spotted a cat crouched behind a bush. She watched the cat, and the cat watched the mice.

Mother mouse barked fiercely, "Woof, woof, woof!" The cat was so terrified that it ran for it's life.

Mother mouse turned to her babies and said, "Now, do you understand the value of a second language?"

2. 汉字输入练习,启动 Word 2010,切换汉字输入法输入以下内容。

生命不仅仅是一张行走在世间的通行证,它还要闪光。或许你会经历失败,但失败也是一种收获。宽容别人或被人宽容,都是一种幸福。人生的悲哀不在于时间的短暂,而在于少年的无为。我没有突出的理解能力,也没有过人的机智,只是在觉察那些稍纵即逝的事物并对其进行精细观察的能力上,我可能在普通人之上。

书籍是全世界的营养品,生活里没有书籍,就好像大地没有阳光;智慧里没有书籍,就好像鸟儿没有翅膀。

3.6 课后习题

1. 练习如何添加和删除输入法。
2. 将自己常用的输入法设置为系统的默认输入法。
3. 自选题目进行中文打字练习、英文打字练习以及中英文混合打字练习。
4. 写出下列快捷键对应的输入法切换。
   (1) 按 Ctrl+Shift 表示:_____
   (2) 按 Ctrl+Space(空格)表示:_____

5. 通过实践说出至少 10 个键盘上组合键的用法。
6. 删除微软拼音输入法，然后再添加该输入法。
7. 写出下列输入法中各个按钮的含义。

第一个按钮表示：_____
第三个按钮表示：_____
第四个按钮表示：_____
第五个按钮表示：_____

第 4 章
Word 2010 基础操作

☑ **学习目标**

Word 2010 是一款功能强大的文本处理工具,它可以帮助我们更好地处理日常生活中的信息,例如资料、信函、通知或者个人简历等。本节将主要介绍使用 Word 编辑与处理文档的方法,帮助用户快速掌握 Word 2010 的相关知识和使用技巧。

☑ **知识体系**

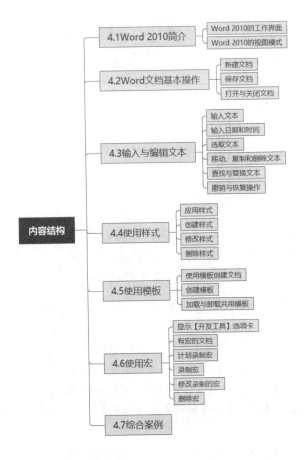

☑ **重点内容**
- Word 2010 工作界面的组成
- 创建与编辑 Word 文档

4.1 Word 2010 简介

Word 2010 是 Office 2010 的组件之一，也是目前文字处理软件中最受欢迎、用户最多的文字处理软件。它的主要功能有编辑、组织和处理文字，以及创建经常用到的文档，如报告、信函和业务计划等。

4.1.1 Word 2010 的工作界面

在 Windows 7 操作系统中，选择【开始】【所有程序】| Microsoft Office | Microsoft Office Word 2010 命令，启动 Word 2010，此时可看到如图 4-1 所示的工作界面。该界面主要由标题栏、快速访问工具栏、功能区、导航窗格、文档编辑区和状态与视图栏组成。

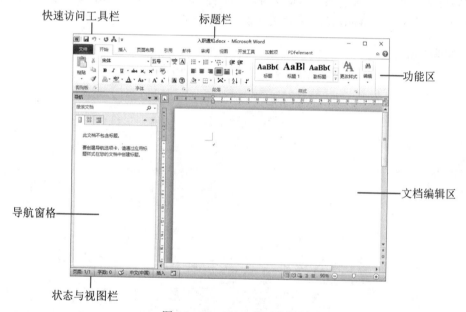

图 4-1 Word 2010 的工作界面

(1) 标题栏：位于窗口的顶端，用于显示当前正在运行的程序名及文件名等信息。标题栏最右端有 3 个按钮，分别用于控制窗口的最小化、最大化和关闭。

(2) 快速访问工具栏：其中包含最常用操作的快捷按钮，方便用户使用。在默认状态中，包含 3 个快捷按钮，分别为【保存】按钮、【撤销】按钮和【恢复】按钮。

(3) 功能区：是完成文本格式操作的主要区域。在默认状态下主要包含【文件】、【开始】、【插入】、【页面布局】、【引用】、【邮件】、【审阅】、【视图】和【加载项】等 9 个基本选项卡。

(4) 导航窗格：主要显示文档的标题级文字，以方便用户快速查看文档，单击其中的标题，即可快速跳转到相应的位置。

(5) 文档编辑区：是输入文本、添加图形和图像以及编辑文档的区域，用户对文本进行的操作结果都将显示在该区域。

(6) 状态与视图栏：位于 Word 窗口的底部，显示当前文档的信息，如当前显示的文档是第几页、第几节和当前文档的字数等。在状态栏中还可以显示一些特定命令的工作状态，如录制宏、当前使用的语言等。当这些命令的按钮为高亮时，表示目前正处于工作状态；若变为灰色，则表示未在工作状态下。用户还可以通过双击这些按钮来设定对应的工作状态。另外，在视图栏中通过拖动【显示比例】滑杆中的滑块，可以直观地改变文档编辑区的大小。

4.1.2 Word 2010 的视图模式

Word 2010 为用户提供了多种浏览文档的方式，包括页面视图、阅读版式视图、Web 版式视图、大纲视图和草稿。在【视图】选项卡的【文档视图】区域中，单击相应的按钮，即可切换至相应的视图模式。

1. 页面视图

页面视图是 Word 2010 默认的视图模式。该视图中显示的效果和打印的效果完全一致。在页面视图中可看到页眉、页脚、水印和图形等各种对象在页面中的实际打印位置，便于用户对页面中的各种元素进行编辑，如图 4-2 所示。

2. 阅读版式视图

为了方便用户阅读文章，Word 2010 添加了【阅读版式】视图模式。该视图模式比较适用于阅读比较长的文档，如果文字较多，它会自动分成多屏以方便用户阅读。在该视图模式中，可对文字进行勾画和批注，如图 4-3 所示。

图 4-2　页面视图

图 4-3　阅读版式视图

3. Web 版式视图

Web 版式视图是几种视图方式中唯一按照窗口的大小来显示文本的视图。使用这种视图模式查看文档时，无须拖动水平滚动条就可以查看整行文字，如图 4-4 所示。

4. 大纲视图

对于一个具有多重标题的文档来说，用户可以使用大纲视图来查看该文档。因为大纲视图是按照文档中标题的层次来显示文档的，用户可将文档折叠起来只看主标题，也可将文档展开查看整个文档的内容，如图 4-5 所示。

图 4-4　Web 版式视图　　　　　图 4-5　大纲视图

5. 草稿

草稿是 Word 中最简化的视图模式。在该视图中，不显示页边距、页眉和页脚、背景、图形图像以及没有设置为"嵌入型"环绕方式的图片。因此，这种视图模式仅适合编辑内容和格式都比较简单的文档。

4.2　Word 2010 文档基本操作

要使用 Word 2010 编辑文档，必须先创建文档。本节主要来介绍文档的基本操作，包括创建和保存文档、打开和关闭文档等操作。

4.2.1　新建文档

在 Word 2010 中可以创建空白文档，也可以根据现有的内容创建文档。

空白文档是最常使用的文档。要创建空白文档，可单击【文件】按钮，在弹出的菜单中选择【新建】命令，打开【新建文档】页面，在【可用模板】列表框中选择【空白文档】选项，然后单击【创建】按钮(快捷键：Ctrl+N 组合键)即可，如图 4-6 所示。

4.2.2　保存文档

对于新建的 Word 文档或正在编辑某个文档时，如果出现了计算机突然死机、停电等非正常关闭的情况，文档中的信息就会丢失。因此，为了保护劳动成果，做好文档的保存工作是十分重要的。

1. 保存新建的文档

如果要对新建的文档进行保存，可单击【文件】按钮，在弹出的菜单中选择【保存】命令，或单击快速访问工具栏上的【保存】按钮，打开【另存为】对话框，设置保存路径、名称及保存格式(在保存新建的文档时，如果在文档中已输入了一些内容，Word 2010 自动将输入的第一行内容作为文件名)，如图 4-7 所示。

图 4-6　新建文档　　　　　　　　　图 4-7　保存文档

2. 保存已保存过的文档

要对已保存过的文档进行保存,可单击【文件】按钮,在弹出的菜单中选择【保存】命令,或单击快速访问工具栏上的【保存】按钮,就可以按照原有的路径、名称以及格式进行保存。

3. 另存为其他文档

如果文档已保存过,但在进行了一些编辑操作后,需要将其保存下来,并且希望仍能保存以前的文档,这时就需要对文档进行【另存为】操作。要将当前文档另存为其他文档,可单击【文件】按钮,在弹出的菜单中选择【另存为】命令,打开【另存为】对话框,在其中设置保存路径、名称及保存格式,然后单击【保存】按钮即可。

4.2.3　打开与关闭文档

打开文档是 Word 的一项基本的操作。对于任何文档来说,都需要先将其打开,然后才能对其进行编辑。编辑完成后,可将文档关闭。

1. 打开文档

用户可以参考以下方法打开 Word 文档。

(1) 对于已经存在的 Word 文档,只需双击该文档的图标即可打开该文档。

(2) 在一个已打开的文档中打开另外一个文档,可单击【文件】按钮,在弹出的菜单中选择【打开】命令,打开【打开】对话框,在其中选择所需的文件,然后单击【打开】按钮即可。用户可单击【打开】按钮右侧的小三角按钮,在弹出的下拉菜单中选择文档的打开方式,其中有【以只读方式打开】、【以副本方式打开】等多种打开方式,如图 4-8 所示。

2. 关闭文档

对文档完成所有操作后,要关闭文档时,可单击【文件】按钮,在弹出的菜单中选择【关闭】命令,或单击窗口右上角的【关闭】按钮 ✕。

在关闭文档时,如果没有对文档进行编辑、修改操作,可直接关闭;如果对文档做了修改,但还没有保存,系统将会打开一个提示对话框,询问用户是否保存对文档所做的修改,如图 4-9 所示。单击【保存】按钮,即可保存并关闭该文档。

图 4-8 选择 Word 文档的打开方式

图 4-9 系统提示是否保存对文档的修改

4.3 输入与编辑文本

在 Word 2010 中，文字是组成段落的最基本内容，任何一个文档都是从段落文本开始进行编辑。本章将主要介绍输入文本、输入日期和时间、选取文本、移动、复制和删除文本、查找与替换文本等操作，这是整个文档编辑过程的基础。只有掌握了这些基础操作，才能更好地处理文档。

4.3.1 输入文本

新建一个 Word 文档后，在文档的开始位置将出现一个闪烁的光标，称之为"插入点"。在 Word 中输入的任何文本都会在插入点处出现。定位了插入点的位置后，选择一种输入法即可开始输入文本。

1. 输入英文

在英文状态下通过键盘可以直接输入英文、数字及标点符号。在输入时，需要注意以下几点。

(1) 按 Caps Lock 键可输入英文大写字母，再次按该键则输入英文小写字母。

(2) 按住 Shift 键的同时按双字符键，将输入上档字符；按住 Shift 键的同时按字母键，输入英文大写字母。

(3) 按 Enter 键，插入点自动移到下一行行首。

(4) 按空格键，在插入点的左侧插入一个空格符号。

2. 输入中文

一般情况下，Windows 系统自带的中文输入法都是比较通用的，用户可以使用默认的输入法切换方式，如打开/关闭输入法控制条(Ctrl+空格键)、切换输入法(Shift+Ctrl 键)等。选择一种中文输入法后，即可开始在插入点处输入中文文本。

【例 4-1】 新建一个名为"公司培训调查问卷"的文档,使用中文输入法输入文本。

(1) 启动 Word 2010,按下 Ctrl+N 快捷键新建一个空白文档,在快速访问工具栏中单击【保存】按钮,将其以"公司培训调查问卷"为名进行保存,如图 4-10 所示。

(2) 单击任务栏上的输入法图标,在弹出的菜单中选择所需的中文输入法,这里选择搜狗拼音输入法。

(3) 在插入点处输入标题"公司培训调查问卷",按空格键,将标题移至该行的中间位置,或者直接设置居中对齐,如图 4-11 所示。

图 4-10 保存文档

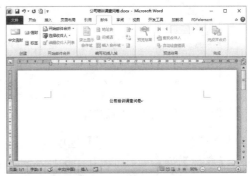

图 4-11 输入标题

(4) 按 Enter 键进行换行,然后按 Backspace 键,将插入点移至下一行行首,继续输入文本"亲爱的同事:"。

(5) 按 Enter 键,将插入点跳转至下一行的行首,再按 Tab 键,首行缩进两个字符,继续输入多段正文文本,如图 4-12 所示。

(6) 按 Enter 键,继续换行,按 Backspace 键,将插入点移至下一行行首,使用同样方法继续输入所需的文本,完成文本输入后的文档效果如图 4-13 所示。

图 4-12 输入多段文本

图 4-13 完成文本输入

(7) 在输入最后一行文本时,按空格键将插入点定位到文本最右侧,继续输入文本"公司版权所有"。在输入文本的过程中,当输入的文字到达右边界时,Word 会自动换行。

3. 输入符号

在输入文本的过程中,有时需要插入一些特殊符号,如希腊字母、商标符号、图形符号和数字符号等,而这些特殊符号通过键盘是无法输入的。这时,可以通过 Word 2010 提供的插入符号功能来实现符号的输入。

要在文档中插入符号,可先将插入点定位在要插入符号的位置,打开【插入】选项卡,在【符号】组中单击【符号】下拉按钮,在弹出的下拉菜单中选择相应的符号即可,如图4-14所示。

在【符号】下拉菜单中选择【其他符号】命令,即可打开【符号】对话框,在其中选择要插入的符号,单击【插入】按钮,同样也可以插入符号,如图4-15所示。

图4-14 【符号】下拉菜单

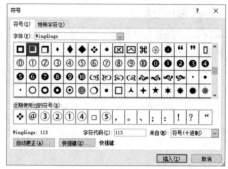
图4-15 【符号】对话框

在【符号】对话框的【符号】选项卡中,各选项的功能介绍如下。

(1) 【字体】列表框:可以从中选择不同的字体集,以输入不同的字符。

(2) 【子集】列表框:显示各种不同的符号。

(3) 【近期使用过的符号】选项区域:显示了最近使用过的16个符号,以便用户快速查找符号。

(4) 【字符代码】下拉列表框:显示所选的符号的代码。

(5) 【来自】下拉列表框:显示符号的进制,如符号(十进制)。

(6) 【自动更正】按钮:单击该按钮,可打开【自动更正】对话框,可以对一些经常使用的符号使用自动更正功能。

(7) 【快捷键】按钮:单击该按钮,打开【自定义键盘】对话框,将光标置于【请按新快捷键】文本框中,输入用户设置的快捷键,单击【指定】按钮就可以将快捷键指定给该符号。这样就可以在不打开【符号】对话框的情况下,直接按快捷键插入符号。

另外,打开【特殊字符】选项卡,在其中可以选择[®]注册符以及[™]商标符等特殊字符,单击【快捷键】按钮,可为特殊字符设置快捷键,如图4-16所示。

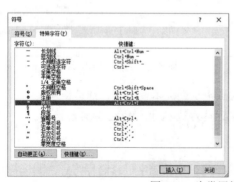
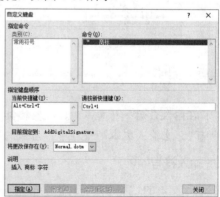

图4-16 为常用的特殊字符设置快捷键

4.3.2 输入日期和时间

使用 Word 2010 编辑文档时，可以使用插入日期和时间功能来输入当前日期和时间。

在 Word 2010 中输入日期类格式的文本时，Word 2010 会自动显示默认格式的当前日期，按 Enter 键即可完成当前日期的输入，如图 4-17 所示。

如果要输入其他格式的日期和时间，除了手动输入外，还可以通过【日期和时间】对话框进行插入。选择【插入】选项卡，在【文本】组中单击【日期和时间】按钮，打开【日期和时间】对话框，如图 4-18 所示。

图 4-17　输入日期　　　　　　　　图 4-18　【日期和时间】对话框

在【日期和时间】对话框中，各选项的功能介绍如下。

(1)【可用格式】列表框：用于选择日期和时间的显示格式。
(2)【语言】下拉列表框：用于选择日期和时间应用的语言，如中文或英文。
(3)【使用全角字符】复选框：选中该复选框可以用全角方式显示插入的日期和时间。
(4)【自动更新】复选框：选中该复选框可对插入的日期和时间格式进行自动更新。
(5)【设为默认值】按钮：单击该按钮可将当前设置的日期和时间格式保存为默认的格式。

【例 4-2】在"公司培训调查问卷"的文档的结尾插入日期。

(1) 继续【例 4-1】的操作，将鼠标指针放置到文档的结尾，按下 Enter 键另一起一行输入任意日期，然后选中输入的日期。

(2) 选择【插入】选项卡，单击【文本】命令组中的【日期和时间】按钮，在打开的对话框中单击【语言(国家/地区)】下拉按钮，从弹出的列表中选择【中文(中国)】选项，然后在【可用格式】列表中选择一种日期格式，并单击【确定】按钮，如图 4-19 所示。此时，文档中将自动替换输入日期，输入当前日期格式，如图 4-20 所示。

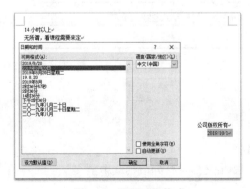

图 4-19　设置日期格式　　　　　　图 4-20　文档中的日期格式

4.3.3 选取文本

在 Word 2010 中进行文本编辑前，必须选取文本。用户既可以使用鼠标或键盘来操作，又可以使用鼠标和键盘结合来操作。

1. 使用鼠标选取文本

使用鼠标选择文本是最基本、最常用的方法，使用鼠标可以轻松地改变插入点的位置。

(1) 拖动选取：将鼠标光标定位在起始位置，按住左键不放，向目的位置拖动鼠标以选择文本。

(2) 双击选取：将鼠标光标移到文本编辑区左侧，当鼠标光标变成 ⇗ 形状时，双击，即可选择该段的文本内容；将鼠标光标定位到词组中间或左侧，双击选择该单字或词。

(3) 三击选取：将鼠标光标定位到要选择的段落，三击选中该段的所有文本；将鼠标光标移到文档左侧空白处，当光标变成 ⇗ 形状时，三击选中整篇文档。

2. 使用快捷键选取文本

使用键盘选择文本时，需先将插入点移动到要选择的文本的开始位置，然后按下键盘上相应的快捷键即可。使用键盘上相应的快捷键，可以达到选取文本的目的。利用快捷键选取文本内容的功能如表 4-1 所示。

表 4-1 选取文本内容的快捷键及功能

快 捷 键	功 能
Shift+→	选取光标右侧的一个字符
Shift+←	选取光标左侧的一个字符
Shift+↑	选取光标位置至上一行相同位置之间的文本
Shift+↓	选取光标位置至下一行相同位置之间的文本
Shift+Home	选取光标位置至行首
Shift+End	选取光标位置至行尾
Shift+PageDown	选取光标位置至下一屏之间的文本
Shift+PageUp	选取光标位置至上一屏之间的文本
Shift+Ctrl+Home	选取光标位置至文档开始之间的文本
Shift+Ctrl+End	选取光标位置至文档结尾之间的文本
Ctrl+A	选取整篇文档

Word 中 F8 键扩展选择功能的使用方法如下。

(1) 按 1 下 F8 键，可以设置选取的起点。

(2) 连续按 2 下 F8 键，选取一个字或词。

(3) 连续按 3 下 F8，可以选取一个句子。

(4) 连续按 4 下 F8 键，可以选取一段文本。

(5) 连续按 6 下 F8 键，可以选取当前节，如果文档没有分节则选中全文。

(6) 连续按 7 下 F8 键，可以选取全文。

(7) 按 Shift+F8 快捷键，可以缩小选中范围，其是上述系列的"逆操作"。

3. 使用鼠标和键盘结合选取文本

除了使用鼠标或键盘选取文本外，还可以使用鼠标和键盘结合来选取文本，这样不仅可以选取连续的文本，也可以选择不连续的文本。

(1) 选取连续的较长文本：将插入点定位到要选取区域的开始位置，按住 Shift 键不放，再移动光标至要选取区域的结尾处，单击即可选取该区域之间的所有文本内容。

(2) 选取不连续的文本：选取任意一段文本，按住 Ctrl 键，再拖动鼠标选取其他文本，即可同时选取多段不连续的文本。

(3) 选取整篇文档：按住 Ctrl 键不放，将光标移到文本编辑区左侧空白处，当光标变成形状时，单击即可选取整篇文档。

(4) 选取矩形文本：将插入点定位到开始位置，按住 Alt 键并拖动鼠标，即可选取矩形文本区域。

使用命令操作还可以选中与光标处文本格式类似的所有文本，具体方法为：将光标定位在目标格式下任意文本处，打开【开始】选项卡，在【编辑】组中单击【选择】按钮，在弹出的菜单中选择【选择格式相似的文本】命令即可。

4.3.4 移动、复制和删除文本

在编辑文本时，若需要重复输入文本，则可以使用移动或复制文本的方法进行操作。此外，也经常需要对多余或错误的文本进行删除操作，从而加快文档的输入和编辑速度。

1. 复制文本

所谓文本的复制，是指将需要复制的文本移动到其他的位置，而原版文本仍然保留在原来的位置。复制文本的方法如下。

(1) 选取需要复制的文本，按 Ctrl+C 快捷键，将插入点移动到目标位置，再按 Ctrl+V 快捷键。

(2) 选择需要复制的文本，在【开始】选项卡的【剪贴板】组中，单击【复制】按钮，将插入点移到目标位置处，单击【粘贴】按钮。

(3) 选取需要复制的文本，按鼠标右键拖动到目标位置，释放鼠标会弹出一个快捷菜单，在其中选择【复制到此位置】命令。

(4) 选取需要复制的文本，右击，在弹出的快捷菜单中选择【复制】命令，把插入点移到目标位置，右击并在弹出的快捷菜单中选择【粘贴选项】命令。

2. 移动文本

移动文本是指将当前位置的文本移到另外的位置，在移动的同时，会删除原来位置上的原版文本。移动文本后，原位置的文本消失。移动文本有以下几种方法。

(1) 选择需要移动的文本，按 Ctrl+X 快捷键，再在目标位置处按 Ctrl+V 快捷键。

(2) 选择需要移动的文本，在【开始】选项卡的【剪贴板】组中，单击【剪切】按钮，再在目标位置处单击【粘贴】按钮。

(3) 选择需要移动的文本，按右键拖动至目标位置，释放鼠标后弹出一个快捷菜单，在其

中选择【移动到此位置】命令。

(4) 选择需要移动的文本后，右击，在弹出的快捷菜单中选择【剪切】命令，再在目标位置处右击，在弹出的快捷菜单中选择【粘贴选项】命令。

(5) 选择需要移动的文本后，按左键不放，此时鼠标光标变为形状，并出现一条虚线，移动鼠标光标，当虚线移动到目标位置时，释放鼠标。

(6) 选择需要移动的文本，按 F2 键，再在目标位置处按 Enter 键即可移动文本。

3. 删除文本

在编辑文档的过程中，经常需要删除一些不需要的文本。删除文本的操作方法如下。

(1) 按 Backspace 键，删除光标左侧的文本；按 Delete 键，删除光标右侧的文本。
(2) 选中要删除的文本，在【开始】选项卡的【剪贴板】组中，单击【剪切】按钮 。
(3) 选中文本，按 Backspace 键或 Delete 键均可删除所选文本。

4.3.5 查找与替换文本

在篇幅比较长的文档中，使用 Word 2010 提供的查找与替换功能可以快速地找到文档中某个文本或更正文档中多次出现的某个词语，从而无须反复地查找文本，使操作变得较为简单，节约办公时间，提高工作效率。

1. 查找文本

查找文本可以使用【导航】窗格进行查找，也可以使用 Word 2010 的高级查找功能。

(1) 使用【导航】窗格查找文本：【导航】窗格(如图 4-21 所示)中的上方就是搜索框，用于搜索文档中的内容。在下方的列表框中可以浏览文档中的标题、页面和搜索结果。

(2) 使用高级查找功能：使用高级查找功能不仅可以在文档中查找普通文本，还可以对特殊格式的文本、符号等进行查找。打开【开始】选项卡，在【编辑】组中单击【查找】下拉按钮，在弹出的下拉菜单中选择【高级查找】命令，打开【查找与替换】对话框中的【查找】选项卡，如图 4-22 所示。在【查找内容】文本框中输入要查找的内容，单击【查找下一处】按钮，即可将光标定位在文档中第一个查找目标处。单击若干次【查找下一处】按钮，可依次查找文档中对应的内容。

图 4-21 【导航】窗格

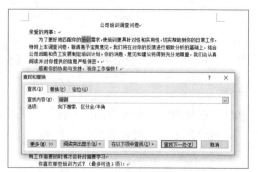

图 4-22 【查找与替换】对话框

在【查找】选项卡中单击【更多】按钮，可展开该对话框的高级设置界面，在该界面中可以设置更为精确的查找条件。

2. 替换文本

想要在多页文档中找到或找全所需操作的字符，比如要修改某些错误的文字，如果仅依靠用户去逐个寻找并修改，既费事，效率又不高，还可能会发生错漏现象。在遇到这种情况时，就需要使用查找和替换操作来解决。替换和查找操作基本类似，不同之处在于，替换不仅要完成查找，而且要用新的文档覆盖原有内容。准确地说，在查找到文档中特定的内容后，才可以对其进行统一替换。

打开【开始】选项卡，在【编辑】组中单击【替换】按钮(或者按下 Ctrl+H 键)，打开【查找和替换】对话框的【替换】选项卡，如图 4-23 所示。在【查找内容】文本框中输入要查找的内容；在【替换为】文本框中输入要替换为的内容，单击若干次【替换】按钮，依次替换文档中指定的内容。

【例 4-3】在"公司培训调查问卷"文档中将"？"替换为"："。

(1) 继续【例 4-2】的操作，在"公司培训调查问卷"文档中按下 Ctrl+H 键打开【查找和替换】对话框，在【查找内容】文本框中输入"？"，在【替换为】文本框中输入"："，如图 4-23 所示。

(2) 单击【替换】按钮，完成第一处内容的替换，此时自动跳转到第二处符合条件的内容(符号"？")处。

(3) 单击【替换】按钮，查找到的文本就被替换，然后继续查找。如果不想替换，可以单击【查找下一处】按钮，则将继续查找下一处符合条件的内容。

(4) 单击【全部替换】按钮，文档中所有的符号"？"都将被替换成"："，并弹出如图 4-24 所示的提示框，单击【确定】按钮。

(5) 在【查找和替换】对话框中单击【关闭】按钮，关闭该对话框，返回至 Word 2010 文档窗口，完成文本的替换。

图 4-23　设置【替换】选项卡

图 4-24　提示已完成替换操作

Word 2010 状态栏中有【改写】和【插入】两种状态。在改写状态下，输入的文本将会覆盖其后的文本；而在插入状态下，会自动将插入位置后的文本向后移动。Word 默认的状态是插入，若要更改状态，可以在状态栏中单击【插入】按钮，此时将显示【改写】按钮；再次单击该按钮，可返回至插入状态。另外，按 Insert 键，也可以实现这两种状态的切换。

4.3.6　撤销与恢复操作

在编辑文档时，Word 2010 会自动记录最近执行的操作，因此当操作错误时，可以通过撤销功能将错误操作撤销。如果误撤销了某些操作，还可以使用恢复操作将其恢复。

1．撤销操作

在编辑文档中，使用 Word 2010 提供的撤销功能，可以轻而易举地将编辑过的文档恢复到原来的状态。

常用的撤销操作主要有以下两种。

(1) 在快速访问工具栏中单击【撤销】按钮，撤销上一次的操作。单击按钮右侧的下拉按钮，可以在弹出的列表中选择要撤销的操作，撤销最近执行的多次操作。

(2) 按 Ctrl+Z 快捷键，可撤销最近的操作。

2．恢复操作

恢复操作用来还原撤销操作，恢复撤销以前的文档。

常用的恢复操作主要有以下两种。

(1) 在快速访问工具栏中单击【恢复】按钮，恢复操作。

(2) 按 Ctrl+Y 快捷键，恢复最近的撤销操作，这是 Ctrl+Z 快捷键的逆操作。

恢复不能像撤销那样一次性还原多个操作，所以在【恢复】按钮右侧也没有可展开列表的下三角按钮。当一次撤销多个操作后，再单击【恢复】按钮时，最先恢复的是第一次撤销的操作。

4.4 使用样式

所谓样式，就是字体格式和段落格式等特性的组合。在排版中使用样式，可以快速提高工作效率，从而迅速改变和美化文档的外观。

样式是应用于文档中的文本、表格和列表的一套格式特征，是 Word 针对文档中一组格式进行的定义。这些格式包括字体、字号、字形、段落间距、行间距以及缩进量等内容，其作用是方便用户对重复的格式进行设置。

在 Word 2010 中，当应用样式时，可以在一个简单的任务中应用一组格式。一般来说，可以创建或应用以下类型的样式。

(1) 段落样式：控制段落外观的所有方面，如文本对齐、制表符、行间距和边框等，也可能包括字符格式。

(2) 字符样式：控制段落内选定文字的外观，如文字的字体、字号等格式。

(3) 表格样式：为表格的边框、阴影、对齐方式和字体提供一致的外观。

(4) 列表样式：为列表应用相似的对齐方式、编号、项目符号或字体。

每个文档都是基于一个特定的模板，每个模板中都会自带一些样式，又称为内置样式。如果需要应用的格式组合和某内置样式的定义相符，就可以直接应用该样式。如果内置样式中有部分样式定义和需要应用的样式不相符，还可以自定义该样式。

4.4.1 应用样式

Word 2010 自带的样式库中内置了多种样式,可以为文档中的文本设置标题、字体和背景等样式,使用这些样式可以快速地美化文档。

在 Word 2010 中,选择要应用某种内置样式的文本,打开【开始】选项卡,在【样式】命令组中进行相关设置。在【样式】命令组中单击对话框启动器 ,将会打开【样式】任务窗格,在【样式】列表框中可以选择样式,如图 4-25 所示。

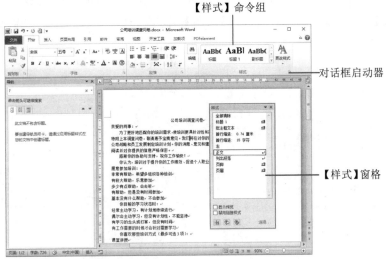

图 4-25　通过【样式】命令组打开【样式】窗格

【例 4-4】在"公司培训调查问卷"文档中为文本应用样式。

(1) 继续【例 4-3】的操作,选中"公司培训调查问卷"文档中的文本"公司培训调查问卷",然后在【开始】选项卡的【样式】命令组中选中【标题】选项,如图 4-26 所示。

(2) 选中文本"亲爱的同事:",然后单击【样式】命令组中的【更多】按钮,从弹出的下拉列表中选择【要点】选项,如图 4-27 所示。

图 4-26　设置标题样式

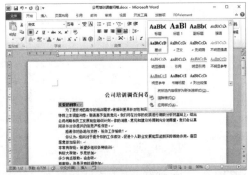

图 4-27　设置要点样式

4.4.2 创建样式

当现有文档的内置样式与所需格式设置相去甚远时,创建一个新样式将会更为便捷。在【样式】任务窗格中，单击【新建样式】按钮，打开【根据格式设置创建新样式】对话框。在该对话框中可以创建新的样式。

【例4-5】在"公司培训调查问卷"的文档中创建一个名为"正文-2"的新样式。

(1) 继续【例4-4】的操作，将鼠标指针置于文档第一段文本的任意位置，在【开始】选项卡的【样式】组中，单击【样式】对话框启动器，打开【样式】窗格。

(2) 在【样式】窗格中单击【新建样式】按钮，如图4-28所示，打开【根据格式设置创建新样式】对话框，然后在【名称】文本框中输入"正文-2"，并单击两次【行和段落间距】按钮，如图4-29所示。

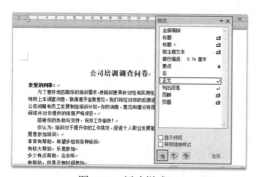

图4-28 新建样式

图4-29 根据格式设置创建新样式

(3) 在【根据格式设置创建新样式】对话框中单击【确定】按钮，【样式】窗格中将新建一个名为"正文-2"的样式，并将该样式应用在指针所在的段落中，如图4-30所示。

(4) 将鼠标指针置于文档的其他段落中，然后选中【样式】窗格中的【正文-2】样式，将该样式应用在文档中的其他段落，如图4-31所示。

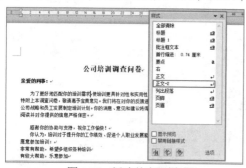

图4-30 新建并应用样式

图4-31 将新建样式应用于文档

在图4-29所示的【根据格式设置创建新样式】对话框的【样式类型】下拉列表框中，用户可以为新建样式设置【字符】、【段落】、【表格】、【列表】等类型，如图4-32所示；在【样式基准】下拉列表框中，用户可以设置新建样式的基准样式(基准样式就是最基本或原始的样式，文档中的其他样式都以此为基础)，如图4-33所示。

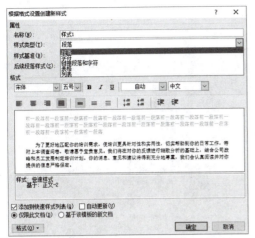
图 4-32 设置样式类型

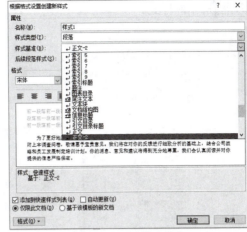
图 4-33 设置样式基准

此外，在【根据格式设置创建新样式】对话框中，还可以为字符或段落样式设置格式，包括字体、段落、边框等。

4.4.3 修改样式

如果某些内置样式无法完全满足某组格式设置的要求，则可以在内置样式的基础上进行修改。这时在【样式】任务窗格中，单击样式选项的下拉列表框旁的箭头按钮，在弹出的菜单中选择【修改】命令。在打开的【修改样式】对话框中更改相应的选项即可，如图 4-34 所示。

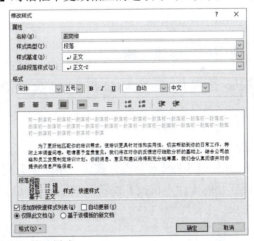

图 4-34 修改样式

4.4.4 删除样式

在 Word 2010 中，用户可以在【样式】任务窗格中删除样式，但无法删除模板的内置样式。

在【样式】任务窗格中，单击需要删除的样式旁的箭头按钮，在弹出的菜单中选择【删除】命令，打开提示对话框，如图 4-35 所示。单击【是】按钮，即可删除该样式。

另外，在【样式】任务窗格中单击【管理样式】按钮，打开【管理样式】对话框，如图 4-36 所示。在【选择要编辑的样式】列表框中选择要删除的样式，单击【删除】按钮，同样可以删除选中的样式。

图 4-35 删除样式

图 4-36 【管理样式】对话框

如果删除了创建的样式，Word 2010 将对所有具有此样式的段落应用【正文】样式。

4.5 使用模板

在 Word 2010 中，任何文档都是以模板为基础的，模板决定了文档的基本结构和文档设置。模板是针对一篇文档中所有段落或文字的格式设置，其内容更为丰富。使用模板可以统一文档的风格，加快工作速度。

4.5.1 使用模板创建文档

模板是一种带有特定格式的扩展名为.dotx 的文档，其包括特定的字体格式、段落样式、页面设置、快捷键方案、宏等格式。Word 2010 提供了多种具有统一规格、统一框架的文档模板，如传真、信函或简历等。

要通过模板创建文档，可以单击【文件】按钮，在弹出的菜单中选择【新建】命令，打开 Microsoft Office Backstage 视图。在【可用模板】列表框中选择【样本模板】选项，如图 4-37 所示。在打开的【样本模板】列表框中显示 Word 2010 提供的所有样本模板，如图 4-38 所示。

图 4-37 Microsoft Office Backstage 视图

图 4-38 【样本模板】列表框

【样本模板】列表框提供了多种类型的模板,用户可以根据需要选择相应的模板类型,并在右侧窗口中预览所选模板的样式,选中【文档】单选按钮,以确定所创建的是文档,然后单击【确定】按钮,即可打开一个应用了所选模板的新文档。在创建的文档中,可以看到文档的不同位置都带有提示信息,并告诉用户在该位置应该输入的内容,用户只需根据这些提示输入相关的内容即可。

【例 4-6】使用【基本简历】模板创建新文档。

(1) 启动 Word 2010 应用程序,打开一个名为"文档 1"的文档。

(2) 单击【文件】按钮,在弹出的菜单中选择【新建】命令,打开 Microsoft Office Backstage 视图,在【可用模板】列表框中选择【样本模板】选项,此时系统会在 Microsoft Office Backstage 视图中显示 Word 2010 提供的所有样本模板。

(3) 在【样本模板】列表框中选择【基本简历】模版,并在右侧窗口中预览该模板的样式,选中【文档】单选按钮,如图 4-39 所示。

(4) 单击【创建】按钮,即可新建一个名为"文档 2"的新文档,并自动套用所选择的【基本简历】模板的样式,根据文档中的提示信息输入实际内容,如图 4-40 所示。

图 4-39 选择【基本简历】模板

图 4-40 创建基于【基本简历】模板的文档

在网络连通的情况下,在 Microsoft Office Backstage 视图的【可用模板】的【Office.com 模板】列表框中选择相应的模板选项,单击【下载】按钮,即可链接到 Office.com 网站下载该模板。下载完毕后,自动创建基于模板的文档(有时模板是基于 Word 2003 版本创建的,新建后的文档在 Word 2010 中以兼容模式显示)。

4.5.2 创建模板

在实际生活中,将文档保持一致的外观、格式等属性,可使文档显得整洁、美观。因此,为使文档更为美观,用户可创建自定义模板并应用于文档中。创建新的模板可以通过根据现有文档和根据现有模板两种创建方法来实现。

1. 根据现有文档创建模板

根据现有文档创建模板,是指打开一个已有的与需要创建的模板格式相近的 Word 文档,在对其进行编辑修改后,将其另存为一个模板文件。通俗地讲,当需要用到的文档设置包含在现有的文档中时,就可以以该文档为基础来创建模板。

【例 4-7】将"公司培训调查问卷"文档保存为【问卷调查模板】模板。

(1) 继续【例 4-6】的操作,单击【文件】按钮,在弹出的菜单中选择【另存为】命令(或按下 F12 键),打开【另存为】对话框。

(2) 选择模板的存放路径,在【保存类型】下拉列表框中选择【Word 模板 (*.dotx)】选项,在【文件名】文本框中输入"问卷调查模板",如图 4-41 所示。

(3) 单击【保存】按钮,此时"公司培训调查问卷"文档将以模板形式保存在【我的模板】中。

(4) 在 Word 2010 中,单击【文件】按钮,在弹出的菜单中选择【新建】命令,然后在【可用模板】列表框中选择【我的模板】选项,打开【新建】对话框,即可查看到刚刚创建的【问卷调查模板】模板,如图 4-42 所示。选中该模板并单击【确定】按钮,即可使用模板创建新的文档。

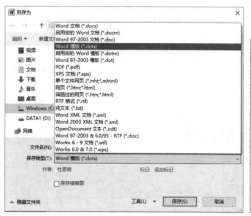
图 4-41 将文档保存为模板

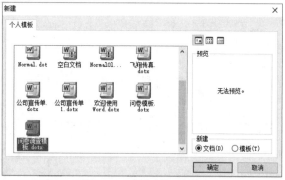
图 4-42 【新建】对话框

2. 根据现有模板创建模板

根据现有模板创建模板是指根据一个已有模板新建一个模板文件,再对其进行相应的修改后将其保存。Word 2010 内置模板的自动图文集词条、字体、快捷键指定方案、宏、菜单、页面设置、特殊格式和样式设置基本符合要求,但还需要进行一些修改时,就可以以现有模板为基础来创建新模板。

【例 4-8】在模板【平衡传真】中输入发件人信息,并将其另存为模板【飞翔传真】。

(1) 启动 Word 2010,在新建的空白文档中单击【文件】按钮,在弹出的菜单中选择【新建】命令,然后在【可用模板】列表框中选择【样本模板】选项。

(2) 在显示的【样本模板】列表框中选择【平衡传真】选项,在右侧的区域单击【创建】按钮,如图 4-43 所示。

(3) 此时将打开一个新文档,开始新建模板,在其中输入编辑信息,如图 4-44 所示。

图 4-43 选择模板

图 4-44 编辑模板

(4) 单击【文件】按钮，在弹出的菜单中选择【保存】命令，打开【另存为】对话框，在【文件名】文本框中输入模板名称(如"飞翔传真")，将【保存类型】设置为【Word 模板】，然后单击【保存】按钮。

(5) 此时即成功创建模板，单击【文件】按钮，在弹出的菜单中选择【新建】命令，然后在【可用模板】列表框中选择【我的模板】选项，打开【新建】对话框，查看到刚创建的【飞翔传真】模板。

如果用户感到自己创建的模板还有不完善或需要修改的地方，可以随时调出该模板进行编辑。需要编辑某个模板时，可以在【新建】模板的【个人模板】列表框中将其打开，然后再进行编辑。

4.5.3 加载与卸载共用模板

共用模板包括 Normal 模板中的所含设置，其适用于所有文档。文档模板所含设置仅适用于以该模板为基础的文档。

启动 Word 2010 时，默认的共用模板是 Normal 模板。如果希望在运行 Word 后，所有的文档还可以应用其他模板中的设置，可以将这些模板加载为共用模板。如果不需要使用时，也可以将其卸载。

1. 加载共用模板

在 Word 2010 中，要加载共用模板，单击【文件】按钮，在弹出的菜单中选择【选项】选项，打开【Word 选项】对话框，在左边的列表中选择【加载项】选项，在【管理】下拉列表中选择【模板】选项，如图 4-45 所示。单击【转到】按钮，打开【模板和加载项】对话框，如图 4-46 所示。

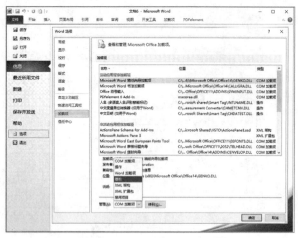
图 4-45 【Word 选项】对话框

图 4-46 【模板和加载项】对话框

在【模板和加载项】对话框的【共用模板及加载项】选项区域中，单击【添加】按钮，打开【添加模板】对话框，在模板列表框中选择需要添加的模板文件，如图 4-47 所示。单击【确定】按钮，将其添加到【模板和加载项】对话框的列表框中，选中需要加载的模板文件前的复选框，然后单击【确定】按钮，此时所选中的模板将被加载为共用模板，并可应用于所有的 Word 文档中。

2. 卸载共用模板

卸载不常用的模板和加载项，可以节省内存并提高 Word 的运行速度，使用【模板和加载项】对话框可以很方便地卸载共用模板。在【所选项目当前已经加载】列表框中选择需要卸载的模板，然后单击【删除】按钮即可，如图 4-48 所示。

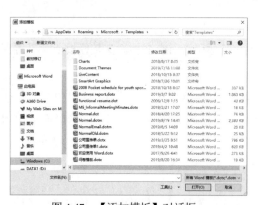
图 4-47 【添加模板】对话框

图 4-48 卸载模板

Word 加载模板的位置默认是 C:\Document and Setting\Administrator\Application Data\Microsoft\Templates 文件夹。如果退出再重新启动 Word 应用程序，则不会自动重新加载模板。另外，卸载共用模板并非将其从计算机上删除，只是使其不可用。模板的存储位置决定了启动 Word 时是否会加载。

4.6 使用宏

宏是由一系列 Word 命令组合在一起作为单个执行的命令。用户通过宏可以达到简化编辑操作的目的；可以将一个宏指定到工具栏、菜单或者快捷键上，并通过单击一个按钮、选取一个命令或按一个键的组合来运行宏。

4.6.1 显示【开发工具】选项卡

在 Word 2010 中，要使用"宏"，首先需要打开如图 4-49 所示的【开发工具】选项卡。

【开发工具】选项卡主要用于 Word 的二次开发，默认情况下该选项卡不显示在【主选项卡】功能区，用户可以通过自定义【主选项卡】功能区使之可见。单击【文件】按钮，在弹出的菜单中选择【选项】选项，打开【Word 选项】对话框，切换至【自定义功能区】选项卡，在右侧的【主选项卡】选项区域中选中【开发工具】复选框，然后单击【确定】按钮，如图 4-50 所示，即可在文档中显示【开发工具】选项卡。

图 4-49　【开发工具】选项卡

图 4-50　设置开发工具

4.6.2 有宏的文档

微软公司在设计 Word 2010 时，为了让用户免受宏病毒感染，对可以执行宏的文档和绝对不能执行宏的文档使用扩展名来区别它们，如表 4-2 所示。

表 4-2　以扩展名来区分文档是否含有宏

描　　述	拓　展　名
绝对不可能有宏的文档	.docx、.dotx
可能含有宏的文档	.docm、.dotm(Word 2010 建议用的后缀名)
可能含有宏的文档	.doc、.dot(Word 2003 及更早版本的文件)

在 Word 2010 中，可能带有宏的文档或模板图标行有一个"！"符号。同时，用户绝对不能将带有宏的文件或模板另存为.docx 或.dotx 格式的文件，当用户打开.docx 或.dotx 格式的文档

时,无须担心可能存在的病毒问题。

4.6.3 计划录制宏

在录制宏之前应计划好需要宏执行的步骤和命令,在实际操作中可以提前先演练一遍,在此过程中尽量不要有多余的操作。

如果在录制宏的过程中进行了错误的操作,同时也做了更正操作,则更正错误的操作也将会被录制。可以在录制结束后,通过 Visual Basic 编辑器将不必要的操作代码删除。

如果用户需要在其他文档中使用录制好的宏,应确认该宏与当前文档的内容无关。

4.6.4 录制宏

宏可以保存在文档模板中或是在单个 Word 文档中。将宏存储到模板上有两种方式:一种是全面宏,存储在普通模板中,可以在任何文档中使用;另一种是模板宏,存储在一些特殊模板上。通常,创建宏的最好方法就是使用键盘和鼠标录制许多操作,然后,在宏编辑窗口中进行编辑并添加一些 Visual Basic 命令。

打开【开发工具】选项卡,在【代码】组中单击【录制宏】按钮,开始录制宏。此外,还可以设置宏的快捷方式,以及在【快速访问】工具栏上显示宏按钮。

【例 4-9】在 Word 2010 文档中录制一个宏(该宏能够将所选文字格式化为"黑体""四号""倾斜",快捷键为 Ctrl+1),并且在快速访问工具栏中显示宏按钮。

(1) 选择文档中的一段文字后。选择【开发工具】选项卡,在【代码】组中单击【录制宏】按钮,将打开【录制宏】对话框。

(2) 在【宏名】文本框中输入宏的名称"格式化文本",在【将宏保存在】下拉列表框中选择【所有文档(Normal.dotm)】,然后单击【按钮】按钮,如图 4-51 所示。

图 4-51 设置宏名称

(3) 打开如图 4-52 所示的【Word 选项】对话框的【快速访问工具栏】选项卡,在【自定义快速访问工具栏】列表框中将显示输入的宏的名称。选择该宏命令,然后单击【添加】按钮,将该名称添加到快速访问工具栏上。

(4) 若要指定宏的键盘快捷键,打开【Word 选项】对话框的【自定义功能区】选项卡,在【从下列位置选择命令】下拉列表中选择【宏】选项卡,在其下的列表框中选择输入宏名称,单击【键盘快捷方式】右侧的【自定义】按钮。

(5) 打开【自定义键盘】对话框,在【类别】列表框中选择【宏】选项,在【宏】列表框中选择【格式化文本】选项,在【请按新快捷键】文本框中按快捷键 Ctrl+1,然后单击【指定】按钮,如图 4-53 所示。

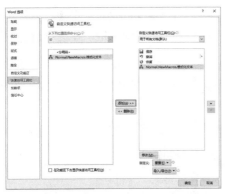
图 4-52 将宏移动至快速访问工具栏

图 4-53 指定宏的快捷键

(6) 单击【关闭】按钮，返回到【录制宏】对话框，单击【确定】按钮，执行宏的录制。

(7) 打开【开始】选项卡，在【字体】组中设置字体参数。所有录制操作执行完毕，在状态栏上单击【停止】按钮。

(8) 在文档中任选一段文字，单击【快速访问】工具栏上的宏按钮，或按快捷键 Ctrl+1，都可将该段文字自动格式化为"黑体""四号""倾斜"。

4.6.5 修改录制的宏

录制宏生成的代码通常都不够简洁、高效，并且功能和范围非常有限。如果要删除宏中的某些错误操作，或者是要添加如"添加分支""变量指定""循环结构""自定义用户窗体""出错处理"等功能的代码，这时就需要对宏进行编辑操作。

打开【开发工具】选项卡，在【代码】组中单击 Visual Basic 按钮，打开 Visual Basic 编辑窗口(也可以按 Alt+F11 组合键)，如图 4-54 所示。

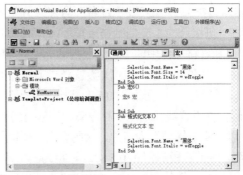

图 4-54 使用 Visual Basic 编辑宏

在 Visual Basic 编辑器中，可以对宏的源代码进行修改，添加或删除宏的源代码。编辑完毕后，可以在 Visual Basic 编辑器中选择【文件】|【关闭并返回到 Microsoft Word】命令，返回到 Word，Visual Basic 将自动保存所做的修改。

4.6.6 删除宏

要删除在文档或模板中不需要的宏命令，可以先打开包含需要删除宏的文档或模板。打开

【开发工具】选项卡，在【代码】组中单击【宏】按钮，打开【宏】对话框，在【宏名】列表框中选择要删除的宏，然后单击【删除】按钮。此时系统将打开消息对话框，在该对话框中单击【是】按钮，即可删除该宏命令。

4.7 综合案例

1. 使用 Word 2010 制作"班级公约"文档，完成以下操作。
(1) 打开素材文件中的"班级公约.docx"文档。
(2) 新建一个 Word 文档，将其命名为"学号后两位"+"姓名"(例如，01 张三)，并把"班级公约.docx"的内容复制过来，然后关闭"班级公约.docx"文档。
(3) 将上题创建的文档中的"××班"替换成自己所在班级名称。
(4) 在快捷工具栏中添加【打印预览】命令。
(5) 将 Word 自动保存时间修改为 5 分钟。
(6) 设置保护 Word 文档，设置"不允许任何更改"，设置密码为 rw2-1。
2. 设置美化"班级公约"文档，完成以下操作。
(1) 打开素材文件中的"班级公约.docx"文档。
(2) 将文章标题"班级公约"设置为"黑体""初号"，字符间距加宽 5 磅，"居中对齐"。
(3) 将"总则"等章节标题的字体，设置为"仿宋""四号""居中对齐"，段前、段后间距 0.5 行，行距为固定值 30 磅。
(4) 为第一章、第二章的正文添加"·"项目符号；为第三章至第五章的正文设置编号。
(5) 为"班级公约"设置边框，线条颜色为深蓝色，粗细为 2.25 磅，并设置浅黄色(RGB：255，255，153)底纹。
(6) 以"学号后两位"+"姓名"的方式另存一个新文档。
3. 将"班级公约"文档制作成模板，完成以下操作。
(1) 打开素材文件中的"班级公约.docx"文档。
(2) 新建"文章标题"样式。设置样式字体为"黑体""初号"，字符间距加宽 5 磅，"居中对齐"，段前、段后间距各 0.5 行，并应用于第一行；设置边框的线条颜色为深蓝色，粗细为 2.25 磅，并设置浅黄色(RGB：255，255，153)底纹。
(3) 以"章节标题"为名称，录制新宏。快捷键为 Ctrl+F，设置为"仿宋""四号""居中对齐"，段前、段后间距 0.5 行，行距为固定值 30 磅。使用快捷键应用于每章的标题。
(4) 把"项目符号"样式修改为"华文仿宋""小四"，固定行距 20 磅，项目符号样式为"·"，并应用到"总则"至"第二章"的正文。
4. 在 Word 中制作一个效果如图 4-55 所示"求职简历"文档，要求如下。
(1) 设置文档页边距【上】、【下】、【左】、【右】参数为"1 厘米"。
(2) 在文档中插入一个 17 行 4 列的表格，并按照图 4-55 所示对表格进行编辑
(3) 设置标题文本【字体】为"微软雅黑"，【字号】为"初号"，并"加粗"。
(4) 为第 2 行设置一种颜色(灰色)作为单元格底纹色。

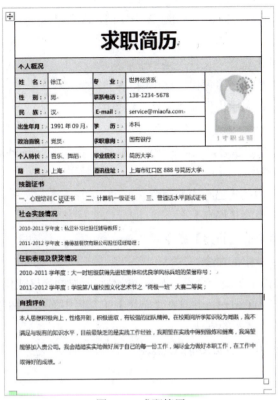

图 4-55　求职简历

4.8　课后习题

1. Word 2010 具有的功能是(　　)。
   A. 表格处理　　B. 绘制图形　　C. 自动更正　　D. 以上三项都是
2. 下列选项不属于 Word 2010 窗口组成部分的是(　　)。
   A. 标题栏　　B. 对话框　　C. 菜单栏　　D. 状态栏
3. 在 Word 2010 的默认状态下,将鼠标光标移到某一行左端的文档选定区,此时单击鼠标左键,则(　　)。
   A. 该行被选定　　　　　　　B. 该行的下一行被选定
   C. 该行所在的段落被选定　　D. 全文被选定
4. 在 Word 2010 编辑状态下,对于选定的文字(　　)。
   A. 可以移动,不可以复制　　B. 可以复制,不可以移动
   C. 可以进行移动或复制　　　D. 可以同时进行移动和复制
5. 在 Word 编辑状态下,若光标位于表格外右侧的行尾处,按 Enter 键,结果(　　)。
   A. 光标移到下一列　　　　　B. 光标移到下一行,表格行数不变
   C. 插入一行,表格行数改变　D. 在本单元格内换行,表格行数不变

6. 在 Word 2010 的编辑状态，共新建了两个文档，没有对这两个文档进行"保存"或"另存为"操作，则(　　)。

　　A. 两个文档名都出现在"文件"菜单中

　　B. 两个文档名都出现在"窗口"菜单中

　　C. 只有第一个文档名中出现在"文件"菜单中

　　D. 只有第二个文档名出现在"窗口"菜单

7. 在 Word 2010 的编辑状态，当前编辑的文档是 C 盘中的 lixiaodong.doc 文档，要将该文档复制到硬盘中，应当使用(　　)。

　　A. 【文件】菜单中的【另存为】命令

　　B. 【文件】菜单中的【保存】命令

　　C. 【文件】菜单中的【新建】命令

　　D. 【插入】选项卡中的命令

8. 在 Word 2010 文档中录制一个宏，宏的功能是将所选文字格式化为"宋体""三号""加粗"。设置该宏的快捷键为 Ctrl+4，并且在【常用】工具栏中显示宏按钮。

9. 简述使用鼠标选择文本的方法。

10. 简述在 Word 2010 中移动文本的方法。

第 5 章
格式化与排版文档

☑ **学习目标**

在文档中应用特定样式，插入表格、图形和图片等元素，不仅会使文档显得生动有趣，还能帮助读者更快理解内容。本章将重点介绍使用 Word 2010 设置、排版与修饰文档的方法和技巧。

☑ **知识体系**

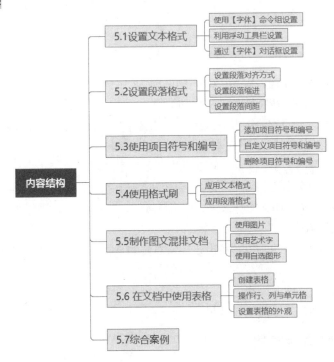

☑ **重点内容**

- 设置 Word 文本与段落的格式
- 设置 Word 文档的页面与版式
- 在 Word 文档中插入图形对象并设置图文混排
- 在 Word 文档中创建、编辑与美化表格

5.1 设置文本格式

在 Word 文档中输入的文本默认字体为宋体，字号为五号，为了使文档更加美观、条理更加清晰，通常需要对文本进行格式化操作。

5.1.1 使用【字体】功能组设置

打开【开始】选项卡，使用如图 5-1 所示的【字体】功能组中提供的按钮即可设置文本格式，如文本的字体、字号、颜色、字形等。

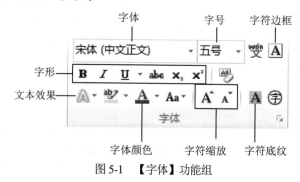

图 5-1 【字体】功能组

(1) 字体：指文字的外观。Word 2010 提供了多种字体，默认字体为宋体。
(2) 字形：指文字的一些特殊外观，例如加粗、倾斜、下画线、上标和下标等。单击【删除线】按钮，可以为文本添加删除线效果；单击【下标】按钮，可以将文本设置为下标效果；单击【上标】按钮，可以将文本设置为上标效果。
(3) 字号：指文字的大小。Word 2010 提供了多种字号。
(4) 字符边框：为文本添加边框。单击【带圈字符】按钮，可为字符添加圆圈效果。
(5) 文本效果：为文本添加特殊效果。单击该按钮，在弹出菜单中可以为文本设置轮廓、阴影、映像和发光等效果。
(6) 字体颜色：指文字的颜色。单击该按钮右侧的下拉箭头，在弹出的菜单中选择需要的颜色命令。
(7) 字符缩放：增大或者缩小字符。
(8) 字符底纹：为文本添加底纹效果。

5.1.2 利用浮动工具栏设置

选中要设置格式的文本，此时选中文本区域的右上角将出现浮动工具栏，如图 5-2 所示，使用浮动工具栏提供的命令按钮也可以进行文本格式的设置。

浮动工具栏中的按钮功能与【字体】功能区对应按钮的功能类似，在此不再重复介绍。

图 5-2 浮动工具栏

5.1.3 通过【字体】对话框设置

利用【字体】对话框，不仅可以完成【字体】功能组中所有字体设置功能，而且还能为文本添加其他特殊效果和设置字符间距等。

打开【开始】选项卡，单击【字体】对话框启动器，打开【字体】对话框的【字体】选项卡，如图 5-3 所示。在该选项卡中可对文本的字体、字号、颜色、下画线等属性进行设置。打开【字体】对话框的【高级】选项卡，如图 5-4 所示，在其中可以设置文字的缩放比例、文字间距和相对位置等参数。

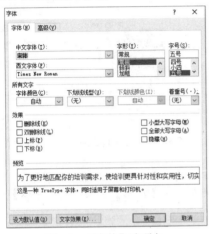

图 5-3　【字体】选项卡

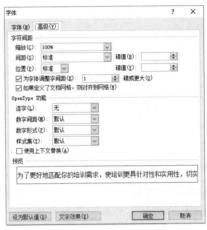

图 5-4　【高级】选项卡

【例 5-1】在"公司培训调查问卷"文档中为文本设置格式。

(1) 打开本书第 4 章制作的"公司培训调查问卷"文档，选中标题文本，在【开始】选项卡的【字体】组中单击【字体】下拉按钮，在弹出的下拉列表中选择【汉真广标】选项，如图 5-5 所示。

(2) 在【字体】组中单击【字号】下拉按钮，在弹出的下拉列表中选择【二号】选项，如图 5-6 所示。

图 5-5　设置字体

图 5-6　设置字号

(3) 在【字体】组中单击【字体颜色】按钮右侧的三角按钮，在弹出的调色板中选择【橙色，强调文字颜色 6，深色 25%】色块，如图 5-7 所示。

（4）选中正文文本，在【开始】选项卡中单击【字体】对话框启动器，打开【字体】对话框，选择【字体】选项卡，单击【中文字体】下拉按钮，在弹出的下拉列表中选择【楷体】选项；在【字体颜色】下拉面板中选择【深蓝】色块，如图 5-8 所示。

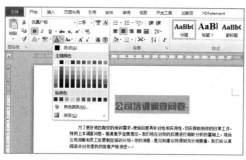

图 5-7　设置标题文本的字体颜色

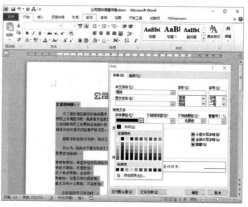

图 5-8　使用【字体】对话框设置字体格式

（5）单击【确定】按钮，完成设置，显示设置的文本效果。

（6）按住 Ctrl 键，同时选中正文中的任意三段文本，在【开始】选项卡的【字体】组中单击【加粗】按钮，为文本设置加粗效果，如图 5-9 所示。

图 5-9　设置加粗效果

（7）在快速访问工具栏中单击【保存】按钮，保存文档。

5.2　设置段落格式

段落是构成整个文档的骨架，它由正文、图表和图形等加上一个段落标记构成。为了使文档的结构更清晰、层次更分明，Word 2010 提供了段落格式设置功能，包括段落对齐方式、段落缩进、段落间距等。

5.2.1 设置段落对齐方式

段落对齐指文档边缘的对齐方式，包括两端对齐、居中对齐、左对齐、右对齐和分散对齐。

(1) 两端对齐：默认设置，两端对齐时文本左右两端均对齐，但是段落最后不满一行的文字右边是不对齐的。

(2) 居中对齐：文本居中排列。

(3) 左对齐：文本的左边对齐，右边参差不齐。

(4) 右对齐：文本的右边对齐，左边参差不齐。

(5) 分散对齐：文本左右两边均对齐，而且每个段落的最后一行不满一行时，将拉开字符间距使该行均匀分布。

设置段落对齐方式时，先选定要对齐的段落，然后可在【开始】选项卡中单击【段落】功能组(或浮动工具栏)中的相应按钮来实现，也可以通过【段落】对话框来实现。使用【段落】功能组是最快捷方便的，也是最常使用的方法。

按 Ctrl+E 快捷键，可以设置段落居中对齐；按 Ctrl+Shift+J 快捷键，可以设置段落分散对齐；按 Ctrl+L 快捷键，可以设置段落左对齐；按 Ctrl+R 快捷键，可以设置段落右对齐；按 Ctrl+J 快捷键，可以设置段落两端对齐。

5.2.2 设置段落缩进

段落缩进是指设置段落中的文本与页边距之间的距离。Word 2010 提供了以下 4 种段落缩进的方式。

(1) 左缩进：设置整个段落左边界的缩进位置。

(2) 右缩进：设置整个段落右边界的缩进位置。

(3) 悬挂缩进：设置段落中除首行以外的其他行的起始位置。

(4) 首行缩进：设置段落中首行的起始位置。

1. 使用标尺设置缩进量

通过水平标尺可以快速设置段落的缩进方式及缩进量。水平标尺中包括首行缩进、悬挂缩进、左缩进和右缩进 4 个标记，如图 5-10 所示。拖动各标记就可以设置相应的段落缩进方式。

图 5-10 水平标尺

使用标尺设置段落缩进时，在文档中选择要改变缩进的段落，然后拖动缩进标记到缩进位置，可以使某些行缩进。在拖动鼠标时，整个页面上出现一条垂直虚线，以显示新边距的位置。

在使用水平标尺格式化段落时，按住 Alt 键不放，使用鼠标拖动标记，水平标尺上将显示具体的度量值。拖动首行缩进标记到缩进位置，将以左边界为基准缩进第一行。拖动左缩进标记的正三角至缩进位置，可以设置除首行外的所有行的缩进。拖动左缩进标记下方的小矩形至缩进位置，可以使所有行均左缩进。

2. 使用【段落】对话框设置缩进量

使用【段落】对话框可以准确地设置缩进尺寸。打开【开始】选项卡，单击【段落】组对话框启动器，打开【段落】对话框的【缩进和间距】选项卡，在该选择卡中可以进行相关设置即可设置段落缩进。

【例 5-2】在"公司培训调查问卷"文档中，设置部分段落的首行缩进 2 个字符。

(1) 继续【例 5-1】的操作，选中文档中需要设置首行缩进的段落，选择【视图】选项卡，在【显示】组中选中【标尺】复选框，设置在编辑窗口中显示标尺。

(2) 向右拖动【首行缩进】标记，将其拖动到标尺 2 处，释放鼠标，即可将第 1 段文本设置为首行缩进 2 个字符，如图 5-11 所示。

(3) 选取文档中的另外几段文本，打开【开始】选项卡，在【段落】组中单击对话框启动器，打开【段落】对话框。

(4) 打开【段落】对话框的【缩进和间距】选项卡，在【缩进】选项区域的【特殊格式】下拉列表中选择【首行缩进】选项，在【磅值】微调框中设置为"2 字符"，如图 5-12 所示，然后单击【确定】按钮即可。

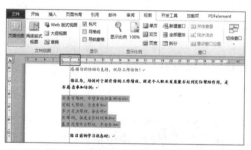

图 5-11　使用标尺设置段落缩进

图 5-12　设置【段落】对话框

5.2.3　设置段落间距

段落间距的设置包括文档行间距与段间距的设置。所谓行间距，是指段落中行与行之间的距离；所谓段间距，就是指前后相邻的段落之间的距离。

1. 设置行间距

行间距决定段落中各行文本之间的垂直距离。Word 默认的行间距值是单倍行距，用户可以根据需要重新对其进行设置。在【段落】对话框中，打开【缩进和间距】选项卡，在【行距】下拉列表框中选择相应选项，并在【设置值】微调框中输入数值即可。

2. 设置段间距

段间距决定段落前后空白距离的大小。在【段落】对话框中，打开【缩进和间距】选项卡，在【段前】和【段后】微调框中输入值，就可以设置段间距。

【例5-3】在"公司培训调查问卷"文档中，设置一段文字行距为固定值18磅，另一段文字的段落间距为段前18磅，段后18磅。

(1) 继续【例5-2】的操作，按住Ctrl键选取一段文本，打开【开始】选项卡，在【段落】组中单击对话框启动器，打开【段落】对话框。

(2) 打开【缩进和间距】选项卡，在【行距】下拉列表框中选择【固定值】选项，在【设置值】微调框中输入"18磅"，如图5-13所示。

(3) 单击【确定】按钮，即可完成正文段落行间距的设置。

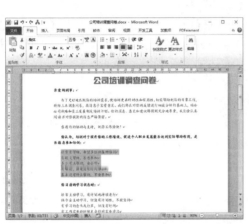 

图5-13 设置固定行距

(4) 选取正文中的一段文本，选择【开始】选项卡，在【段落】组中单击对话框启动器，打开【段落】对话框。

(5) 打开【缩进和间距】选项卡，在【间距】选项区域中的【段前】和【段后】微调框中分别输入"18磅"，如图5-14所示。

(6) 单击【确定】按钮，完成段落间距的设置，最终效果如图5-15所示。

 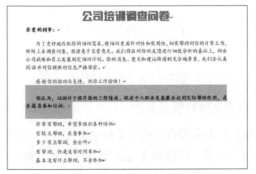

图5-14 设置段前和段后　　　　　　图5-15 文档段间距设置效果

5.3 使用项目符号和编号

使用项目符号和编号列表，可以对文档中并列的项目进行组织，或者将内容的顺序进行编号，以使这些项目的层次结构更加清晰、更有条理。Word 2010 提供了 7 种标准的项目符号和编号，并且允许用户自定义项目符号和编号。

5.3.1 添加项目符号和编号

Word 2010 提供了自动添加项目符号和编号的功能。在以 1.、(1)、a 等字符开始的段落中按 Enter 键，下一段开始将会自动出现 2.、(2)、b 等字符。

用户也可以在输入文本之后，选中要添加项目符号或编号的段落，打开【开始】选项卡，在【段落】组中单击【项目符号】按钮，将自动在每段前面添加项目符号；单击【编号】按钮将以 1.、2.、3.的形式编号，如图 5-16 所示。

- 项目符号 1
- 项目符号 2
- 项目符号 3

1. 编号 1
2. 编号 2
3. 编号 3

图 5-16　自动添加项目符号或编号

若用户要添加其他样式的项目符号和编号，可以打开【开始】选项卡，在【段落】组中单击【项目符号】下拉按钮，在弹出的如图 5-17 所示的下拉菜单中选择项目符号的样式；单击【编号】下拉按钮，在弹出的如图 5-18 所示的下拉菜单中选择编号的样式。

图 5-17　项目符号样式

图 5-18　编号样式

5.3.2 自定义项目符号和编号

在使用项目符号和编号功能时，用户除了可以使用系统自带的项目符号和编号样式外，还可以对项目符号和编号进行自定义设置。

1. 自定义项目符号

选取项目符号段落，打开【开始】选项卡，在【段落】组中单击【项目符号】下拉按钮，在弹出的下拉菜单中选择【定义新项目符号】命令，打开【定义新项目符号】对话框，在其中自定义一种项目符号即可，如图 5-19 所示。其中单击【符号】按钮，打开【符号】对话框，可从中选择合适的符号作为项目符号，如图 5-20 所示。

图 5-19　【定义新项目符号】对话框

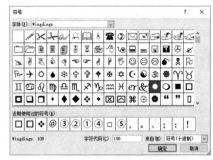

图 5-20　【符号】对话框

2．自定义编号

选取编号段落，打开【开始】选项卡，在【段落】组中单击【编号】下拉按钮，在弹出的下拉菜单中选择【定义新编号格式】命令，打开【定义新编号格式】对话框，如图 5-21 所示。在【编号样式】下拉列表中选择其他编号的样式，并在【编号格式】文本框中输入起始编号；单击【字体】按钮，可以在打开的对话框中设置项目编号的字体；在【对齐方式】下拉列表中选择编号的对齐方式。

另外，在【开始】选项卡的【段落】组中单击【编号】按钮，在弹出的下拉菜单中选择【设置编号值】命令，打开【起始编号】对话框，如图 5-22 所示，在其中可以自定义编号的起始数值。

图 5-21　【定义新编号格式】对话框

图 5-22　【起始编号】对话框

在【段落】组中单击【多级列表】下拉按钮，可以应用多级列表样式，也可以自定义多级符号，从而使得文档的条理更分明。

【例 5-4】在"公司培训调查问卷"文档中添加项目符号和编号。

(1) 继续【例 5-3】的操作，选取需要设置项目符号的段落，在【开始】选项卡的【段落】组中单击【项目符号】下拉按钮，在弹出的列表框中选择如图 5-23 所示的项目符号样式，此时选中的段落将自动添加项目符号。

（2）选取文档中需要设置编号的段落，在【开始】选项卡的【段落】组中单击【编号】下拉按钮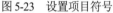，从弹出的列表中选择一种编号样式，选中的段落将自动设置编号，如图 5-24 所示。

图 5-23　设置项目符号

图 5-24　设置编号

在创建的项目符号或编号段落内容后，按下 Enter 键后可以自动生成项目符号或编号。若要结束自动创建项目符号或编号，可以连续按两次 Enter 键，也可以按 Backspace 键删除新创建的项目符号或编号。

5.3.3　删除项目符号和编号

要删除项目符号，可以在【开始】选项卡中单击【段落】组中的【项目符号】下拉按钮，在弹出的【项目符号库】列表框中选择【无】选项即可；要删除编号，可以在【开始】选项卡中单击【编号】下拉按钮，在弹出的【编号库】列表框中选择【无】选项即可。

5.4　使用格式刷

使用【格式刷】功能快速地将指定的文本、段落格式复制到目标文本、段落上，可以大大提高工作效率。

5.4.1　应用文本格式

要在文档中不同的位置应用相同的文本格式，可以使用【格式刷】工具快速复制格式。选中要复制其格式的文本，在【开始】选项卡的【剪切板】组中单击【格式刷】按钮，当鼠标光标变为【】形状时，拖动鼠标选中目标文本即可。

5.4.2　应用段落格式

要在文档中不同的位置应用相同的段落格式，同样可以使用【格式刷】工具快速复制格式。将光标定位在某个将要复制其格式的段落任意位置，在【开始】选项卡的【剪切板】组中单击【格式刷】按钮，当鼠标光标变为形状时，拖动鼠标选中更改目标段落即可。移动鼠标光标到目标段落所在的左边距区域内,当鼠标光标变成 形状时按下鼠标左键不放,在垂直方向上进行拖动,即可将格式复制给选中的若干个段落。

单击【格式刷】按钮复制一次格式后,系统会自动退出复制状态。如果是双击而不是单击时,则可以多次复制格式。要退出格式复制状态,可以再次单击【格式刷】按钮或按 Esc 键。另外,复制格式的快捷键是 Ctrl+Shift+C,即格式刷的快捷键;粘贴格式的快捷键是 Ctrl+Shift+V。

【例 5-5】在"公司培训调查问卷"文档中使用【格式刷】复制文本格式。

(1) 继续【例 5-4】的操作,将鼠标指针置于设置加粗的段落中,双击【开始】选项卡【剪切板】组中的【格式刷】按钮 ,当鼠标光标变为【 】形状时拖动鼠标选中目标文本。

(2) 按下 Esc 键关闭【格式刷】工具复制状态。

(3) 将鼠标指针置入文档中设置了项目符号的段落内,使用与步骤 1 相同的方法,双击【格式刷】按钮 ,将项目符号格式应用到文档中的其他段落中,完成后文档的效果如图 5-25 所示。

图 5-25 使用【格式刷】工具统一文档中段落的格式

5.5 制作图文混排文档

在 Word 文档中适当地插入一些图形、图片,不仅会使文档显得生动有趣,还能帮助用户更直观地理解文档中所要表现的内容。

5.5.1 使用图片

为使文档更加美观、生动,用户可以插入图片。在 Word 2010 中,不仅可以插入系统提供的剪贴画,还可以从其他程序或位置导入图片,甚至可以使用屏幕截图功能直接从屏幕中截取画面并以图片形式插入。

1. 插入剪贴画

下面以实例来介绍插入剪贴画的方法。

【例 5-6】在"公司培训调查问卷"文档中插入剪贴画。

（1）打开"公司培训调查问卷"文档，将鼠标指针置于合适的位置，打开【插入】选项卡，在【插图】组中单击【剪贴画】按钮，打开【剪贴画】任务窗格。

（2）在【搜索文字】文本框中输入 LOGO，单击【搜索】按钮，即可开始查找计算机与网络上的剪贴画文件。

（3）搜索完毕后，将在其下列表框中显示搜索结果，单击所需的剪贴画图片，即可将其插入到文档中，如图 5-26 所示。

图 5-26　通过【剪贴画】窗格在文档中插入剪贴画

2. 插入来自文件的图片

在 Word 2010 中除了可以插入剪贴画，还可以从磁盘的其他位置中选择要插入的图片文件。这些图片文件可以是 Windows 的标准 BMP 位图，也可以是其他应用程序所创建的图片，如 CorelDRAW 的 CDR 格式矢量图片、JPEG 压缩格式的图片、TIFF 格式的图片等。

打开【插入】选项卡，在【插图】组中单击【图片】按钮，打开【插入图片】对话框，在其中选择要插入的图片，单击【插入】按钮，即可将图片插入文档中。

【例 5-7】在"公司培训调查问卷"文档中插入计算机中已保存的图片。

（1）打开"公司培训调查问卷"文档，将插入点定位到页面中合适的位置。

（2）打开【插入】选项卡，在【插图】组中单击【图片】按钮，打开【插入图片】对话框，在计算机的相应位置找到目标图片，选中图片，单击【插入】按钮，即可将其插入到文档中，如图 5-27 所示。

图 5-27　通过【插入图片】对话框在文档中插入图片

3. 插入屏幕截图

如果需要在 Word 文档中使用当前正在编辑的窗口中或网页中的某个图片或者图片的一部分，则可以使用 Word 2010 提供的屏幕截图功能来实现。打开【插入】选项卡，在【插图】组中单击【屏幕截图】按钮，在弹出的菜单中选择【屏幕剪辑】选项，进入屏幕截图状态，拖动鼠标光标截取图片区域即可，如图 5-28 所示。

图 5-28　使用屏幕截图功能截取图片

4. 调整图片

插入图片后，Word 会自动打开【图片工具】的【格式】选项卡，使用相应功能工具按钮，可以调整图片的颜色、大小、版式和样式等，让图片看起来更美观。

【例 5-8】在"公司培训调查问卷"文档中调整图片。

(1) 继续【例 5-7】的操作，选中文档中插入的图片后，选择【图片工具】
|【格式】选项卡，在【大小】组中的【形状高度】微调框中输入"3.5 厘米"，按下 Enter 键，即可自动调节图片的宽度和高度，如图 5-29 所示。

(2) 在【图片样式】组中单击【快速样式】按钮，在弹出的下拉样式表中选择【柔化边缘居中矩形阴影】样式，如图 5-30 所示。

(3) 在【排列】组中单击【自动换行】按钮，在弹出的下拉列表中选择【四周型环绕】选项，设置图片的环绕方式，如图 5-31 所示。

(4) 将鼠标光标移至图片上，待鼠标光标变为形状时，按住鼠标左键不放，将图片拖动到文档的合适位置，如图 5-32 所示。

图 5-29　调节剪贴画的大小

图 5-30　设置剪贴画的样式

图 5-31　设置图片的环绕方式

图 5-32　调整图片在文档中的位置

完成上例操作后，选中文档中的图片，选择【图片工具】|【格式】选项卡，在【调整】组中单击【更正】下拉按钮，在弹出的列表中用户还可以设置增强图片的亮度和对比度，使其在文档中的效果更清晰，如图 5-33 所示。

此外，在【调整】组中单击【颜色】下拉按钮，在弹出的列表中选择一种颜色饱和度和色调，如图 5-34 所示，为图片重新设置色调。

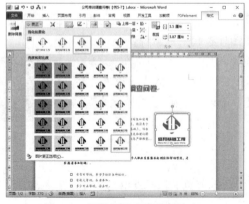

图 5-33　调整图片亮度和对比度

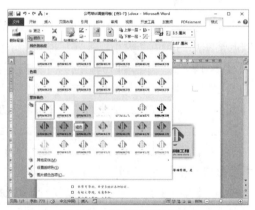

图 5-34　为图片设置颜色

5.5.2 使用艺术字

流行报刊上常常会看到各种各样的艺术字,这些艺术字给文章增添了强烈的视觉冲击效果。Word 2010 提供了艺术字功能,可以把文档的标题以及需要特别突出的内容用艺术字显示出来,使文章更加生动、醒目。

1. 插入艺术字

在 Word 2010 中可以按预定义的形状来创建艺术字,打开【插入】选项卡,在【文本】组中单击【艺术字】按钮,在艺术字列表框中选择样式即可。

【例 5-9】在"公司培训调查问卷"文档中插入艺术字。

(1) 打开"公司培训调查问卷"文档,将插入点定位在标题栏之下的空行中。选择【插入】选项卡,在【文本】组中单击【艺术字】按钮,在艺术字列表框中选中一种艺术字样式,即可在文档中插入该样式的艺术字,如图 5-35 所示。

(2) 选中页面中插入的艺术字,在【开始】选项卡的【字体】组中将艺术字的大小设置为"小三",并调整艺术字在页面中的位置,如图 5-36 所示。

图 5-35 在文档中插入艺术字

图 5-36 设置艺术字大小

2. 编辑艺术字

选中艺术字,系统自动打开【绘图工具】的【格式】选项卡。使用该选项卡中的相应功能按钮,可以设置艺术字的样式、填充效果等属性,还可以对艺术字进行大小调整、旋转或添加阴影、三维效果等操作,如图 5-37 所示。

图 5-37 艺术字的【格式】选项卡

下面通过一个实例简单介绍使用【格式】选项卡设置艺术字效果的方法。

【例5-10】在"公司培训调查问卷"文档中设置艺术字的文本效果和填充颜色。

(1) 继续【例5-9】的操作,在艺术字文本框中输入文本"2019年度业务培训"。选择【绘图工具】|【格式】选项卡,在【艺术字样式】组中单击【文本效果】按钮 ,在弹出的菜单中选择【阴影】|【向下偏移】选项,为艺术字设置阴影效果,效果如图5-38所示。

(2) 在【艺术字样式】组中单击【文本填充】下拉按钮,在弹出的菜单中选择一种颜色,修改艺术字的文本颜色,如图5-39所示。

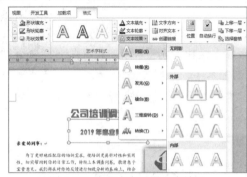

图5-38　为艺术字设置文本效果

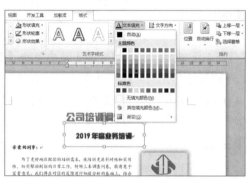

图5-39　为艺术字设置填充颜色

5.5.3　使用自选图形

Word 2010提供了一套可用的自选图形,包括直线、箭头、流程图、星与旗帜、标注等。用户可以使用这些形状,灵活地绘制出各种图形,并通过编辑操作使图形达到更符合当前文档内容的效果。

1. 绘制自选图形

使用Word 2010所提供的功能强大的绘图工具,可以方便地制作各种图形及标志。打开【插入】选项卡,在【插图】组中单击【形状】按钮,在弹出的下拉列表中选择需要绘制的图形,当鼠标光标变为十字形状时,按住鼠标左键拖动,即可绘制出相应的形状。

【例5-11】在"公司培训调查问卷"文档中绘制一个自选图形。

(1) 继续【例5-10】的操作,选择【插入】选项卡,在【插图】组中单击【形状】下拉按钮,在弹出的列表框【基本形状】区域中选择【矩形】选项。

(2) 将鼠标光标移至文档中,按住左键并拖动鼠标绘制如图5-40所示的矩形。

图5-40　在文档中绘制矩形

(3) 选中自选图形右击,在弹出的快捷菜单中选择【设置形状格式】命令,打开【设置形状格式】对话框,在【透明度】文本框中输入 95%,如图 5-41 所示。

(4) 单击【关闭】按钮后,文档效果如图 5-42 所示。

图 5-41　设置自选图形透明度　　　　　　图 5-42　文档效果

2. 编辑自选图形

为了使自选图形与文档内容更加协调,可以使用【绘图工具】的【格式】选项卡中相应功能的工具按钮,对其进行编辑操作,如调整形状在页面中的图层位置,设置形状的填充颜色、轮廓颜色和效果等。

【例 5-12】在"公司培训调查问卷"文档中设置矩形图形的填充、边框和对齐效果。

(1) 继续【例 5-11】的操作,选中文档中的矩形图形,选择【绘图工具】|【格式】选项卡,在【形状样式】组中单击【形状填充】下拉按钮,从弹出的菜单中选择一种颜色,修改自选图形的填充颜色,如图 5-43 所示。

(2) 单击【形状轮廓】下拉按钮,从弹出的菜单中选择一种颜色,如图 5-44 所示。

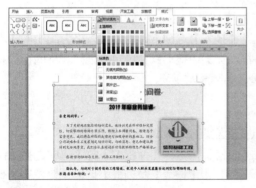
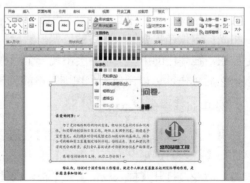

图 5-43　设置图形的填充颜色　　　　　　图 5-44　设置图形边框颜色

(3) 在【排列】组中单击【下移一层】下拉按钮,从弹出的列表中选择【置于底层】选项,如图 5-45 所示。

(4) 在【排列】组中单击【对齐】下拉按钮,从弹出的列表中先选中【对齐页面】选项,再选中【左右对齐】选项,如图 5-46 所示。

图 5-45　将图形置于文档页面的底层

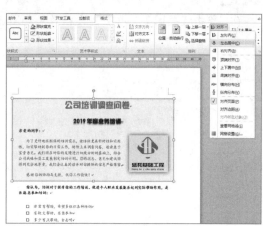

图 5-46　设置图形在文档中左右对齐

5.6　在文档中使用表格

为了更形象地说明问题,用户常常需要在文档中制作各种各样的表格。Word 2010 提供了强大的表格功能,可以快速创建与编辑表格。

5.6.1　创建表格

在 Word 2010 中可以使用多种方法来创建表格,例如按照指定的行、列插入表格和绘制不规则表格等。

1. 使用表格网格框创建表格

利用表格网格框可以直接在文档中插入表格,这是最快捷的方法。

将光标定位在需要插入表格的位置,然后打开【插入】选项卡,单击【表格】组中的【表格】按钮,在弹出的下拉菜单中会出现一个网格框。在其中拖动鼠标确定要创建表格的行数和列数,然后单击就可以完成一个规则表格的创建,如图 5-47 所示。

2. 使用对话框创建表格

使用【插入表格】对话框创建表格时,可以在建立表格的同时设置表格的大小。

选择【插入】选项卡,在【表格】组中单击【表格】按钮,在弹出的下拉菜单中选择【插入表格】命令,打开【插入表格】对话框。在【列数】和【行数】微调框中可以设置表格的列数和行数,在【"自动调整"操作】选项区域中可以设置根据内容或者窗口调整表格尺寸,如图 5-48 所示。

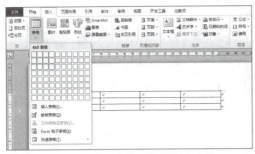
图 5-47　使用表格网格框创建表格

图 5-48　【插入表格】对话框

如果需要将某个设置好的表格尺寸设置为默认的表格大小，则在【插入表格】对话框中选中【为新表格记忆此尺寸】复选框即可。

【例 5-13】在"公司培训调查问卷"文档的结尾插入一个 3 行 6 列的表格。

(1) 继续【例 5-12】的操作，在文档的结尾按下 Enter 键另起一行，然后输入表格标题"问卷调查反馈表"并设置其文本格式，如图 5-49 所示。

(2) 将插入点定位在标题的下一行，打开【插入】选项卡，在【表格】组中单击【表格】按钮，在弹出的下拉菜单中选择【插入表格】命令，打开【插入表格】对话框，在【列数】和【行数】文本框中分别输入 6 和 3，然后选中【固定列宽】单选按钮，在其后的微调框中选择【自动】选项。

(3) 单击【确定】按钮关闭对话框，在文档中插入一个 3×6 的规则表格。

(4) 此时将插入点定位到第 1 个单元格中，输入文本"姓名"。

(5) 使用同样方法，依次在单元格中输入文本，效果如图 5-50 所示。

图 5-49　输入表格标题

图 5-50　在表格中输入文本

3. 绘制不规则表格

在很多情况下，需要创建各种栏宽、行高都不等的不规则表格，这时通过 Word 2010 中的绘制表格功能可以创建不规则的表格。

打开【插入】选项卡，在【表格】组中单击【表格】按钮，在弹出的下拉菜单中选择【绘制表格】命令，此时鼠标光标变为 ∅ 形状，按住鼠标左键不放并拖动鼠标，会出现一个表格的虚框，待到合适大小后，释放鼠标即可生成表格的边框，如图 5-51 所示。

在表格上边框任意位置单击选择一个起点，按住鼠标左键不放向右(或向下)拖动绘制出表格中的横线(或竖线)，如图 5-52 所示。

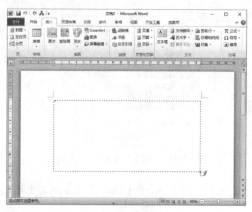   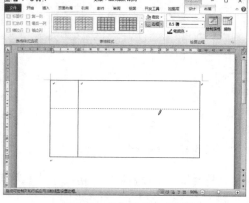

图 5-51　绘制表格边框　　　　　　　　图 5-52　绘制表格中的横线

如果在绘制过程中出现错误，用户打开【表格工具】的【设计】选项卡，在【绘图边框】组中单击【擦除】按钮，此时鼠标光标将变成橡皮形状，单击要删除的表格线段，按照线段的方向拖动鼠标，该线会呈高亮显示，释放鼠标，此时该线段将被删除。

4．快速插入表格

为了快速制作出美观的表格，Word 2010 提供了许多内置表格，可以快速地插入内置表格并输入数据。打开【插入】选项卡，在【表格】组中单击【表格】按钮，在弹出的下拉菜单中选择【快速表格】子命令，即可插入内置表格。

5.6.2　操作行、列与单元格

表格创建完成后，还需要对其进行编辑操作，如选定行、列和单元格，插入和删除行、列，合并和拆分单元格等，以满足不同的需要。

1．选定行、列和单元格

对表格进行格式化之前，首先要选定表格编辑对象，然后才能对表格进行操作。选定表格编辑对象的方式有如下几种。

（1）选定一个单元格：将光标移动至该单元格的左侧区域，当光标变为➡形状时单击，如图 5-53 所示。

（2）选定整行：将光标移动至该行的左侧，当光标变为↗形状时单击，如图 5-54 所示。

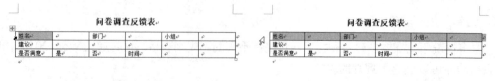

图 5-53　选定一个单元格　　　　　　　　图 5-54　选定整行

（3）选定整列：将光标移动至该列的上方，当光标变为↓形状时单击，如图 5-55 所示。

（4）选定多个连续单元格：沿被选区域左上角向右下拖动鼠标。

（5）选定多个不连续单元格：选取第 1 个单元格后，按住 **Ctrl** 键不放，再分别选取其他的单元格，如图 5-56 所示。

图 5-55　选定整列　　　　　　　　图 5-56　选定多个不连续单元格

(6) 选定整个表格：移动光标到表格左上角图标 时单击。

2. 插入和删除行、列

要向表格中添加行，应先在表格中选定与需要插入行的位置相邻的行。然后打开【表格工具】的【布局】选项卡，在【行和列】组中单击【在上方插入】或【在下方插入】按钮即可，如图 5-57 所示。插入列的操作与插入行基本类似。

另外，单击【行和列】区域的对话框启动器按钮 ，打开【插入单元格】对话框，选中【整行插入】或【整列插入】单选按钮，同样可以插入行和列，如图 5-58 所示。

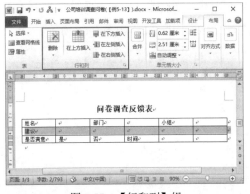
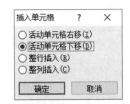

图 5-57　【行和列】组　　　　　　图 5-58　【插入单元格】对话框

当插入的行或列过多时，就需要删除多余的行和列。选定需要删除的行，或将插入点放置在该行的任意单元格中，在【行和列】选项区域中，单击【删除】按钮，在打开的下拉菜单中选择【删除行】命令即可。删除列的操作与删除行基本类似。

3. 合并和拆分单元格

选取要合并的单元格，打开【表格工具】的【布局】选项卡，在【合并】组中单击【合并单元格】按钮；或右击，在弹出的快捷菜单中选择【合并单元格】命令。此时 Word 就会删除所选单元格之间的边界，建立起一个新的单元格，并将原来单元格的列宽和行高合并为当前单元格的列宽和行高。

选取要拆分的单元格，打开【表格工具】的【布局】选项卡，在【合并】组中单击【拆分单元格】按钮；或右击，在弹出的快捷菜单中选择【拆分单元格】命令。打开【拆分单元格】对话框，在【列数】和【行数】文本框中分别输入需要拆分的列数和行数即可。

4. 调整行高和列宽

创建表格时，表格的行高和列宽都是默认值，而在实际工作中常常需要随时调整表格的行高和列宽。

使用鼠标可以快速调整表格的行高和列宽。先将鼠标光标指向需调整的行的下边框,然后拖动鼠标至所需位置,整个表格的高度会随着行高的改变而改变。在使用鼠标拖动调整列宽时,先将鼠标光标指向表格中所要调整列的边框,使用不同的操作方法,可以达到不同的效果。

(1) 拖动边框,则边框左右两列的宽度发生变化,而整个表格的总体宽度不变。

(2) 按住 Shift 键,然后拖动边框,则边框左边一列的宽度发生改变,整个表格的总体宽度随之改变。

(3) 按住 Ctrl 键,然后拖动边框,则边框左边一列的宽度发生改变,边框右边各列也发生均匀的变化,而整个表格的总体宽度不变。

如果表格尺寸要求的精确度较高,可以使用对话框,以输入数值的方式精确地调整行高与列宽。将插入点定位在表格需要设置的行中,打开【表格工具】的【布局】选项卡,在【单元格大小】组中单击【对话框启动器】按钮,打开【表格属性】对话框的【行】选项卡,选中【指定高度】复选框,在其后的数值微调框中输入数值。单击【下一行】按钮,将鼠标光标定位在表格的下一行,进行相同的设置即可,如图 5-59 所示。

打开【列】选项卡,选中【指定宽度】复选框,在其后的微调框中输入数值。单击【后一列】按钮,将鼠标光标定位在表格的下一列,可以进行相同的设置,如图 5-60 所示。

图 5-59 【行】选项卡

图 5-60 【列】选项卡

将光标定位在表格内,打开【表格工具】的【布局】选项卡,在【单元格大小】组中单击【自动调整】按钮,在弹出的下拉菜单中选择相应的命令,可以十分便捷地调整表格的行高和列宽。

【例 5-14】将"公司培训调查问卷"文本中表格的第 2 行的行高设置为 5 厘米,将第 1~5 列的列宽设置为 2 厘米,将第 6 列的列宽设置为 4.8 厘米,将第 2 行合并为一个单元格。

(1) 继续【例 5-13】的操作,选定表格的第 2 行。打开【表格工具】的【布局】选项卡,在【单元格大小】组中单击【对话框启动器】按钮,打开【表格属性】对话框。

(2) 选择【行】选项卡,在【尺寸】选项区域中选中【指定高度】复选框,在其右侧的微调框中输入"5 厘米",单击【确定】按钮,完成行高的设置,如图 5-61 所示。

(3) 选定表格的第 1~5 列,打开【表格属性】对话框的【列】选项卡。选中【指定宽度】复选框,在其右侧的微调框中输入"2 厘米",单击【确定】按钮,完成列宽的设置,如图 5-62

所示。

图 5-61　设置表格行高

图 5-62　设置表格 1～5 列的列宽为 2 厘米

(4) 使用同样的方法，在【表格属性】对话框的【列】文本框中将表格第 6 列的宽度设置为 4.8 厘米，完成后表格效果如图 5-63 所示。

(5) 选中表格第 2 行，右击，从弹出的菜单中选择【合并单元格】命令，合并单元格，如图 5-64 所示。

图 5-63　设置第 6 列列宽为 4.8 厘米

图 5-64　合并单元格

5.6.3　设置表格的外观

在制作表格时，可以通过功能区的操作命令对表格进行设置，例如设置表格边框和底纹、设置表格的对齐方式等，使表格的结构更为合理、外观更为美观。

【例 5-15】在"公司培训调查问卷"文档的表格中，设置单元格的对齐方式以及表格的样式。

(1) 继续【例 5-14】的操作，选定表格的第 1 行，选择【布局】选项卡，在【对齐方式】组中单击【水平居中】按钮，设置表格第 1 行内容水平居中，如图 5-65 所示。

(2) 使用同样的方法设置表格第 3 行内容水平居中。

(3) 选中整个表格，选择【表格工具】|【设计】选项卡，在【表格样式】组中单击【其他】

按钮,在弹出的列表框中选择一个表格样式,将其应用在表格之上,如图5-66所示。

图5-65　设置表格内容水平居中

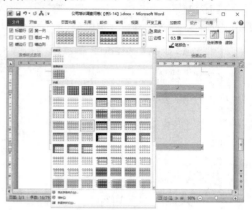

图5-66　设置表格样式

(4) 保持表格的选中状态,在【设计】选项卡的【绘图边框】组中设置线条的笔画粗细和颜色,如图5-67所示。

(5) 单击【设计】选项卡【表格样式】选项组中的【边框】下拉按钮,从弹出的列表中选择【外侧边框】选项,为表格设置外边框粗细和颜色,如图5-68所示。

图5-67　设置边框粗细和颜色

图5-68　设置表格外边框

(6) 按下Ctrl+S键将制作好的"公司培训调查问卷"文档保存。

5.7　综合案例

1. 使用Word 2010制作"入职通知"文档,完成以下操作。
(1) 使用Word 2010新建一个空白文档,并将其命名为"入职通知"保存。
(2) 在"入职通知"文档中使用中文输入法输入文本和特殊符号"①、②、③"。
(3) 在"入职通知"文档结尾输入日期,并设置日期的格式为"××××年××月××日"。
(4) 在文档中将文本"工资"替换为"薪资"。
(5) 在文档中设置标题和段落的文本格式。

(6) 在文档中设置标题文本居中对齐，设置部分段落文本首行缩进 2 个字符。
(7) 在文档中设置标题文本的段间距(段前和段后)为 12 磅。
(8) 应用【格式刷】工具，调整"入职通知"文档中所有文本的格式。
2. 使用 Word 2010 制作"公司考勤制度"文档，完成以下操作。
(1) 根据上题创建的"入职通知"文档创建新文档。
(2) 利用【选择性粘贴】功能将文本复制到"公司考勤制度"文档。
(3) 在文档中应用项目符号和编号。
(4) 在文档的末尾绘制一个 6×6 的表格。
(5) 在文档中使用【插入表格】对话框，创建一个 5×6 的表格。
(6) 在文档中将输入的文本转换为表格。
(7) 在文档中单独调整单元格列宽，对表格进行调整。
(8) 在文档中根据文档制作需要，合并表格中的单元格。
(9) 将表格内的一个单元格拆分成两个单元格。
(10) 在表格中快速设置行高和列宽值。
(11) 在文档中设置表格中文本对齐方式为中部两端对齐。
(12) 在文档中为表格设置边框和底纹效果。
(13) 为"公司考勤制度"文档设置页眉和页脚。
3. 使用 Word 2010 制作一个效果如图 5-69 所示的"入场券"文档，要求如下。
(1) 入场券的"形状高度"设置为 63.62 毫米，"形状宽度"设置为 175 毫米。
(2) 设置"入场券"的字体为"微软雅黑"，字号为"小二"，字体颜色为"金色"。
(3) 完成"入场券"文档的制作后，按住 Shift 键选中文档中的所有对象，右击，在弹出的菜单中选择【组合】|【组合】命令，将文档中的所有对象组合在一起。

图 5-69 "入场券"文档

5.8 课后习题

1. 图文混排是 Word 2010 的特色功能之一，以下叙述中错误的是(　　)。
　　A. 可以在文档中插入剪贴画　　B. 可以在文档中插入图形
　　C. 可以在文档中使用文本框　　D. 可以在文档中使用配色方案

2. 关于 Word 2010 中的多文档窗口操作，以下叙述中错误的是(　　)。

    A. Word 的文档窗口可以拆分为两个文档窗口

    B. 多个文档编辑工作结束后，只能一个一个地存盘或关闭文档窗口

    C. Word 允许同时打开多个文档进行编辑，每个文档有一个文档窗口

    D. 多文档窗口间的内容可以进行剪切、粘贴和复制等操作

3. 在 Word 2010 的编辑状态，当前编辑文档中的字体全是宋体字，选择了一段文字使之成反显状，先设定了楷体，又设定了仿宋体，则(　　)。

    A. 文档全文都是楷体　　　　　　B. 被选择的内容仍为宋体

    C. 被选择的内容变为仿宋体　　　D. 文档的全部文字的字体不变

4. 尝试使用 Word 2010 制作一个名片(提示：用到的知识有自选图形、艺术字和文本框等)。

5. 尝试使用 Word 2010 制作如图 5-70 所示的售后服务保障卡文档。

图 5-70　售后服务保障卡文档

第 6 章
设置文档页面与邮件合并

☑ 学习目标

在处理文档的过程中,为了使文档页面更加美观,可以根据需求规范文档的页面,如设置页边距、纸张、版式和文档网格等,从而制作出一个要求较为严格的文档版面。除此之外,利用 Word 邮件合并功能,用户能够将制作的文档进行批量处理,例如将通知书、准考证、成绩单、毕业证书等通过电子邮件群发,或者批量制作员工胸卡、邀请函等。

☑ 知识体系

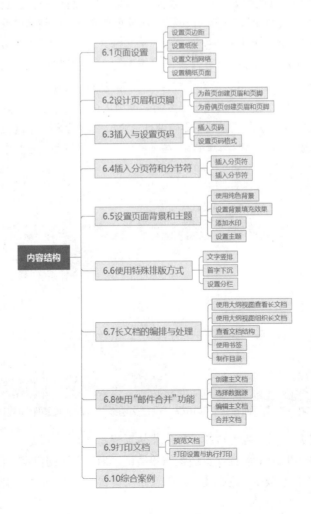

☑ 重点内容
- 设置 Word 文档页面的相关操作
- 设置竖排、首字下沉和分栏等特殊排版
- 使用 Word 软件的"邮件合并"功能

6.1 页面设置

下面主要介绍设置页边距、纸张、文档网格、稿纸页面等内容。

6.1.1 设置页边距

页边距就是页面上打印区域之处的空白空间。设置页边距，包括调整上、下、左、右边距，调整装订线的距离和纸张的方向。

选择【页面布局】选项卡，在【页面设置】组中单击【页边距】按钮，在弹出的下拉列表框中选择页边距样式，即可快速为页面应用该页边距样式。若选择【自定义边距】命令，打开【页面设置】对话框的【页边距】选项卡，在其中可以精确设置页面边距和装订线距离。

【例 6-1】新建"录取通知"文档，并设置文档的页边距、装订线和纸张方向。
(1) 按下 Ctrl+N 快捷键新建一个空白文档，将其命名为"录取通知"并保存。
(2) 打开【页面布局】选项卡，在【页面设置】组中单击【页边距】按钮，在弹出的下拉列表中选择【自定义边距】命令，打开【页面设置】对话框。
(3) 选择【页边距】选项卡，在【纸张方向】选项区域中选择【横向】选项，在【页边距】的【上】微调框中输入"4.5 厘米"，在【下】微调框中输入"2.5 厘米"，在【左】微调框中输入"5.5 厘米"，在【右】微调框中输入"7.5 厘米"，在【装订线位置】下拉列表框中选择【左】选项，在【装订线】微调框中输入"0.5 厘米"，如图 6-1 所示。

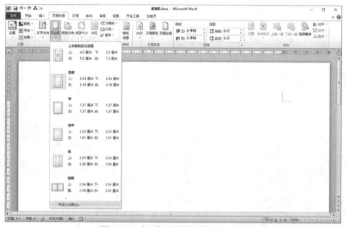 

图 6-1　在【页面设置】对话框中设置文档纸张方向、页边距和装订线

(4) 单击【确定】按钮，为文档应用所设置的页边距样式。

默认情况下，Word 2010 将此次页边距的数值记忆为"上次的自定义设置"，在【页面设置】组中单击【页边距】按钮，选择【上次的自定义设置】选项，即可为当前文档应用上次的自定义页边距设置。

6.1.2 设置纸张

纸张的设置决定了要打印的效果，默认情况下，Word 2010 文档的纸张大小为 A4。在制作某些特殊文档(如明信片、名片或贺卡)时，可以根据需要调整纸张的大小，从而使文档更具特色。

日常使用的纸张大小一般有 A4、16 开、32 开和 B5 等几种类型。不同的文档，可以设置不同的页面大小，即选择要使用的纸型，每一种纸型的高度与宽度都有标准的规定，但也可以根据需要进行修改。在【页面设置】组中单击【纸张大小】按钮，在弹出的下拉列表中选择设定的规格选项即可快速设置纸张大小。

【例 6-2】在"录取通知"文档中设置纸张大小。

(1) 继续【例 6-1】的操作，选择【页面布局】选项卡，在【页面设置】组中单击【纸张大小】按钮，从弹出的下拉列表中选择【其他页面大小】命令。

(2) 打开【纸张】选项卡，在【纸张大小】下拉列表框中选择【自定义大小】选项，在【宽度】和【高度】微调框中分别输入"27 厘米"和"17 厘米"，如图 6-2 所示。

(3) 单击【确定】按钮，即可为文档应用所设置的页边大小，效果如图 6-3 所示。

图 6-2 自定义纸张大小

图 6-3 文档效果

6.1.3 设置文档网格

文档网格用于设置文档中文字排列的方向、每页的行数、每行的字数等内容。

【例 6-3】在"录取通知"文档中设置文档网格。

(1) 继续【例 6-2】的操作，选择【页面布局】选项卡，单击【页面设置】对话框启动器，打开【页面设置】对话框。

(2) 打开【文档网格】选项卡设置文档网格参数，例如在【文字排列方向】选项区域中选中【水平】单选按钮；在【网格】选项区域中选中【指定行和字符网格】单选按钮；在【字符数】的【每行】微调框中输入 16；在【行数】的【每页】微调框中输入 18，单击【绘图网格】按钮，如图 6-4 所示。

(3) 打开【绘图网格】对话框，设置具体参数(详见图 6-5)，然后单击【确定】按钮，此时即可为文档应用所设置的文档网格，效果如图 6-5 所示。

图 6-4 设置【文档网格】选项卡
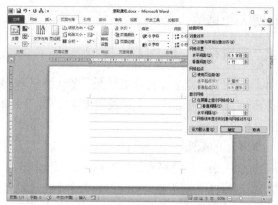
图 6-5 设置在屏幕中显示网格线

要隐藏文档页面中的网格线,可以打开【视图】选项卡,在【显示】组中取消选中【网格线】复选框即可。

6.1.4 设置稿纸页面

Word 2010 提供了稿纸设置的功能,该功能可以生成空白的稿纸样式文档,或快速将稿纸网格应用于 Word 文档中的现成文档。

1. 创建空的稿纸文档

打开一个空白的 Word 文档后,使用 Word 2010 自带的稿纸,可以快速地为用户创建方格式、行线式和外框式稿纸页面。

【例 6-4】新建一个"稿纸"文档,在其中创建行线式稿纸页面。
(1) 按下 Ctrl+N 快捷键新建一个空白文档,将其命名为"稿纸"并保存。
(2) 选择【页面布局】选项卡,在【稿纸】组中单击【稿纸设置】按钮,打开【稿纸设置】对话框。
(3) 在【格式】下拉列表框中选择【行线式稿纸】选项,在【行数×列数】下拉列表框中选择 15×20 选项,在【网格颜色】下拉面板中选择【红色】选项,如图 6-6 所示。
(4) 单击【确定】按钮,即可进行稿纸转换,完成后将显示所设置的稿纸格式,此时稿纸颜色显示为红色,如图 6-7 所示。

图 6-6 【稿纸设置】对话框

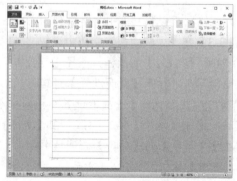
图 6-7 创建行线式稿纸文档

在【稿纸设置】对话框中，当选择了任何有效的稿纸样式后，将启用该样式属性。用户可以根据需要对稿纸属性进行任何更改，直到对所有设置都感到满意为止。

2. 为现有文档应用稿纸设置

如果在编辑文档时事先没有创建稿纸，为了让读者更方便、清晰地阅读文档，这时就可以为已有的文档应用稿纸。

【例6-5】为"论文"文档应用方格式稿纸。

(1) 打开"论文"文档。选择【页面布局】选项卡，在【稿纸】组中单击【稿纸设置】按钮，打开【稿纸设置】对话框。

(2) 在【格式】下拉列表框中选择【方格式稿纸】选项；在【行数×列数】下拉列表框中选择20×20选项；在【网格颜色】下拉面板中选择【蓝色】选项，如图6-8所示。

(3) 单击【确定】按钮，此时即可进行稿纸转换，并显示转换进度条，稍等片刻，即可为文档应用所设置的稿纸格式，此时稿纸颜色显示为蓝色，如图6-9所示。

图6-8　设置方格式稿纸

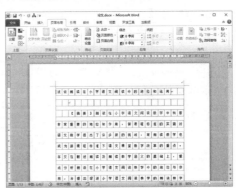

图6-9　"论文"文档效果

6.2　设计页眉和页脚

页眉和页脚是文档中每个页面的顶部、底部和上下两侧页边距(即页面上打印区域之外的空白空间)中的区域。许多文稿特别是比较正式的文稿，都需要设置页眉和页脚。得体的页眉和页脚，会使文稿更为规范，也会给读者带来方便。

6.2.1　为首页创建页眉和页脚

页眉和页脚通常用于显示文档的附加信息，如页码、时间和日期、作者名称、单位名称、徽标或章节名称等内容。通常情况下，书籍的章首页需要创建独特的页眉和页脚。Word 2010提供了插入封面功能，用于说明文档的主要内容和特点。

【例6-6】为"公司培训调查问卷"文档添加封面，并创建页眉和页脚。

(1) 打开第5章制作的"公司培训调查问卷"文档，选择【插入】选项卡，在【页】组中单击【封面】按钮，在弹出的列表框中选择【新闻纸】选项，此时即可在文档中插入基于该样式的封面。

(2) 在封面页的占位符中根据提示修改或添加文字，如图 6-10 所示。

图 6-10　为"公司培训调查问卷"文档插入封面

(3) 选择【插入】选项卡，在【页眉和页脚】组中单击【页眉】按钮，在弹出的列表中选择【空白(三栏)】选项。

(4) 在页眉处插入该页眉样式，输入页眉文本，如图 6-11 所示。

图 6-11　为"公司培训调查问卷"文档插入页眉

(5) 打开【插入】选项卡，在【页眉和页脚】组中单击【页脚】按钮，在弹出的列表中选择【传统型】选项，此时在页脚处插入该样式的页脚，可在页脚处编辑文本，如图 6-12 所示。

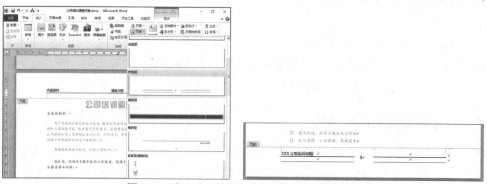

图 6-12　为"公司培训调查问卷"文档插入页脚

(6) 单击【设计】选项卡中的【关闭页眉和页脚】按钮。

6.2.2 为奇偶页创建页眉和页脚

书籍中奇偶页的页眉页脚通常是不同的。在 Word 2010 中，可以为文档中的奇、偶页设计不同的页眉和页脚。

【例 6-7】在"公司培训调查问卷"文档中，为奇、偶页创建不同的页眉。

（1）继续【例 6-6】的操作，将插入点定位在文档正文第 1 页。打开【插入】选项卡，在【页眉和页脚】组中单击【页眉】按钮，在弹出的菜单中选择【编辑页眉】命令，进入页眉和页脚编辑状态，自动打开【页眉和页脚工具】的【设计】选项卡，在【选项】组中选中【奇偶页不同】复选框，如图 6-13 所示。

（2）在奇数页的页眉区选中段落标记符，打开【开始】选项卡，在【段落】组中单击【下框线】按钮，选择【无框线】命令，隐藏奇数页页眉的边框线，如图 6-14 所示。

图 6-13 进入页眉和页脚编辑状态

图 6-14 隐藏奇数页页眉的边框线

（3）将插入点定位在页眉文本编辑区，删除原有的文字，输入新的文字"公司人事部"，设置文字字体为【楷体】，字号为【小四】，颜色为【蓝色，强调文字颜色 1】，文本右对齐显示，效果如图 6-15 所示。

（4）使用相同的方法设置偶数页页眉，在偶数页的页眉中输入文本，并设置文本字体、字号和对齐方式，如图 6-16 所示。

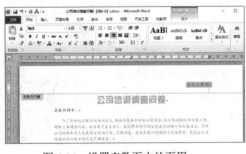

图 6-15 设置奇数页中的页眉

图 6-16 设置偶数页中的页眉

（5）打开【页眉和页脚工具】的【设计】选项卡，在【关闭】组中单击【关闭页眉和页脚】按钮，退出页眉和页脚编辑状态，即可查看为奇、偶页创建的页眉效果。

6.3 插入与设置页码

所谓页码，就是书籍每一页面上标明次序的号码或其他数字，用于统计书籍的面数，便于读者阅读和检索。页码一般被添加在页眉或页脚中，但也不排除其他特殊情况，页码也可以被添加到其他位置。

6.3.1 插入页码

要插入页码，可以打开【插入】选项卡，在【页眉和页脚】组中单击【页码】按钮，在弹出的菜单中选择页码的位置和样式即可。

Word 中显示的动态页码的本质就是域，可以通过插入页码域的方式来直接插入页码，最简单的操作是将插入点定位在页眉或页脚区域中，按 Ctrl+F9 快捷键，输入 PAGE，然后按 F9 键即可。

6.3.2 设置页码格式

在文档中，如果需要使用不同于默认格式的页码，例如 i 或 a 等，就需要对页码的格式进行设置。打开【插入】选项卡，在【页眉和页脚】组中单击【页码】按钮，在弹出的菜单中选择【设置页码格式】命令，打开【页码格式】对话框，如图 6-17 所示，在该对话框中可以进行页码的格式设置。

图 6-17 设置页码格式

在【页码格式】对话框中，选中【包含章节号】复选框，则添加的页码中包含章节号，还可以设置章节号的样式及分隔符；在【页码编号】选项区域中，可以设置页码的起始页。

【例 6-8】在"公司培训调查问卷"文档中插入页码并设置页码格式。

(1) 打开【例 6-7】制作的"公司培训调查问卷"文档，将插入点定位在奇数页面中。打开【插入】选项卡，在【页眉和页脚】组中单击【页码】按钮，在弹出的菜单中选择【页面底端】命令，选择【带有多种形状】中的【带状物】选项，插入页码，如图 6-18 所示。

(2) 将插入点定位在偶数页，使用同样方法，在页面底端插入【带状物】样式的页码。

(3) 打开【页眉和页脚工具】的【设计】选项卡，在【页眉和页脚】组中单击【页码】按钮，在弹出的菜单中选择【设置页码格式】命令，打开【页码格式】对话框。

(4) 在【编号样式】下拉列表框中选择【-1-, -2-, -3-, …】选项，保持选中【起始页码】单选按钮，在其后的文本框中输入-0-(设置数值为 0，表示封面无页码)，如图 6-19 所示。

图 6-18　在奇数页面底端插入页码　　　　图 6-19　【页码格式】对话框

（5）单击【确定】按钮，完成页码格式的设置。选择【页眉和页脚工具】的【设计】选项卡，单击【关闭页眉和页脚】按钮。

6.4　插入分页符和分节符

使用正常模板编辑一个文档时，Word 2010 将整个文档作为一个大章节来处理。但在一些特殊情况下，例如要求前后两页、一页中两部分之间有特殊格式时，此时可在其中插入分页符或分节符。

6.4.1　插入分页符

分页符是分隔相邻页之间文档内容的符号，用来标记一页终止并开始下一页的点。在 Word 2010 中，可以很方便地插入分页符。

要插入分页符，可打开【页面布局】选项卡，在【页面设置】组中单击【分隔符】按钮，在弹出的【分页符】菜单选项中选择相应的命令即可，如图 6-20 所示。

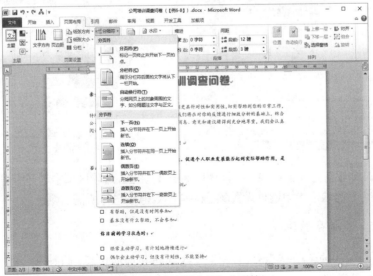

图 6-20　在文档中插入分页符

6.4.2 插入分节符

如果把一个较长的文档分成几节,就可以单独设置每节的格式和版式,从而使文档的排版和编辑更加灵活。

要插入分节符,可打开【页面布局】选项卡,在【页面设置】组中单击【分隔符】按钮,在弹出的【分节符】菜单选项中选择相应的命令即可,如图 6-20 所示。

如果要删除分页符和分节符,只需将插入点定位在分页符或分节符之前(或者选中分页符或分节符),然后按 Delete 键即可。

6.5 设置页面背景和主题

为了使长文档更为生动、美观,可以对页面进行多元化设计,其中包括设置页面背景和主题。用户可以在文档的页面背景中添加水印效果和其他背景色,还可以为文档设置主题。

6.5.1 使用纯色背景

Word 2010 提供了 70 多种内置颜色,可以选择这些颜色作为文档背景,也可以自定义其他颜色作为背景。

要为文档设置背景颜色,可以打开【页面布局】选项卡,在【页面背景】选项组中单击【页面颜色】按钮,将打开【页面颜色】子菜单,如图 6-21 所示。在【主题颜色】和【标准色】选项区域中,单击其中的任何一个色块,就可以把选择的颜色作为背景。

在图 6-21 所示的菜单中选择【其他颜色】命令,打开【颜色】对话框,如图 6-22 所示。在【标准】选项卡中,选择六边形中的任意色块,可以自定义颜色作为页面背景。

图 6-21 【页面颜色】子菜单

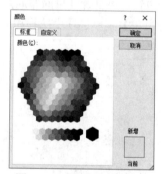
图 6-22 【标准】选项卡

另外还可打开【自定义】选项卡,拖动鼠标在【颜色】选项区域中选择所需的背景色,或者在【颜色模式】选项区域中通过设置颜色的具体数值来选择所需的颜色。

6.5.2 设置背景填充效果

使用一种颜色(即纯色)作为背景色,对于一些 Web 页面而言,显示过于单调乏味。Word 2010 还提供了其他多种文档背景填充效果,如渐变背景效果、纹理背景效果、图案背景效果及图片背景效果等。

要设置背景填充效果，可以打开【页面布局】选项卡，在【页面背景】组中单击【页面颜色】按钮，在弹出的菜单中选择【填充效果】命令，打开【填充效果】对话框，其中包括4个选项卡。

(1)【渐变】选项卡：可以通过选中【单色】或【双色】单选按钮来创建不同类型的渐变效果，在【底纹样式】选项区域中选择渐变的样式，如图6-23所示。

(2)【纹理】选项卡：可以在【纹理】选项区域中，选择一种纹理作为文档页面的背景，如图6-24所示。单击【其他纹理】按钮，可以添加自定义的纹理作为文档的页面背景。

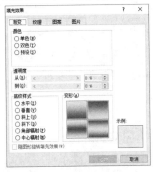

图 6-23　【渐变】选项卡

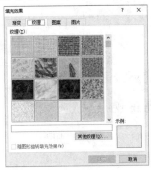

图 6-24　【纹理】选项卡

(3)【图案】选项卡：可以在【图案】选项区域中选择一种基准图案，并在【前景】和【背景】下拉列表框中选择图案的前景和背景颜色，如图6-25所示。

(4)【图片】选项卡：单击【选择图片】按钮，在打开的【选择图片】对话框中选择一个图片作为文档的背景，如图6-26所示。

图 6-25　【图案】选项卡

图 6-26　【图片】选项卡

6.5.3　添加水印

所谓水印，是指印在页面上的一种透明的花纹。水印可以是一幅图画、一个图表或一种艺术字体。当用户在页面上创建水印以后，它在页面上是以灰色显示的，作为正文的背景，起到美化文档的作用。

在 Word 2010 中，不仅可以从水印文本库中插入内置的水印样式，也可以插入一个自定义的水印。打开【页面布局】选项卡，在【页面背景】组中单击【水印】按钮，在弹出的水印样式列表框中可以选择内置的水印，如图6-27所示。若选择【自定义水印】命令，打开【水印】对话框,在如图 6-28 所示的操作界面中,可以自定义水印样式,如图片水印、文字水印等。

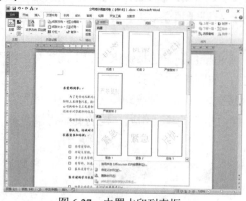

图 6-27　内置水印列表框

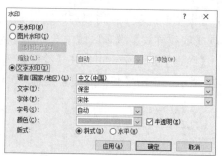

图 6-28　【水印】对话框

6.5.4　设置主题

主题是一套统一的元素和颜色设计方案,为文档提供一套完整的格式集合。利用主题,用户可以轻松地创建具有专业水准、设计精美的文档。在 Word 2010 中,除了使用内置主题样式外,还可以通过设置主题的颜色、字体或效果来自定义文档主题。

要快速设置主题,可以打开【页面设置】选项卡,在【主题】组中单击【主题】按钮,在弹出如图 6-29 所示的【内置】列表中选择适当的文档主题样式。

图 6-29　内置主题列表

1．设置主题颜色

主题颜色包括 4 种文本和背景颜色、6 种强调文字颜色和 2 种超链接颜色。要设置主题颜色,可在打开的【页面设置】选项卡的【主题】组中,单击【主题颜色】按钮,在弹出的内置列表中显示了 45 种颜色组合供用户选择,选择【新建主题颜色】命令,打开【新建主题颜色】对话框,如图 6-30 所示,使用该对话框可以自定义主题颜色。

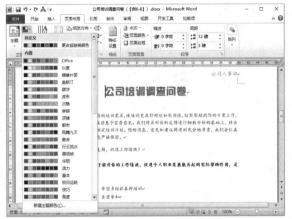

图 6-30　设置主题颜色

2. 设置主题字体

主题字体包括标题字体和正文字体。要设置主题字体,可在打开的【页面设置】选项卡的【主题】组中,单击【主题字体】按钮,在弹出的内置列表中显示了 47 种主题字体供用户选择,选择【新建主题字体】命令,打开【新建主题字体】对话框,如图 6-31 所示,使用该对话框可以自定义主题字体。

图 6-31　设置主题字体

3. 设置主题效果

主题效果包括线条和填充效果。要设置主题效果,可在打开的【页面设置】选项卡的【主题】组中,单击【主题效果】按钮,在弹出的内置列表中显示了 44 种主题效果供用户选择,如图 6-32 所示。

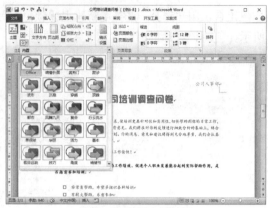

图 6-32 设置主题效果

6.6 使用特殊排版方式

一般报纸、杂志都需要创建带有特殊效果的文档，需要配合使用一些特殊的排版方式。Word 2010 提供了多种特殊的排版方式，如文字竖排、首字下沉、分栏等。

6.6.1 文字竖排

古人写字都是以从右至左、从上至下方式竖排书写的，但现代人一般都以从左至右方式横排书写的。使用 Word 2010 的文字竖排功能，可以轻松实现竖排书写，从而达到复古的效果。

【例 6-9】新建"诗词欣赏"文档，对其中的文字垂直排列。

(1) 新建一个名为"诗词欣赏"的文档，在其中输入文本内容。

(2) 按 Ctrl+A 快捷键，选中所有的文本，设置文本的字体为【华文行楷】，字号为【小二】，字体颜色为【深蓝，文字 2】，设置段落格式为【首行缩进】、【2 字符】，效果如图 6-33 所示。

(3) 选中文本，打开【页面布局】选项卡，在【页面设置】组中单击【文字方向】按钮，在弹出的菜单中选择【垂直】命令，此时将以从上至下、从右到左的方式排列诗歌内容，如图 6-34 所示。

图 6-33 创建"诗词欣赏"文档

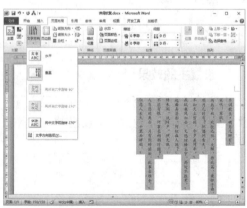

图 6-34 文字竖排

(4) 在快速访问工具栏中单击【保存】按钮，保存"诗词欣赏"文档。

在【页面布局】选项卡的【页面设置】组中单击【文字方向】按钮，在弹出的菜单中选择【文字方向选项】命令，打开【文字方向-主文档】对话框，在【方向】选项区域中可以设置文字的其他排列方式，如从上至下、从下至上等。

6.6.2 首字下沉

首字下沉是报纸、杂志中较为常用的一种文本修饰方式，使用该方式可以很好地改善文档的外观，使文档更美观、更引人注目。设置首字下沉，就是使第一段开头的第一个字放大。放大的程度可以自行设定，占据两行或者三行的位置，而其他字符围绕在它的右下方。

在 Word 2010 中，首字下沉共有 2 种不同的方式，一个是普通的下沉，另外一个是悬挂下沉。两种方式区别之处就在于：【下沉】方式设置的下沉字符紧靠其他文字，而【悬挂】方式设置的字符可以随意地移动其位置。

打开【插入】选项卡，在【文本】组中单击【首字下沉】按钮，在弹出的菜单中选择默认的首字下沉样式，如图 6-35 所示。选择【首字下沉选项】命令，将打开【首字下沉】对话框，如图 6-36 所示，在其中进行相关设置。

图 6-35 【首字下沉】菜单

图 6-36 【首字下沉】对话框

6.6.3 设置分栏

分栏是指按实际排版需求将文本分成若干个条块，使版面更加简洁整齐。在阅读报纸、杂志时，常常会有许多页面被分成多个栏目。这些栏目有的是等宽的，有的是不等宽的，从而使得整个页面布局显得错落有致，易于读者阅读。

Word 2010 具有分栏功能，可以把每一栏都视为一节，这样就可以对每一栏文本内容单独进行格式化和版面设计。要为文档设置分栏，可打开【页面布局】选项卡，在【页面设置】组中单击【分栏】按钮，在弹出的菜单中选择【更多分栏】命令，打开【分栏】对话框，如图 6-37 所示。在其中可进行相关分栏设置，如栏数、宽度、间距和分割线等。

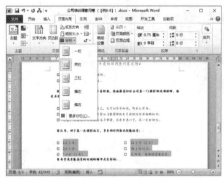 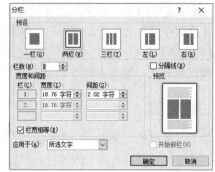

图 6-37　设置分栏版式

6.7　长文档的编排与处理

Word 2010 本身提供一些处理长文档功能和特性的编辑工具，例如，使用大纲视图方式查看和组织文档，使用导航窗格查看文档结构，使用书签定位文档。

6.7.1　使用大纲视图查看长文档

Word 2010 中的【大纲视图】就是专门用于制作提纲的，它以缩进文档标题的形式代表在文档结构中的级别。

打开【视图】选项卡，在【文档视图】组中单击【大纲视图】按钮，或单击窗口状态栏上的【大纲视图】按钮，就可以切换到大纲视图模式。此时，【大纲】选项卡随即出现在窗口中。

在【大纲工具】组的【显示级别】下拉列表框中选择显示级别；将鼠标光标定位在要展开或折叠的标题中，单击【展开】按钮 或【折叠】按钮 ，可以扩展或折叠大纲标题。

【例 6-10】将"公司管理制度"文档切换到大纲视图查看结构和内容。

(1) 打开"公司管理制度"文档，选择【视图】选项卡，在【文档视图】组中单击【大纲视图】按钮，或单击窗口状态栏上的【大纲视图】按钮 ，切换至大纲视图。

(2) 在【大纲】选项卡的【大纲工具】组中，单击【显示级别】下拉按钮，在弹出的下拉列表框中选择【2 级】选项，此时标题 2 以后的标题或正文文本都将被折叠，如图 6-38 所示。

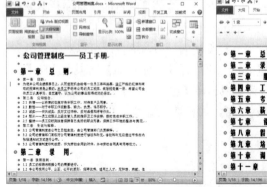

图 6-38　设置大纲视图查看文档

(3) 在大纲视图中，文本前有符号 ⊕，表示在该文本后有正文体或级别较低的标题；文本前有符号 ⊖，表示该文本后没有正文体或级别较低的标题。

(4) 将鼠标光标移至标题 2 前的符号 ⊕ 处双击，即可展开其后的下属文本内容。

(5) 在【大纲工具】组的【显示级别】下拉列表框中选择【所有级别】选项，此时将显示所有的文档内容。

(6) 将鼠标光标移动到文本"第一章 总则"前的符号 ▬ 处，双击，该标题下的文本被折叠。

(7) 使用同样方法，可以折叠其他段文本。

(8) 在【大纲】选项卡的【关闭】组中，单击【关闭大纲视图】按钮，即可退出大纲视图。

6.7.2 使用大纲视图组织长文档

在创建的大纲视图中，可以对文档内容进行修改与调整。

1. 选择大纲内容

在大纲视图模式下的选择操作是进行其他操作的前提和基础。选择的对象包括标题和正文体。

(1) 选择标题：如果仅仅选择一个标题，并不包括它的子标题和正文，可以将鼠标光标移至此标题的左端空白处，当鼠标光标变成一个斜向上的箭头形状时，单击鼠标左键，即可选中该标题。

(2) 选择一个正文段落：如果要仅仅选择一个正文段落，可以将鼠标光标移至此段落的左端空白处，当鼠标光标变成一个斜向上箭头的形状时，单击鼠标左键，或者单击此段落前的符号 ●，即可选择该正文段落。

(3) 同时选择标题和正文：如果要选择一个标题及其所有的子标题和正文，则双击此标题前的符号 ⊕；如果要选择多个连续的标题和段落，按住鼠标左键拖动选择即可。

2. 更改文本在文档中的级别

文本的大纲级别并不是一成不变的，可以按需要对其实行升级或降级操作。

(1) 每按一次 Tab 键，标题就会降低一个级别；每按一次 Shift+Tab 组合键，标题就会提升一个级别。

(2) 在【大纲】选项卡的【大纲工具】组中单击【提升】按钮 或【降低】按钮，对该标题实现层次级别的升或降；如果想要将标题降级为正文，可单击【降级为正文】按钮；如果要将正文提升至标题 1，单击【提升至标题 1】按钮。

(3) 按下 Alt+Shift+← 组合键，可将该标题的层次级别提高一级；按下 Alt+Shift+→ 组合键，可将该标题的层次级别降低一级；按下 Alt+Ctrl+1 或 2 或 3 组合键，可使该标题的级别达到 1 级或 2 级或 3 级。

(4) 用鼠标拖动符号 ⊕ 或 ● 向左移或向右移来提高或降低标题的级别。首先将鼠标光标移到该标题前面的符号 ⊕ 或 ●，待光标变成四箭头形状 ✥ 后，按下鼠标左键拖动，在拖动的过程中，每当经过一个标题级别时，都有一条竖线和横线出现。如果想把该标题置于这样的标题级别，可在此时释放鼠标左键。

3. 移动大纲标题

在 Word 2010 中既可以移动特定的标题到另一位置，也可以连同该标题下的所有内容一起移动。可以一次只移动一个标题，也可以一次移动多个连续的标题。

要移动一个或多个标题，首先选择要移动的标题内容，然后在标题上按下并拖动鼠标右键，可以看到在拖动过程中，有一虚竖线跟着移动。移到目标位置后释放鼠标，这时将弹出快捷菜单，选择菜单上的【移动到此位置】命令即可。

要将标题及该标题下的内容一起移动，必须先将该标题折叠，再进行移动。

6.7.3 查看文档结构

文档结构是指文档的标题层次。Word 2010 新增了【导航】窗格功能，使用该窗格可以查看文档的文档结构。

【例 6-11】使用导航窗格查看"公司管理制度"文档结构。

(1) 打开"公司管理制度"文档，选择【视图】选项卡，在【文档视图】组中单击【页面视图】按钮，切换至页面视图。

(2) 在【显示】组中选中【导航窗格】复选框，打开【导航】任务窗格。

(3) 在【浏览您的文档中的标题】选项卡中，可以查看文档的文档结构。单击"第九章 培训"标题按钮，右侧的文档页面将自动跳转到对应的正文部分，如图 6-39 所示。

(4) 单击  标签，打开【浏览您的文档中的页面】选项卡，此时在任务窗格中以页面缩略图的形式显示文档内容，拖动滚动条快速地浏览文档内容。

(5) 在任务窗格中单击页面 12 的缩略图按钮，右侧的文档页面自动跳转到第 12 页，如图 6-40 所示。

图 6-39 跳转到第九章

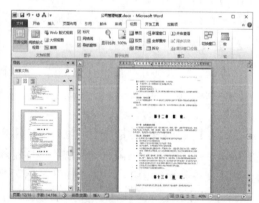
图 6-40 跳转到第 12 页

(6) 在视图栏中拖动滑块调节文档页面的显示比例，并显示完整的内容。

(7) 单击【导航】窗格右上角的【关闭】按钮×，关闭窗格。

6.7.4 使用书签

书签指对文本加以标识和命名，用于帮助用户记录位置，从而使用户能快速地找到目标位置。在 Word 2010 中，可以使用书签命名文档中指定的点或区域，以识别章、表格的开始处，或者定位需要工作的位置、离开的位置等。

【例 6-12】在"公司管理制度"文档中添加书签,使用【定位】对话框来定位书签。

(1) 打开"公司管理制度"文档,将插入点定位到标题"第一章 总则"之前,打开【插入】选项卡,在【链接】组中单击【书签】按钮 书签。

(2) 打开【书签】对话框,在【书签名】文本框中输入书签的名称"总则",单击【添加】按钮,将该书签添加到书签列表框中,如图 6-41 所示。

图 6-41　设置【书签】对话框

(3) 单击【文件】按钮,在弹出的菜单中选择【选项】命令。打开【Word 选项】对话框,在左侧的列表框中选择【高级】选项,在右侧列表的【显示文档内容】选项区域中,选中【显示书签】复选框,然后单击【确定】按钮,如图 6-42 所示。

(4) 此时书签标记 I 将显示在标题"第一章 总则"之前,如图 6-43 所示。

图 6-42　设置【Word 选项】对话框　　　　图 6-43　显示书签标记

(5) 打开【开始】选项卡,在【编辑】组中单击【查找】下拉按钮,在弹出的菜单中选择【转到】命令,打开【查找与替换】对话框。

(6) 打开【定位】选项卡,在【定位目标】列表框中选择【书签】选项,在【请输入书签名称】下拉列表框中选择【总则】,单击【定位】按钮,此时自动定位到书签位置,如图 6-44 所示。

图 6-44　定位到书签位置

在当前文档中移动包含书签的内容,书签将跟着移动;在同一文档中,复制含有书签的正文,书签仍保留在原处,只复制文本内容。

6.7.5　制作目录

目录与一篇文章的纲要类似,用户通过它可以了解全文的结构和整个文档所要讨论的内容。在 Word 2010 中,可以为一个长文档制作出美观的目录。

1. 插入目录

Word 2010 有自动提取目录的功能,用户可以很方便地为文档创建目录。

【例 6-13】在"公司管理制度"文档中插入目录。

(1) 打开"公司管理制度"文档,将插入点定位在文档的开始处,按 Enter 键换行,在其中输入文本"目录",如图 6-45 所示。

(2) 按 Enter 键,继续换行。打开【引用】选项卡,在【目录】组中单击【目录】按钮,在弹出的下拉列表中选择【插入目录】命令,如图 6-46 所示。

图 6-45　输入文本"目录"　　　　图 6-46　【目录】下拉列表

(3) 打开【目录】对话框的【目录】选项卡,在【显示级别】微调框中输入 2,单击【确定】按钮,如图 6-47 所示。

(4) 此时即可在文档中插入生成的目录,如图 6-48 所示。

在长文档中插入目录后,只需按住 Ctrl 键,再单击目录中的某个页码,就可以将插入点快速跳转到该页的标题处。

第 6 章 设置文档页面与邮件合并

图 6-47 【目录】对话框

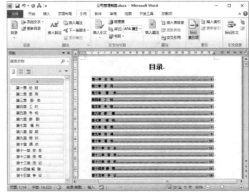

图 6-48 在文档中插入二级标题目录

2. 设置目录格式

创建完目录后，用户还可像编辑普通文本一样对其进行样式的设置，如更改目录字体、字号和对齐方式等，让目录更为美观。

【例 6-14】在"公司管理制度"文档中设置目录格式。

(1) 打开"公司管理制度"文档，选取整个目录，打开【开始】选项卡，在【字体】组中的【字体】下拉列表框中选择【黑体】选项，在【字号】下拉列表框中选择【四号】选项；在【段落】组中单击【居中】按钮，设置文本居中显示，如图 6-49 所示。

(2) 单击【段落】对话框启动器，打开【段落】对话框的【缩进和间距】选项卡，在【间距】选项区域的【行距】下拉列表中选择【1.5 倍行距】选项，单击【确定】按钮，完成设置，如图 6-50 所示。此时目录将以 1.5 倍的行距显示。

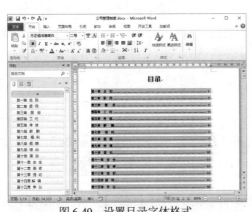

图 6-49 设置目录字体格式

图 6-50 设置目录的段落格式

3. 更新目录

当创建一个目录后，如果对正文文档中的内容进行编辑修改了，那么标题和页码都有可能发生变化，与原始目录中的页码不一致，此时就需要更新目录，以保证目录中页码的正确性。

要更新目录,可以先选择整个目录,然后在目录任意处右击,在弹出的快捷菜单中选择【更新域】命令,打开【更新目录】对话框,在其中进行设置,如图 6-51 所示。

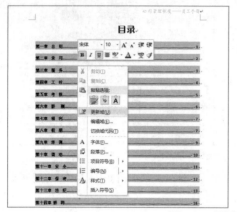
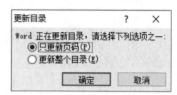

图 6-51　设置更新目录

如果只更新页码,而不想更新已直接应用于目录的格式,可以选中【只更新页码】单选按钮;如果在创建目录以后,对文档作了具体修改,可以选中【更新整个目录】单选按钮,将更新整个目录。

6.8　使用"邮件合并"功能

邮件合并是 Word 的一项高级功能,能够在任何需要大量制作模板化文档的场合中大显身手。用户可以借助 Word 的邮件合并功能来批量处理电子邮件,如通知书、邀请函、明信片、准考证、成绩单、毕业证书等,从而提高办公效率。邮件合并是将作为邮件发送的文档与由收信人信息组成的数据源合并在一起,作为完整的邮件。

完整使用"邮件合并"功能通常需要以下 3 个步骤:①创建主文档;②选择数据源;③"邮件合并"生成新文档。其中,数据源可以是 Excel 工作表、Word 表格,也可以是其他类型的文件。

6.8.1　创建主文档

要合并的邮件由两部分组成:一个是在合并过程中保持不变的主文档;另一个是包含多种信息(如姓名、单位等)的数据源。因此,进行邮件合并时,首先应该创建主文档。创建主文档的方法有两种:一种是新建一个文档作为主文档,另一种是将已有的文档转换为主文档。下面将具体介绍这两种方法。

(1) 新建一个文档作为主文档:新建一篇 Word 文档,打开【邮件】选项卡,在【开始邮件合并】组中单击【开始邮件合并】按钮,在弹出的快捷菜单中选择文档类型,如【信函】、【电子邮件】、【信封】、【标签】和【目录】等,即可创建一个主文档。

(2) 将已有的文档转换成主文档:打开一篇已有的文档,打开【邮件】选项卡,在【开始邮件合并】组中单击【开始邮件合并】按钮,在弹出的快捷菜单中选择【邮件合并分步向导】命令,打开【邮件合并】任务窗格,在其中进行相应的设置,就可以将该文档转换为主文档。

【例 6-15】打开"公司培训调查问卷"文档,将其转换为信函类型的主文档。

(1) 打开"公司培训调查问卷"文档,选择【邮件】选项卡,在【开始邮件合并】组中单击【开始邮件合并】按钮,在弹出的菜单中选择【邮件合并分步向导】命令,如图 6-52 所示。

(2) 打开【邮件合并】任务窗格,选中【信函】单选按钮,单击【下一步:正在启动文档】链接。

(3) 打开【邮件合并】任务窗格,选中【使用当前文档】单选按钮,如图 6-53 所示。

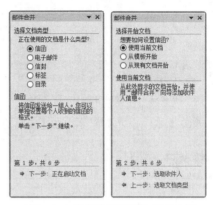

图 6-52　使用邮件合并分布向导　　　　图 6-53　设置文档类型和开始文档

使用"邮件合并"功能做到这一步骤时可以先暂停,学习下面的章节内容时,将会在该例题的基础上进行补充。

6.8.2　选择数据源

【例 6-16】创建一个名为"地址簿"的数据源,并输入信息。

(1) 继续【6-15】的操作,单击图 6-53 右图中的【下一步:选取收件人】链接,打开如图 6-54 所示的任务窗格,选中【键入新列表】单选按钮,在【键入新列表】选项区域中单击【创建】链接。

(2) 打开【新建地址列表】对话框,输入图 6-55 所示的收件人信息。

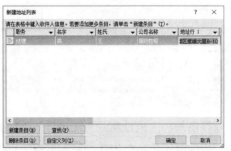

图 6-54　设置收件人　　　　图 6-55　【新建地址列表】对话框

（3）单击【新建条目】按钮，可以继续输入若干条其他条目，单击【确定】按钮，如图6-56所示。

（4）打开【保存通讯录】对话框，在【文件名】下拉列表框中输入"地址簿"，单击【保存】按钮。

（5）打开【邮件合并收件人】对话框，在该对话框列出了创建的所有条目，单击【确定】按钮，如图6-57所示。

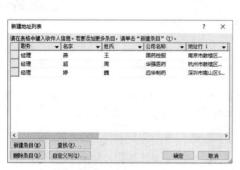
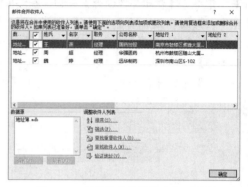

图6-56 设置更多条目　　　　　　　　图6-57 【邮件合并收件人】对话框

（6）返回【邮件合并】窗格，在【使用现有列表】选项区域中，可以看到创建的列表名称。

6.8.3 编辑主文档

创建完数据源后就可以编辑主文档。在编辑主文档的过程中，需要插入各种域，只有在插入域后，Word文档才成为真正的主文档。

1. 插入地址块和问候语

要插入地址块，将插入点定位在要插入合并域的位置，以【例6-16】为例，在图6-58所示的【邮件合并】任务窗格中选中【使用现有列表】单选按钮，然后单击【下一步：撰写信函】链接，在打开的界面中单击【地址块】链接，将打开【插入地址块】对话框，在该对话框中使用3个合并域插入收件人的基本信息，如图6-59所示。

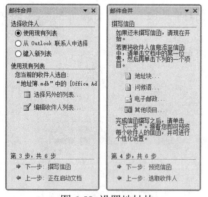
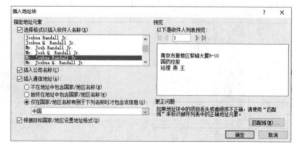

图6-58 设置地址块　　　　　　　　图6-59 【插入地址块】对话框

插入问候语与插入地址块的方法类似。将插入点定位在要插入合并域的位置，在【邮件合并】任务窗格的第4步，单击【问候语】链接，打开【插入问候语】对话框，在该对话框中可以自定义称呼、姓名格式等。

2. 插入其他合并域

在使用中文编辑邮件合并时，应使用【其他项目】来完成主文档的编辑操作，使其符合中国人的阅读习惯。

【例 6-17】继续【例 6-16】的操作，设置"邮件合并"功能，插入姓名到称呼处。

(1) 继续【例 6-16】的操作，单击【下一步：撰写信函】链接，打开【邮件合并】任务窗格，单击【其他项目】链接。

(2) 打开【插入合并域】对话框，在【域】列表框中选择【姓氏】选项，单击【插入】按钮，如图 6-60 所示。

(3) 此时，将域"姓氏"插入文档。使用同样的操作方法，在文档中插入域"名字"，如图 6-61 所示。

(4) 在【邮件合并】任务窗格中单击【下一步：预览信函】链接，在文档中插入收件人的信息，并进行预览。

图 6-60　【插入合并域】对话框

图 6-61　插入"姓氏"域

在【邮件合并】任务窗格的【预览信函】选项区域中，单击【收件人】左右两侧的 《 和 》 按钮，可选择收件人的信息，并自动插入文档中进行预览，如图 6-62 所示。

图 6-62　预览收件人信息

6.8.4　合并文档

主文档编辑完成并设置数据源后，需要将两者进行合并，从而完成邮件合并工作。要合并文档，只需在图 6-62 所示的任务窗格中，单击【下一步：完成合并】链接即可。

完成文档合并后，在任务窗格的【合并】选项区域中可实现两个功能：合并到打印机和合并到新文档，用户可以根据需要进行选择，如图 6-63 所示。

图 6-63　完成合并

1. 合并到打印机

在任务窗格中单击【打印】链接,将打开如图 6-64 所示的【合并到打印机】对话框,该对话框中主要选项的功能介绍如下。

(1)【全部】单选按钮:打印所有收件人的邮件。
(2)【当前记录】单选按钮:只打印当前收件人的邮件。
(3)【从】和【到】单选按钮:打印从第 X 收件人到第 Y 收件人的邮件。

2. 合并到新文档

在任务窗格中单击【编辑单个信函】链接,将打开如图 6-65 所示的【合并到新文档】对话框,该对话框中主要选项的功能介绍如下。

(1)【全部】单选按钮:所有收件人的邮件形成一篇新文档。
(2)【当前记录】单选按钮:只有当前收件人的邮件形成一篇新文档。
(3)【从】和【到】单选按钮:第 X 收件人到第 Y 收件人的邮件形成新文档。

图 6-64　【合并到打印机】对话框

图 6-65　【合并到新文档】对话框

使用邮件合并功能的文档,其文本不能使用类似 1.,2.,3.,……数字或字母序列的自动编号,应使用非自动编号,否则邮件合并后生成的文档,下文将自动接上文继续编号,造成文本内容的改变。

6.9　打印文档

完成文档的制作后,必须先对其进行打印预览,按照用户的不同需求进行修改和调整,对打印文档的页面范围、打印份数和纸张大小等参数进行设置,最后将文档打印出来。

6.9.1 预览文档

在打印文档之前,如果想预览打印效果,可以使用打印预览功能,利用该功能查看文档效果,以便及时纠正错误。

在 Word 2010 窗口中,单击【文件】按钮,在弹出的菜单中选择【打印】命令,在右侧的预览窗格中可以预览打印效果,如图 6-66 所示。

如果看不清楚预览的文档,可以多次单击预览窗格下方的缩放比例工具右侧的 按钮,以达到合适的缩放比例进行查看。多次单击 按钮,可以将文档缩小至合适大小,以多页方式查看文档效果。单击【缩放到页面】按钮 ,可以将文档自动调节到当前窗格合适的大小以方便显示内容。

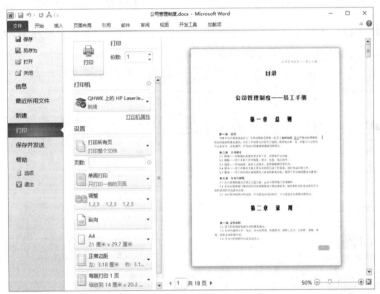

图 6-66 显示文档的打印预览

6.9.2 打印设置与执行打印

如果一台打印机与计算机已正常连接,并且安装了所需的驱动程序,就可以在 Word 中将所需的文档直接打印出来。

在 Word 2010 文档中,单击【文件】按钮,在弹出的菜单中选择【打印】命令,打开 Microsoft Office Backstage 视图,在其中部的【打印】窗格中可以设置打印份数、打印机属性、打印页数和双页打印等内容。

【例 6-18】设置"公司管理制度"文档的打印份数与打印范围,然后打印该文档。

(1) 打开"公司管理制度"文档,选择【审阅】选项卡,在【修订】组中单击【显示标记】按钮,在弹出的菜单中取消选中【批注】命令,隐藏文档中的批注,如图 6-67 所示。

(2) 单击【文件】按钮,在弹出的菜单中选择【打印】命令,打开 Microsoft Office Backstage 视图,在右侧的预览窗格中单击【下一页】按钮 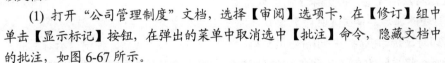,预览打印效果,如图 6-68 所示。

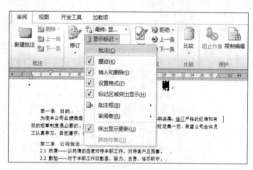 

图 6-67　隐藏文档中的批注　　　　图 6-68　预览文档打印效果

(3) 在【打印】窗格的【份数】微调框中输入 3；在【打印机】列表框中自动显示默认的打印机(此处设置为 QHWK 上的 HP LaserJet 1018)。

(4) 在【设置】选项区域的【打印所有页】下拉列表框中选择【打印自定义范围】选项，在其下的文本框中输入打印范围，如图 6-69 所示。

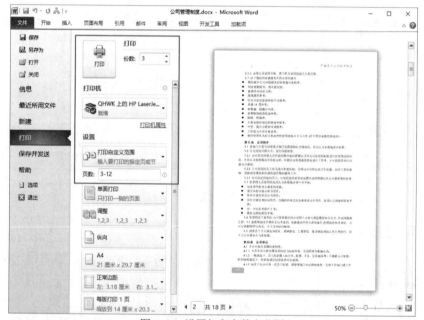

图 6-69　设置打印参数和范围

(5) 单击【单面打印】下拉按钮，在弹出的下拉菜单中选择【手动双面打印】选项。

(6) 在【调整】下拉菜单中可以设置逐份打印，如果选择【取消排序】选项，则表示多份一起打印，这里保持默认设置，即选择【调整】选项。

(7) 设置完打印参数后，单击【打印】按钮，即可开始打印文档。

手动双面打印时，打印机会先打印奇数页，将所有奇数页打印完成后，弹出提示对话框，提示用户手动换纸，将打印的文稿重新放入到打印机纸盒中，单击对话框中的【确定】按钮，打印偶数页。

6.10 综合案例

1. 使用 Word 2010 制作"公司宣传单"文档，完成以下操作。
(1) 使用 Word 创建一个名为"公司宣传单"的文档，并设置文档页边距。
(2) 为"公司宣传单"文档设置页面纸张大小。
(3) 在"公司宣传单"文档中设置文档网格。
(4) 为"公司宣传单"文档设置页面背景颜色。
(5) 在"公司宣传单"文档中插入一个图片。
(6) 在"公司宣传单"文档中输入文本，并设置其中图片和文本的环绕关系。
(7) 调整"公司宣传单"文档中图片的大小和位置。
(8) 剪裁"公司宣传单"文档中插入的图片。
(9) 在"公司宣传单"文档中插入图片，并设置图片的样式。
(10) 在"公司宣传单"文档中绘制矩形图形。
(11) 在"公司宣传单"文档中设置矩形形状的格式。
(12) 在"公司宣传单"文档中插入艺术字。
(13) 调整"公司宣传单"文档中插入的艺术字。
(14) 在"公司宣传单"文档中使用文本框放置页面文本。
(15) 将"公司宣传单"文档保存为模板，并使用创建的模板创建文档。

2. 使用 Word 2010 制作"商业计划书"文档，完成以下操作。
(1) 找到 Normal.dotm(模板文件)，并对其进行修改，为其添加页眉和页码。
(2) 在新建的"商业计划书"文档中创建自定义样式。
(3) 在"商业计划书"文档中套用上面创建的自定义样式。
(4) 在"商业计划书"文档中利用 SmartArt 图形制作一个组织结构图。
(5) 在"商业计划书"文档中设置上题创建的 SmartArt 图形格式。
(6) 在"商业计划书"文档中创建柱状图表。
(7) 在"商业计划书"文档中自动生成文档目录。
(8) 为"商业计划书"文档制作封面。

3. 使用 Word 2010 制作效果如图 6-70 所示的"夏季活动宣传文档"，要求如下。
(1) 设置文档的高度为 225 毫米。
(2) 设置文档标题字体为"微软雅黑"，字号为"小一"，字体颜色为"紫色"。
(3) 为文档中的文本地点、日期和时间设置自定义项目符号。
(4) 将制作的文档保存为模板。

图 6-70 夏季活动宣传文档

6.11 课后习题

1. 如何在 Word 中插入目录？
2. 如何设置 Word 文档的页边距和纸张大小？
3. 如何在 Word 文档中插入自选图形？
4. 新建一个 Word 文档，在文档中插入来自本地磁盘中的图片，设置图片样式为【单框架，黑色】，并设置图片的艺术效果为【粉笔素描】，并插入 SmartArt 图形，设置其三维效果为【嵌入】。
5. 在第 4 题的文档中插入书签并显示插入的书签标记，创建目录，并检查拼写和语法错误。

第 7 章
Excel 2010基础操作

☑ **学习目标**

Excel 2010 是一款功能强大的电子表格制作软件,该软件不仅具有强大的数据组织、计算、分析和统计的功能,还可以通过图表、图形等多种形式显示数据的处理结果,帮助用户轻松地制作各类电子表格,并进一步实现数据的管理与分析。

☑ **知识体系**

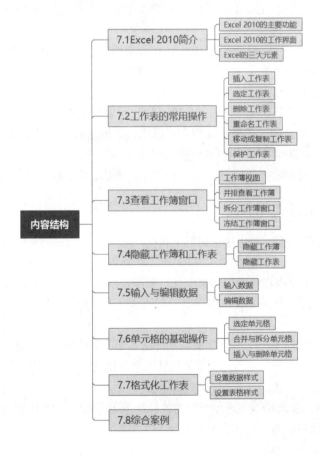

☑ **重点内容**
- Excel 2010 工作界面的组成

- 工作簿与工作表的常用操作
- 输入与编辑 Excel 表格数据
- 设置 Excel 数据与表格样式

7.1 Excel 2010 简介

Excel 2010 功能强大，它不仅可以帮助用户完成数据的输入、计算和分析等诸多工作，而且还能够创建图表，直观地展现数据之间的关联。本节将详细介绍 Excel 2010 软件的主要功能与工作界面，为下面进一步学习该软件打下坚实的基础。

7.1.1 Excel 2010 的主要功能

Excel 是一款功能强大、技术先进、使用方便灵活的电子表格软件，可以用来制作电子表格，完成复杂的数据运算，进行数据分析和预测，并且具有强大的制作图表的功能以及打印功能等。

(1) 创建数据统计表格：Excel 软件的制表功能是把用户所用到的数据输入 Excel 中而形成表格。

(2) 进行数据计算：在 Excel 的工作表中，可以对用户所输入的数据进行计算，比如求和、求平均值、求最大值及最小值等。此外，Excel 2010 还提供了强大的公式运算与函数处理功能，可以对数据进行更复杂的计算工作。

(3) 创建多样化的统计图表：在 Excel 2010 中，可以根据输入的数据来建立统计图表，以便更加直观地显示数据之间的关系，让用户可以比较数据之间的变动、成长关系及趋势等。

(4) 分析与筛选数据：当用户对数据进行计算后，可以对数据进行统计分析，如可以进行排序、筛选，还可以进行数据透视表、单变量求解、模拟运算表和方案管理统计分析等操作。

7.1.2 Excel 2010 的工作界面

Excel 2010 的工作界面主要由快速访问工具栏、功能区、工作表格区和状态栏等元素组成，如图 7-1 所示。

(1) 标题栏：位于应用程序窗口的最上面，用于显示当前正在运行的程序名或文件名等信息。如果是刚打开的新工作簿文件，用户所看到的是"工作簿 1"，它是 Excel 2010 默认建立的文件名。

(2) 【文件】选项卡：Excel 2010 中的新功能是【文件】选项卡，它取代了 Excel 2007 中的 Office 按钮和【文件】菜单。单击【文件】按钮，会弹出【文件】菜单，在其中显示一些基本命令，包括新建、打开、保存、打印、选项以及其他命令。

(3) 功能区：由功能选项卡和选项卡中的各种命令按钮组成。使用 Excel 2010 功能区，用户可以轻松地查找以前版本中隐藏在复杂菜单和工具栏中的命令和功能。

图 7-1　Excel 2010 的工作界面

(4) 状态栏：位于 Excel 窗口底部，用来显示当前工作区的状态。在大多数情况下，状态栏的左端显示【就绪】，表明工作表正在准备接收新的信息；在向单元格中输入数据时，在状态栏的左端将显示【输入】字样；对单元格中的数据进行编辑时，状态栏显示【编辑】字样。

(5) 其他组件：在 Excel 2010 工作界面中，除了包含与其他 Office 软件相同界面元素外，还有许多其他特有的组件，如编辑栏、工作表格区、工作表标签、快速访问工具栏、行号与列标等。

7.1.3　Excel 的三大元素

一个完整的 Excel 电子表格文档主要由 3 个部分组成，分别是工作簿、工作表和单元格，这 3 个部分相辅相成，缺一不可。

(1) 工作簿：Excel 以工作簿为单元来处理工作数据和存储数据的文件。工作簿文件是 Excel 存储在磁盘上的最小独立单位，其扩展名为.xlsx。工作簿窗口是 Excel 打开的工作簿文档窗口，它由多个工作表组成。直接启动 Excel 时，系统默认打开一个名为"工作簿 1"的空白工作簿。

(2) 工作表：工作表是 Excel 中用于存储和处理数据的主要文档，也是工作簿的重要组成部分，它又称为电子表格。工作表是 Excel 的工作平台，若干个工作表构成一个工作簿。在默认情况下，Excel 中只有一个名为 Sheet1 的工作表，单击工作表标签右侧的【新工作表】按钮，可以添加新的工作表。不同的工作表可以在工作表标签中通过单击进行切换，但在使用工作表时，只能有一个工作表处于当前活动状态。

(3) 单元格：单元格是工作表中的小方格，它是工作表的基本元素，也是 Excel 独立操作的最小单位。单元格的定位是通过它所在的行号和列标来确定的，每一列的列标由 A、B、C 等字母表示；每一行的行号由 1、2、3 等数字表示，行与列的交叉形成一个单元格。

工作簿、工作表与单元格之间的关系是包含与被包含的关系，即工作表由多个单元格组成，而工作簿又包含一个或多个工作表(Excel 的一个工作簿中理论上可以制作无限的工作表，不过实际上受计算机内存大小的限制)。

7.2 工作表的常用操作

在 Excel 中，新建一个空白工作簿后，会自动在该工作簿中添加一个空的工作表，并将其命名为 Sheet1，用户可以在该工作表中创建电子表格。本节将详细介绍工作表的一些常用操作。

7.2.1 插入工作表

若工作簿中的工作表数量不够，用户可以在工作簿中插入工作表，不仅可以插入空白的工作表，还可以根据模板插入带有样式的新工作表。插入工作表的常用方法有以下两种。

(1) 在工作表标签栏中单击【新工作表】按钮，如图 7-2 所示。

(2) 右击工作表标签，在弹出的菜单中选择【插入】命令，然后在打开的【插入】对话框中选择【工作表】选项，并单击【确定】按钮，如图 7-3 所示。此外，在【插入】对话框的【电子表格方案】选项卡中，还可以设置要插入工作表的样式。

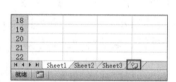

图 7-2 工作表标签栏

图 7-3 【插入】对话框

7.2.2 选定工作表

在实际工作中，由于一个工作簿中往往包含多个工作表，因此操作前需要选定工作表。选定工作表的常用操作包括以下 4 种。

(1) 选定一张工作表：直接单击该工作表的标签即可。如图 7-4 所示为选定 Sheet2 工作表。

(2) 选定相邻的工作表：首先选定第一张工作表标签，然后按住 Shift 键不松并单击其他相邻工作表的标签即可。如图 7-5 所示为同时选定 Sheet2 与 Sheet3 工作表。

图 7-4 选定一张工作表

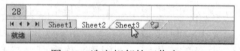

图 7-5 选定相邻的工作表

(3) 选定不相邻的工作表：首先选定第一张工作表，然后按住 Ctrl 键不松并单击其他任意一张工作表标签即可。如图 7-6 所示为同时选定 Sheet1 与 Sheet3 工作表。

(4) 选定工作簿中的所有工作表：右击任意一个工作表标签，在弹出的菜单中选择【选定全部工作表】命令即可，如图 7-7 所示。

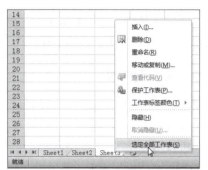

图 7-6　选定不相邻的工作表　　　　　图 7-7　选定全部工作表

7.2.3　删除工作表

对工作表进行编辑操作时，可以删除一些多余的工作表。这样不仅可以方便用户对工作表进行管理，也可以节省系统资源。在 Excel 2010 中删除工作表的常用方法如下。

(1) 在工作簿中选定要删除的工作表，在【开始】选项卡的【单元格】组中单击【删除】下拉列表按钮，在弹出的下拉列表中选中【删除工作表】选项。

(2) 右击要删除工作表的标签，在弹出的快捷菜单中选择【删除】命令。

7.2.4　重命名工作表

在 Excel 中，工作表的默认名称为 Sheet1、Sheet2……。为了便于记忆与使用工作表，用户可以重新命名工作表。在 Excel 2010 中右击要重新命名工作表的标签，在弹出的快捷菜单中选择【重命名】命令，即可为该工作表自定义名称。

【例 7-1】将"销售数据"工作簿中的工作表，依次命名为"一月""二月""三月"。

(1) 在 Excel 2010 中打开"销售数据"的工作簿，在工作表标签中通过单击选定 Sheet1 工作表，然后右击，在弹出的菜单中选择【重命名】命令。

(2) 输入名称"一月"，按 Enter 键即可完成重命名工作表的操作，如图 7-8 所示。

(3) 重复以上操作，将 Sheet2 工作表重命名为"二月"，将 Sheet3 工作表重命名为"三月"。

图 7-8　重命名工作表

7.2.5　移动或复制工作表

在 Excel 2010 中，工作表的位置并不是固定不变的，为了操作需要可以移动或复制工作表，以提高制作表格的效率。

在工作表标签栏中右击工作表标签,在弹出的菜单中选中【移动或复制】命令,可以打开【移动或复制工作表】对话框。在该对话框中可以将工作表移动或复制到其他位置。

7.2.6 保护工作表

在 Excel 2010 中,用户可以设置保护工作表,具体包括设置工作表的密码与允许的操作等,实现对工作表的全面保护。当工作表被保护时,所有用户只能对工作表进行被允许的相关操作。

【例 7-2】继续【例 7-1】的操作,为"销售数据"工作簿中的"一月"工作表设置密码,并设定允许操作该工作表的用户执行插入列和行操作。

(1) 打开"销售数据"工作簿后,在工作表标签栏中右击"一月"工作表,在弹出的菜单中选择【保护工作表】命令,打开【保护工作表】对话框。

(2) 在【保护工作表】对话框中的【取消工作表保护时使用的密码】文本框中输入一个密码,在【允许此工作表的所有用户进行】选项区域中选择【插入列】与【插入行】复选框,并单击【确定】按钮,如图 7-9 所示。

(3) 在打开的【确认密码】对话框中的【重新输入密码】文本框内再次输入步骤(2)设定的密码,并单击【确定】按钮,如图 7-10 所示。

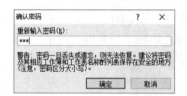

图 7-9 【保护工作表】对话框　　　　图 7-10 【确认密码】对话框

(4) 完成以上操作后,右击"一月"工作表中的任意一行,被禁止的功能将呈灰色,如图 7-11 所示。

(5) 若需要撤销对工作表的保护,可在工作表标签栏中右击"一月"工作表,在弹出的菜单中选择【撤销工作表保护】命令,然后在打开的【撤销工作表保护】对话框中的【密码】文本框内,输入工作表的保护密码,并单击【确定】按钮,如图 7-12 所示。

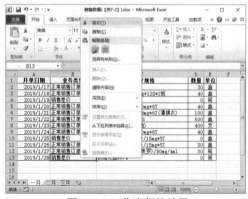

图 7-11 工作表保护效果　　　　图 7-12 撤销工作表保护

7.3 查看工作簿窗口

对于 Excel 中的工作簿，用户除了可以完成新建与保存等基本操作外，还可以管理查看工作簿窗口的方式，如切换工作簿视图、并排比较工作簿中的工作表、同时查看多个工作簿以及拆分与冻结窗口等。

7.3.1 工作簿视图

与其他 Office 2010 组件一样，Excel 2010 同样提供多种视图方式供用户选择，选择【视图】选项卡，在该选项卡的【工作簿视图】组中，用户可选择切换不同的工作簿视图。

Excel 2010 中常用的视图包括【普通】、【页面布局】和【分页浏览】等几种。

(1)【普通】视图为 Excel 默认使用的视图方式，在该视图方式中工作簿将以正常比例大小显示，并且能充分显示菜单栏与工具栏中的命令与按钮。

(2)【页面布局】视图允许用户既能像在【普通】视图中一样对表格进行编辑，又能像 Word 一样让活动页面显示水平和垂直标尺，方便用户查看和修改页边距，添加或者删除页眉页脚，如图 7-13 所示。

(3)【分页浏览】视图可以在工作簿窗口中分页显示内容。当用户在工作表中插入分页符后，在【分页浏览】视图中即可分页查看内容，并能通过鼠标拖动来调整分页符的位置，如图 7-14 所示。

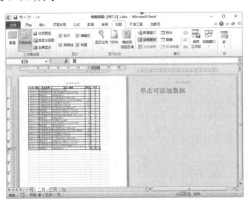

图 7-13 【页面布局】视图

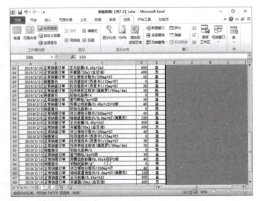

图 7-14 【分页浏览】视图

7.3.2 并排查看工作簿

在 Excel 的工作簿中，用户可以设置在同一个窗口中同时查看两个不同的工作簿。首先分别打开要查看的两个工作簿，然后在【视图】选项卡的【窗口】组中单击【并排查看】选项 ，此时即可将打开的两个工作簿在同一个窗口中同时显示，如图 7-15 所示。

图 7-15 并排查看工作簿

在【窗口】组中,当【同步滚动】选项处于选中状态时,用户在窗口中拖动任何一个工作簿的滚动条时,Excel 会同步滚动另外一个工作簿的滚动条。

当用户调整各工作簿在窗口中的位置后,若要恢复原始位置,则单击【重置窗口位置】选项即可;若要取消并排比较状态,则再次单击【并排查看】选项即可。

7.3.3 拆分工作簿窗口

在 Excel 2010 中,可以通过【拆分窗口】功能,将工作簿窗口拆分为多个窗口,让用户可以分块处理工作簿窗口中的内容。

【例 7-3】在"销售数据"工作簿的"一月"工作表中设置拆分工作簿窗口。

(1) 选定任意一个单元格,然后在【视图】选项卡的【窗口】组中单击【拆分】选项。此时 Excel 2010 会从选定单元格处将当前工作簿窗口分为 4 部分,如图 7-16 所示。

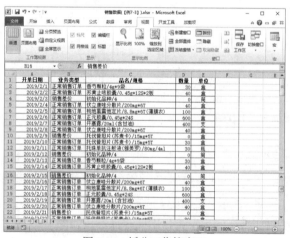

图 7-16 拆分工作簿窗口

(2) 用户可以通过滚动条移动被拆分窗口中的任意一个部分。若要取消拆分状态,则在【窗口】组中再次单击【拆分】选项即可。

7.3.4 冻结工作簿窗口

当表格中的数据过多而无法在一个屏幕全部显示时，就需要拖动滚动条来查看内容。为了便于用户在拖动查看表格内容时，始终能够了解表格结构，用户可以在 Excel 2010 中冻结表格的标题栏。

【例 7-4】在"销售数据"工作簿中冻结表格的标题栏。

(1) 打开工作簿后选择【视图】选项卡，在【窗口】组中单击【冻结窗格】下拉列表按钮，在弹出的下拉列表中选中【冻结首行】选项。此时，Excel 会将单元格的首行冻结，当用户拖动滚动条查看表格中的内容时，被冻结的首行单元格部分将保持原位置不变。

(2) 若用户需要取消首行标题栏的冻结效果，可以在【窗口】组中单击【冻结窗格】下拉列表按钮，在弹出的下拉列表中选中【取消冻结窗格】选项即可。

7.4 隐藏工作簿和工作表

7.4.1 隐藏工作簿

在 Excel 2010 中选择【视图】选项卡，然后在【窗口】组中单击【隐藏】选项，可以将当前正在打开的工作簿隐藏。

【例 7-5】隐藏"销售数据"工作簿。

(1) 打开"销售数据"工作簿后，选择【视图】选项卡，在【窗口】组中单击【隐藏】选项 。此时 Excel 将会将打开的工作簿隐藏，效果如图 7-17 所示。

(2) 在【窗口】组中单击【取消隐藏】选项 ，在打开的【取消隐藏】对话框中选中隐藏的工作簿名称(如"销售数据"工作簿)，然后单击【确定】按钮，如图 7-18 所示，此时将恢复"销售数据"工作簿的显示。

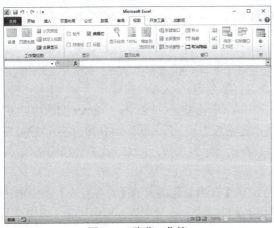

图 7-17 隐藏工作簿

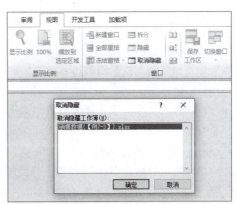

图 7-18 取消隐藏工作簿

7.4.2 隐藏工作表

隐藏 Excel 工作表的方法非常简单，首先在工作簿中选定要隐藏的工作表，然后在工作表标签栏中右击该工作表，在弹出的菜单中选中【隐藏】命令即可，如图 7-19 所示。

若要显示被隐藏的工作表，可以在工作表标签栏中右击任意一个工作表，在弹出的菜单中选中【取消隐藏】命令，然后在打开的【取消隐藏】对话框中选中需要取消隐藏的工作表，并单击【确定】按钮即可，如图 7-20 所示。

图 7-19 隐藏工作表

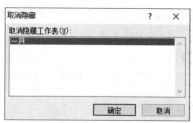

图 7-20 取消隐藏工作表

7.5 输入与编辑数据

在使用 Excel 创建工作表后，首先要在单元格中输入数据，然后可以对其中数据进行删除、更改、移动、复制等操作。使用科学的方式和运用一些技巧，用户可以使数据的输入和编辑操作变得更加高效和便捷。

7.5.1 输入数据

Excel 中的数据可分为 3 种类型：一类是普通数据，包括数字、负数、分数和小数等；一类是特殊符号，例如▲、★、◎等；还有一类是各种数字构成的数值型数据，例如货币型数据、小数型数据等。由于数据类型不同，其输入方法也不同。本节将介绍不同类型数据的输入方法。

1. 输入普通数据

在 Excel 中输入普通数据(包括数字、负数、分数和小数等)的方法和在 Word 中输入文本相同，首先选定需要输入数据的单元格，然后参考下面介绍的方法执行输入操作即可。

(1) 输入数字：单击需要输入数字的单元格，输入所需数据，然后按下 Enter 键即可。

(2) 输入负数：单击需要输入负数的单元格，先输入 "–" 号，再输入相应的数字，也可以将需要输入的数字加上圆括号，Excel 软件会将其自动显示为负数。例如，在单元格中输入-88 或(88)，都会显示为-88。

(3) 输入分数：单击需要输入分数的单元格，在【开始】选项卡的【对齐方式】组中单击【扩展】按钮，然后在打开的对话框中选择【数字】选项卡，在分类列表框中选择【自定义】选项，再在右侧的类型列表框中选择【# ?/?】选项，如图 7-21 所示，最后单击【确定】按钮，在单元格中输入【数字/数字】即可实现输入分数的效果。

图 7-21 自定义输入数字的类型

(4) 输入小数：小数点的输入方法为数字+小键盘中【.】键+数字。若输入的小数过长，单元格中将显示不全，可以通过编辑栏进行查看。

【例 7-6】制作一个"考勤表"，并输入相关表头。

(1) 启动 Excel 2010 创建一个空白工作簿，选中 A1 单元格，然后直接输入文本"考勤表"。

(2) 选定 A3 单元格，将光标定位在编辑栏中，然后输入"姓名"，此时在 A3 单元格中同时出现"姓名"两个字。

(3) 选定 A4 单元格，输入"日期"，然后按照上面介绍的方法，在其他单元格中输入文本，效果如图 7-22 所示。

图 7-22 输入表格内容

(4) 在快速访问工具栏中单击【保存】按钮，保存工作簿。

2. 输入特殊符号

在表格中有时需要插入特殊符号表明单元格中数据的性质，例如商标符号、版权符号等，此时可以使用 Excel 软件提供的【符号】对话框实现。

【例 7-7】在【例 7-6】制作的"考勤表"中输入特殊符号。

(1) 继续【例 7-6】的操作，选中 A15 单元格后，输入"工作日"，然后打开【插入】选项卡，并在【符号】选项区域中单击【符号】按钮。

(2) 在打开的【符号】对话框中选中需要插入的符号后，单击【插入】按钮，如图7-23所示。此时，A13单元格中将添加相应的符号，效果如图7-24所示。

 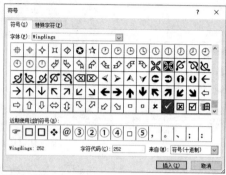

图7-23　在文本后插入符号

(3) 参考上面的方法，在C15、E15和G15单元格中输入文本并插入符号，完成后表格效果如图7-25所示。

图7-24　在单元格中插入符号　　　　图7-25　"考勤表"效果

在图7-23所示的【符号】对话框中包含【符号】和【特殊字符】两个选项卡，每个选项卡下面又包含很多种不同的符号和字符。

3. 输入数值型数据

在Excel中输入数值型数据后，数据将自动采用右对齐的方式显示。如果输入的数据长度超过11位，则系统会将数据转换成科学记数法的形式显示，例如2.16E+03。无论显示的数值位数有多少，只保留15位的数值精度，多余的数字将舍掉取零。另外，还可在单元格中输入特殊类型的数值型数据，例如货币等。当将单元格的格式设置为【货币】时，在输入数字后，系统将自动添加货币符号。

【例7-8】制作一个"工资表"，在表格中输入每个员工的工资明细。

(1) 按下Ctrl+N快捷键创建一个空白工作簿，在Sheet1工作表中输入如图7-26所示的内容。

(2) 选定C3:F15单元格区域，在【开始】选项卡的【数字】组中，单击按钮，如图7-27所示。

图 7-26 在表格中输入数据

图 7-27 设置数字格式

(3) 打开【设置单元格格式】对话框的【数字】选项卡，在【分类】列表框中选择【货币】选项，在【小数位数】微调框中设置数值为 2，单击【货币符号】按钮，从弹出的下拉列表中选择【￥】选项，在【负数】列表框中选择一种负数格式。

(4) 完成以上设置后，单击【确定】按钮，完成货币型数据的格式设置。此时当在 C3:F15 单元格区域输入数字后，系统会自动将其转化为货币型数据，如图 7-28 所示。

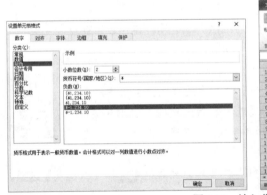
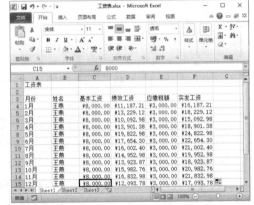

图 7-28 输入货币型数据

7.5.2 编辑数据

在表格中输入数据后，用户可以根据需要对数据内容进行相应的编辑，例如修改、删除、查找和替换等。

1. 修改数据

Excel 表格中的数据都必须准确，若表格中的数据有误，就需要对其进行修改。在表格中修改数据的方法主要有两个：一个是在编辑栏中修改，另一个是直接在单元格中进行修改，具体介绍如下。

(1) 在编辑栏中修改数据：当单元格中是较长文本内容或对数据进行全部修改时，在编辑栏中修改数据非常便利。用户选中需要修改数据的单元格后，将鼠标光标定位到编辑栏中，在其中即可进行相应的修改，输入正确的数据后按下 Enter 键，即可完成数据修改。

(2) 直接在单元格中进行修改：当单元格中数据较少或只需对数据进行部分修改时，可以通过双击单元格，进入单元格编辑状态对其中的数据进行修改，完成数据修改后按下 Enter 键即可。

2. 删除数据

当表格中的数据输入有误时，用户可以对其进行修改。同理，当表格中出现多余的数据或错误数据时，也可以将其删除。在 Excel 中常用删除数据的方法主要有以下几种。

(1) 选中需要删除数据所在的单元格后，直接按下 Delete 键。

(2) 双击单元格进入单元格编辑状态，选择需要删除的数据，然后按下 Delete 或 Backspace 键。

(3) 选择需要删除数据所在的单元格，选择【开始】选项卡，在【单元格】组中单击【删除】按钮。

3. 查找和替换数据

如果需要在工作表中查找一些特定的字符串，若查看每个单元格过于麻烦，特别是在一份较大的工作表或工作簿中，此时使用 Excel 提供的查找和替换功能可以方便地查找和替换需要的内容。

1) 查找匹配单元格

在 Excel 中，用户既可以查找出包含相同内容的所有单元格，也可以查找出与活动单元格中内容不匹配的单元格。它的应用进一步提高了编辑和处理数据的效率。

【例 7-9】在"销售数据"中查找值为 400 的单元格位置。

(1) 打开"销售数据"工作表后，在【开始】选项卡的【编辑】组中单击【查找和选择】按钮，在弹出的快捷菜单中选择【查找】命令(或按下 Ctrl+F 键)。

(2) 在打开的【查找和替换】对话框中选择【查找】选项卡，然后单击【选项】按钮显示相应的选项区域。

(3) 在【查找内容】文本框中输入 400，在【范围】下拉列表框中选择【工作表】选项，然后单击【查找全部】按钮。

(4) 此时，Excel 将会开始查找整个工作表，完成后在对话框下部的列表框中显示所有满足搜索条件的内容，如图 7-29 所示。

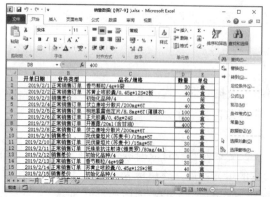 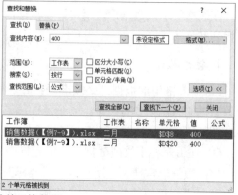

图 7-29 查找匹配的单元格数据

2) 模糊匹配查找

用户有时需要搜索一类有规律的数据，比如以 A 开头的编码，包含 9 的电话号码等，此时无法使用完全匹配的方式来查找，可以使用 Excel 提供的通配符进行模糊查找。

【例 7-10】在"销售数据"中查找以"/15mg*5T"结尾的单元格位置。

(1) 继续【例 7-9】的操作，在【查找和替换】对话框中的【查找内容】文本框中输入关键字"*/15mg*5T"，并选中【单元格匹配】复选框。

(2) 在【查找和替换】对话框中单击【全部查找】按钮，Excel 即会开始查找整个工作表，完成后在对话框下部的列表框中显示所有满足搜索条件的内容，如图 7-30 所示。

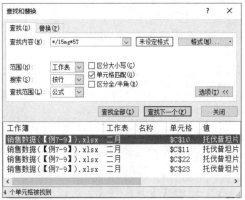

图 7-30　模糊查找数据

Excel 中有两个可用的通配符可以用于模糊查找，分别是半角问号?和星号*。半角问号?可以在搜索目标中代替任意单个的字符，星号*可以代替任意多个连续的字符。

3) 查找与替换单元格格式

用户可以对查找对象的格式进行设定，将具有相同格式的单元格查找出来，替换数据的同时还能替换其单元格格式。

【例 7-11】在"销售数据"中使用【查找与替换】功能更改单元格填充色。

(1) 在 Excel 中打开"销售数据"工作表后，在【开始】选项卡的【编辑】组中单击【查找和选择】按钮，在弹出的快捷菜单中选择【查找】命令。

(2) 在打开的【查找和替换】对话框中单击【选项】按钮，然后单击【格式】下拉列表按钮，在弹出的下拉列表中选中【从单元格选择格式】选项，如图 7-31 所示。

(3) 此时光标变成吸管形状，单击目标单元格，这里单击 D3 单元格，提取该单元格格式，如图 7-32 所示。

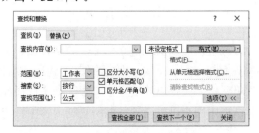

图 7-31　设置查找单元格格式　　　　图 7-32　提取单元格格式

(4) 返回【查找和替换】对话框,单击【查找全部】按钮,此时会列出所有与 D3 单元格格式相同的单元格,如图 7-33 所示。

(5) 选择【替换】选项卡,单击【替换为】选项后面的【格式】按钮,如图 7-34 所示。

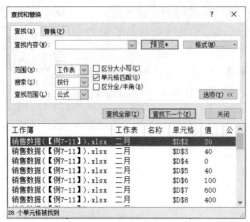

图 7-33　查找与 D3 单元格格式相同的单元格　　　　图 7-34　设置【替换】选项卡

(6) 在打开的【替换格式】对话框中选择【填充】选项卡,然后在【背景色】区域里选择浅黄色,并单击【确定】按钮,如图 7-35 所示。

(7) 返回【查找和替换】对话框,在【替换】选项卡里单击【全部替换】按钮,弹出对话框表示已经进行替换,单击【确定】按钮。

(8) 完成替换后,在【查找和替换】对话框中单击【关闭】按钮。此时表格中相应的单元格效果如图 7-36 所示。

 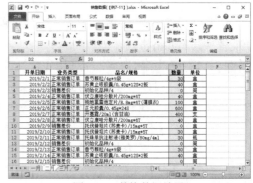

图 7-35　设置【填充】选项卡　　　　　　　图 7-36　替换数据结果

4. 选择性粘贴数据

选择性粘贴是一种特殊的粘贴方式,使用这种方式不仅可以实现格式粘贴、数据粘贴、文本数据粘贴及公式粘贴等,还能够实现简单的运算,例如加、减、乘、除运算。

在 Excel 中复制单元格中的数据后,右击任意单元格,在弹出的快捷菜单中选择【选择性粘贴】命令,打开【选择性粘贴】对话框,在该对话框中用户可以设置粘贴所复制内容中特定的部分,如图 7-37 所示。

图 7-37　打开【选择性粘贴】对话框

【选择性粘贴】对话框中比较常用的选项功能如下。

(1)【全部】单选按钮：选中该单选按钮，将粘贴复制数据的数字、公式、格式等全部内容。

(2)【公式】单选按钮：选中该单选按钮后，将只粘贴复制内容中的公式，其他的数据或格式将被去掉。

(3)【格式】单选按钮：选中该单选按钮后，将只粘贴复制内容的格式，其他的数据、公式将被去掉。

(4)【数值】单选按钮：选择该单选按钮后，将只粘贴复制内容中的数值、文本和运算结果，其他格式和公式等内容将被去掉。

(5)【公式和数字格式】单选按钮：选中该单选按钮，只粘贴复制内容的公式和格式。

7.6　单元格的基础操作

单元格是工作表的基本单位，在 Excel 2010 中，绝大多数的操作都是针对单元格来完成的。对单元格的操作主要包括单元格的选定、合并与拆分等。

7.6.1　选定单元格

要对单元格进行操作，首先要选定单元格。选定单元格的操作主要包括选定单个单元格、选定连续的单元格区域和选定不连续的单元格区域。

(1) 要选定单个单元格，只需单击该单元格即可。
(2) 按住鼠标左键拖动可选定一个连续的单元格区域。
(3) 按住 Ctrl 键的同时单击所需的单元格，可选定不连续的单元格或单元格区域。

单击工作表中的行标，可选定整行；单击工作表中的列标，可选定整列；单击工作表左上角行标和列标的交叉处，即全选按钮，可选定整个工作表。

7.6.2　合并与拆分单元格

在编辑表格的过程中，有时需要对单元格进行合并或者拆分操作。合并单元格是指将选定的连续的单元格区域合并为一个单元格，而拆分单元格则是合并单元格的逆操作。

1. 合并单元格

要合并单元格，可采用以下两种方法。

(1) 选定需要合并的单元格区域，单击【开始】选项卡，在该选项卡的【对齐方式】组中单击【合并后居中】按钮右侧的倒三角按钮，在弹出的下拉菜单中有 4 个命令，如图 7-38 所示。这些命令的含义分别如下。

- 合并后居中：将选定的连续单元格区域合并为一个单元格，并将合并后单元格中的数据居中显示，如图 7-39 所示。

图 7-38　选择命令　　　　　　　　图 7-39　合并后居中的效果

- 跨越合并：行与行之间相互合并，而上下单元格之间不参与合并。
- 合并单元格：将所选的单元格区域合并为一个单元格。
- 取消单元格合并：合并单元格的逆操作，即拆分单元格。

(2) 选定需要合并的单元格区域，在选定区域中右击，在弹出的快捷菜单中选择【设置单元格格式】命令，如图 7-40 所示。

打开【设置单元格格式】对话框，在【对齐】选项卡的【文本控制】选项区域中选中【合并单元格】复选框，单击【确定】按钮后，即可将选定区域的单元格合并，如图 7-41 所示。

图 7-40　右键菜单　　　　　　　　图 7-41　【设置单元格格式】对话框

2. 拆分单元格

拆分单元格是合并单元格的逆操作，只有合并后的单元格才能够进行拆分。选定合并后的单元格，再次单击【合并后居中】按钮，或者单击【合并后居中】按钮下拉菜单中的【取消单元格合并】命令，即可将单元格拆分为合并前的状态，如图 7-42 所示。

图 7-42 拆分单元格

7.6.3 插入与删除单元格

在 Excel 2010 中，打开【开始】选项卡，在【单元格】组中单击【插入】下拉按钮，在弹出的下拉菜单中选择【插入单元格】命令，即可在目标位置插入单元格，如图 7-43 所示。

工作表的某些数据及其位置不再需要时，可以将它们删除。这里的删除与按下 Delete 键删除单元格或区域的内容不一样，按 Delete 键仅清除单元格内容，其空白单元格仍保留在工作表中；而删除行、列、单元格或区域，其内容和单元格将一起从工作表中消失，空的位置由周围的单元格补充。

需要在当前工作表中删除单元格时，可选择要删除的单元格，然后在【单元格】组中单击【删除】按钮右侧的倒三角按钮，在弹出的菜单中选择【删除单元格】命令。此时会打开【删除】对话框，如图 7-44 所示，在该对话框中可以设置删除单元格或区域后其他位置的单元格如何移动。

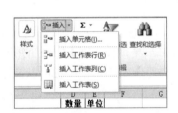

图 7-43 插入单元格

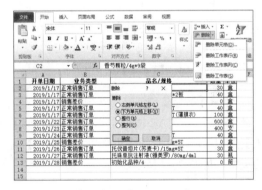

图 7-44 删除单元格

在 Excel 2010 中，除使用功能区中的命令按钮外，还可以使用鼠标来完成插入行、列、单元格或单元格区域的操作。首先选定行、列、单元格或单元格区域，将鼠标光标指向右下角的区域边框，按住 Shift 键并向外进行拖动。拖动时，有一个虚框表示插入的区域，释放鼠标左键，即可插入虚框中的单元格区域。

7.7 格式化工作表

在 Excel 中插入的表格，其格式一般是默认的。为了使其更加美观和个性化，在实际工作中经常需要对表格的格式进行设置。

7.7.1 设置数据样式

在 Excel 中数据样式多种多样，不同的表格对数据样式的要求也不一样，用户可以根据需要对数据样式进行设置。下面主要介绍设置数据类型、对齐方式和字体格式的方法。

1. 设置数据类型

设置数据类型可以通过单击功能面板中相应的数据类型按钮和通过对话框两种方法来实现。

1) 使用【数字】命令组

在 Excel 2010 中选择【开始】选项卡，然后在【数字】组中根据需要单击相应的按钮，即可设置表格数据的类型，如图 7-45 所示。

【例 7-12】将数据类型设置为百分比类型。

(1) 打开"销售统计"工作表，选中 D3:D7 单元格区域。

(2) 选择【开始】选项卡，在【数字】组中单击【百分比样式】按钮 %，即可将选中单元格区域中的数据类型设置为百分比类型，如图 7-46 所示。

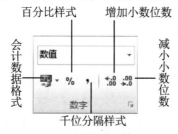

图 7-45　【数字】命令组　　　　　　　图 7-46　将数据设置为百分比类型

2) 使用【数字】选项卡

在 Excel 表格中选中数据后，选择【开始】选项卡，然后单击【数字】组右下角的【数字格式】按钮，在打开的【设置单元格格式】对话框的【数字】选项卡中，也可以设置表格数据的类型，如图 7-47 所示。

图 7-47　通过【数字】选项卡设置表格数据类型

2. 设置对齐方式

在 Excel 表格中，不同类型的数据其默认的对齐方式也不同，如数字默认为右对齐，文本默认为左对齐等。在制作电子表格的过程中，用户可以根据实际需求，参考以下两种方法设置数据的对齐方式。

1) 使用【对齐方式】命令组

在 Excel 中选中需要设置对齐方式的单元格或单元格区域后，选择【开始】选项卡，在【对齐方式】组中单击所需的按钮即可为数据设置对齐方式，如图 7-48 所示。

【例 7-13】在工作表中设置数据的对齐方式。

(1) 打开"销售统计"工作表，选中 A1 单元格，如图 7-49 所示。

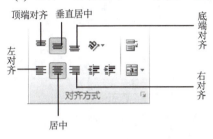

图 7-48 【对齐方式】命令组

图 7-49 选中 A1 单元格

(2) 选择【开始】选项卡，在【对齐方式】组中单击【垂直居中】按钮，如图 7-50 所示。

(3) 在【对齐方式】组中单击【居中】按钮，A1 单元格中文本的效果如图 7-51 所示。

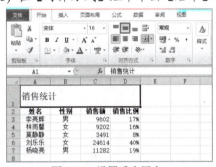

图 7-50 设置垂直居中

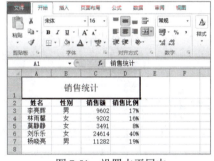

图 7-51 设置水平居中

2) 使用【对齐】选项卡

在 Excel 中选中需要设置对齐方式的单元格或单元格区域后，单击【对齐方式】组中的【对齐设置】按钮，在打开的【设置单元格格式】对话框的【对齐】选项卡中，也可以设置数据的对齐方式。

3. 设置字体格式

在 Excel 2010 中，除了可以设置数据的类型和对齐方式以外，还可以对数据的字体、字号、颜色、下画线、加粗以及倾斜等进行设置。在需要设置表格数据字体格式时，用户可以使用【字体】命令组。

在 Excel 中选中需要设置字体格式的单元格或单元格区域后，选择【开始】选项卡，在【字体】组中单击所需的按钮即可为数据设置字体格式，如图 7-52 所示。

【例7-14】在工作表中将数据的字体格式设置为：黑体、20号、红色。

(1) 继续【例7-13】的操作，选中A1单元格，在【开始】选项卡的【字体】组中单击【字体】下拉列表按钮，在弹出的下拉列表中选中【黑体】选项。

(2) 在【字体】组中单击【字号】下拉列表按钮，在弹出的下拉列表中选中【20】。

(3) 在【字体】组中单击【字体颜色】按钮▲，在弹出的对话框中选中【红色】。此时表格标题栏的效果如图7-53所示。

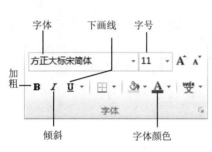

图7-52 【字体】命令组

图7-53 设置文本字体

7.7.2 设置表格样式

设置电子表格样式是为了进一步对表格进行美化。在Excel 2010中，设置表格的样式有两种方法：一种是通过功能面板设置，另一种是通过对话框设置。下面将通过实例分别介绍使用这两种方法为表格设置边框与底纹、设置表格背景、套用表格样式、应用单元格样式等内容。

1. 设置边框与底纹

默认情况下，Excel并不为单元格设置边框，工作表中的框线在打印时并不显示出来。但在一般情况下，用户在打印工作表或突出显示某些单元格时，都需要添加一些边框以使工作表更美观和容易阅读。设置底纹和设置边框一样，都是为了对工作表进行形象设计。

在【设置单元格格式】对话框的【边框】与【填充】选项卡中，可以分别设置工作表的边框与底纹，下面通过实例对操作方法进行说明。

【例7-15】在工作表中设置数据的边框和底纹。

(1) 继续【例7-14】的操作，选中A1:D7单元格区域。

(2) 选择【开始】选项卡，在【字体】组中单击【下框线】下拉列表按钮，在弹出的下拉列表中选中【其他边框】选项。

(3) 在打开的【设置单元格格式】对话框的【边框】选项卡中，单击选定【样式】列表框中的粗线线条样式，然后单击【外边框】按钮设置所选单元格区域边框的线条，如图7-54所示。

(4) 在【样式】列表框中单击选定细线线条样式，然后单击【内部】按钮，设置所选单元格区域内部的线条，如图7-55所示。

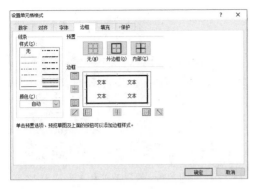
图 7-54　设置表格外边框

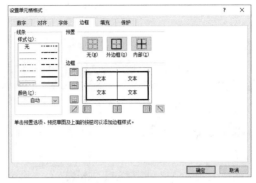
图 7-55　设置表格内边框

(5) 完成以上设置后，在【设置单元格格式】对话框中单击【确定】按钮，设置的表格边框效果如图 7-56 所示。

(6) 选中整个表格，然后在【字体】组中单击【填充颜色】下拉列表按钮，在弹出的下拉列表中选择一种颜色，即可为表格设置底纹，如图 7-57 所示。

图 7-56　表格设置边框后的效果

图 7-57　设置单元格底纹

2. 设置表格背景

在 Excel 2010 中，除了可以为选定的单元格区域设置底纹样式或填充颜色之外，还可以为整个工作表添加背景图片，如剪贴画或者其他图片，以达到美化工作表的目的，使工作表看起来不再单调。

Excel 支持多种格式的图片作为背景图案，比较常用的有 JPEG、GIF、PNG 等格式。工作表的背景图案一般为颜色比较淡的图片，避免遮挡工作表中的文字。

【例 7-16】在 Excel 中为表格设置背景图案。

(1) 按下 Ctrl+N 快捷键创建一个空白工作表，选择【页面布局】选项卡，然后在【页面设置】组中单击【背景】选项，如图 7-58 所示。

(2) 在打开的【工作表背景】对话框中选中一个图片文件后，单击【插入】按钮。此时 Excel 将使用选定的图片作为当前工作表的背景图案，如图 7-59 所示。

图 7-58 【考勤表】工作表

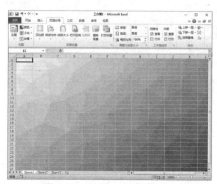

图 7-59 设置工作表背景

3. 套用表格样式

在 Excel 2010 中，预设了一些工作表样式，套用这些工作表样式可以大大节省格式化表格的时间。

【例 7-17】在 Excel 2010 中，快速应用表格预设样式。

(1) 打开"销售数据"工作表后选中整个表格，单击【开始】选项卡，在【样式】组中单击【套用表格格式】选项，在弹出的列表中选中一种表格样式。

(2) 在打开的【套用格式】对话框中单击【确定】按钮。此时表格将自动套用用户所选样式，Excel 会自动打开【设计】选项卡，在其中可以进一步选择表样式以及相关选项。

4. 应用单元格样式

用户如果要使用 Excel 2010 的内置单元格样式，可以先选中需要设置样式的单元格或单元格区域，然后再对其应用内置的样式。

【例 7-18】在 Excel 2010 中，为选中的单元格区域设置软件内置的样式。

(1) 打开"销售数据"工作表，选中 A1:E1 单元格区域。

(2) 在【开始】选项卡的【样式】组中单击【单元格式样】下拉列表按钮，并在弹出的下拉列表中选中一种样式。此时被选中的单元格区域将自动套用用户选中的样式，如图 7-60 所示。

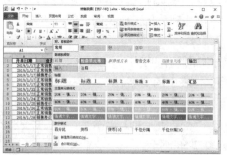

图 7-60 为单元格区域套用单元格样式

7.8 综合案例

1. 使用 Excel 2010 制作"通讯录"，完成以下操作。

(1) 新建一个空白工作簿,并将其以名称"通讯录"保存。
(2) 在"通讯录"工作簿中创建工作表并重命名工作表。
(3) 在"通讯录"工作簿中的 5 个工作表中输入数据。
(4) 使用【自动填充】功能,在"通讯录"的【序号】列中填充 1~10 的数字。
(5) 精确设置工作表中的行高和列宽。
(6) 通过拖动鼠标改变行高和列宽。
(7) 为"通讯录"表格中的 E 列设置合适的列宽。
(8) 使用功能区中的命令,设置表格中数据的格式。

2. 使用 Excel 2010 制作"学生基本信息",完成以下操作。
(1) 创建一个空白工作簿,并将其保存为"学生基本信息"。
(2) 将工作簿中的 Sheet1 工作表重命名为"学生基本信息表",然后删除创建工作簿时 Excel 默认建立的 Sheet2 和 Sheet3 工作表。
(3) 在"学生基本信息表"工作表中输入并填充数据。
(4) 在"学生基本信息表"工作表中设置用于填写身份证号码的单元格格式,使其中填写的数据类型由数值型转换为文本型。
(5) 在"学生基本信息表"工作表中设置"编号"列的对齐方式为"居中对齐",并合并 A2:G2、A10:G10、A14:G14、A19:G19、A24:G24 和 A31:G31 等单元格。
(6) 为"学生基本信息表"工作表中的标题文本设置字体格式,并为表格设置边框。
(7) 通过拖动鼠标和设置自动调整行高和列宽,调整"学生基本信息表"工作表。
(8) 将表格的第 1~37 行复制到工作表的第 41 行以后。
(9) 通过选取单元格和区域对"学生基本信息表"工作表进一步编辑,合并单元格,并执行【剪切】、【粘贴】命令,为合并后的单元格填充内容。
(10) 在"学生基本信息表"工作表中添加表格标题行,并设置打印表格时,每一页都打印标题行。

3. 使用 Excel 2010 制作一个如图 7-61 所示的常见办公表格,要求如下。
(1) 在工作表中输入如图 7-61 所示的文本。
(2) 在表格中插入选中√和×符号
(3) 使用【自动调整列宽】功能调整表格列宽。

图 7-61 办公表格

7.9 课后习题

1. 在 B1 单元格输入文本内容后,可按_____键进入右侧 B2 单元格,接着输入其他文本；可按_____键进入下方 C1 单元格，继续输入其他文本。

2. 如需录入今天的日期，应输入_____。

3. 如需手动录入公式，应以_____开头。

4. 企业中的人事部门需要记录员工身份证号码，如果直接录入结果往往会出人意料。因此在录入时，可以_____或_____。

5. 输入以 0 开头的数据，应先输入一个_____，再输入 0，最后输入数值。

6. 数据录入中小数不可避免，有时需要将录入的小数按照分数格式来显示，这时候可以以文本方式录入，录入格式为_____。如分数 1/2 没有整数位，应以_____代替，故录入时应输入_____。

7. 如果工作中需录入特殊分数，如 4/8、4/16、10/100 等，则应先将单元格数字格式设置为_____格式。

8. 在工作中有时候需要在 Excel 中录入一些特殊的符号，这些符号并不能在键盘中找到，这时需选择_____|_____|_____命令，在弹出的【符号】对话框中可以找到。

9. 如果工作中需要高频录入一些符号，在 Excel 中，可以通过_____的方式来实现特殊符号的快捷输入。

10. "✓"的 ASCⅡ码为_____；"×"的 ASCⅡ码为_____。

11. 若需在单元格区域 A1:A10000 完成 1~10000 的数据录入，可使用【系列】命令填充序列，步骤如下。

    (1) _____
    (2) _____

12. 某公司需要统计 2018 年 3 月份某部门的出勤人数，该公司实行双休制度，要完成的表格是 A 列需要输入 3 月份的工作日日期，在使用【系列】命令填充序列时，应在终止值框中输入_____，且在日期单位中选择_____。

13. 下列有关 Excel 2010 功能的叙述中，正确的是(　　)。
    A. Excel 2010 将工作簿中的每一张工作表分别作为一个文件来保存
    B. 在 Excel 2010 中，工作表的名称由文件名决定
    C. Excel 2010 的图表必须与生成该图表的有关数据处于同一张工作表上
    D. Excel 2010 的一个工作簿中可包含多个工作表

14. 在向 A1 单元格中输入字符串时，其长度超过 A1 单元格的显示长度，若 B1 单元格为空，则字符串的超出部分将(　　)。
    A. 被删除截断　　　　　　　　B. 作为另一个字符串存储在 B1 中
    C. 显示####　　　　　　　　　D. 连续超格显示

15. 为了复制一个Excel工作表,用鼠标拖动该工作表标签到达复制位置时必须同时按下(　　)键。
    A. Alt　　　　B. Shift　　　　C. Ctrl　　　　D. Shift+Ctrl

16. 默认情况下，Excel 单元格中的数字数据(　　)对齐。
    A. 靠右　　　　B. 靠左　　　　C. 居中　　　　D. 两端

17. 在 Excel 2010 中，如果同时打开了两个工作簿，单击"关闭"按钮会将(　　)工作簿关闭。
    A. 两个　　　　B. 一个　　　　C. 打开的那个　　D. 最小化的那个

18. 当 Excel 窗口中同时打开了多个文件，在多个文档之间进行切换时，可以使用 Windows 切换程序的快捷键(　　)来实现。
    A. Alt+Shift　　B. Ctrl+Tab　　C. Ctrl+Shift　　D. Alt+Tab

第 8 章 设置与管理表格数据

☑ **学习目标**

在日常工作中,用户经常需要对 Excel 中的数据进行设置与处理,将数据按照一定的规律排序、筛选、分类汇总,并对数据进行查找、替换、移动、复制、删除等操作,从而使数据更加合理地被利用。

☑ **知识体系**

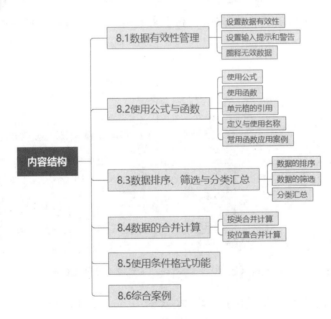

☑ **重点内容**

- 使用 Excel 中的公式与函数
- 数据的排序、筛选和分类汇总
- 设置单元格条件格式

8.1 数据有效性管理

数据有效性主要是用于限制单元格中输入数据的类型和范围,以防用户输入无效的数据。此外,用户还可以使用数据有效性定义帮助信息,或者圈释无效数据等。

8.1.1 设置数据有效性

选中单元格(或单元格区域)后,在【数据】选项卡中的【数据工具】组中单击【数据有效性】按钮,打开【数据有效性】对话框,进行数据有效性的相关设置。

【例 8-1】在"学生成绩表"工作簿中添加"联系电话(手机)"列,并将单元格中输入的数据限定为 11 位的手机号码。

(1) 启动 Excel 2010 程序,打开"学生成绩表"工作簿,在表格中添加"联系电话(手机)"列,然后选中 J3:J15 单元格区域,如图 8-1 所示。

(2) 在【数据】选项卡中单击【数据有效性】按钮,打开【数据有效性】对话框,在【允许】下拉列表中选择【整数】,在【数据】下拉列表中选择【介于】,在【最小值】文本框中输入 13000000000,在【最大值】文本框中输入 19999999999,如图 8-2 所示。

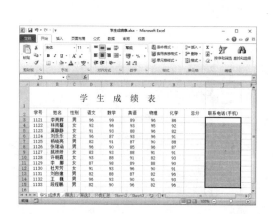

图 8-1 选中相关单元格区域

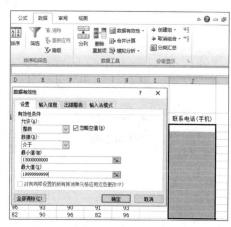

图 8-2 设置【数据有效性】对话框

(3) 单击【确定】按钮,完成设置。此时,如果在 J3:J15 单元格区域里输入不符合要求的数字,如在 J3 单元格内输入 123456,由于该单元格被限制在整数 11 位数,所以会弹出提示框,表示输入值非法,无法输入该数值。

8.1.2 设置输入提示和警告

用户可以利用数据有效性,为单元格区域设置输入信息提示,或者自定义警告提示。

【例 8-2】在"学生成绩表"工作簿中为相关单元格设置提示警告内容。

(1) 打开图 8-1 所示的"学生成绩表"工作表,选中准备设置提示信息的单元格区域,这里选定 J3:J15 区域,单击【数据】选项卡中的【数据有效性】按钮。

168

(2) 打开【数据有效性】对话框，选择【输入信息】选项卡，在【标题】编辑框中输入提示信息的标题"提示"，在【输入信息】框中输入提示信息"请输入正确的手机号码！"，如图 8-3 所示。

(3) 选择【设置】选项卡，在【允许】下拉列表中选择【整数】，在【数据】下拉列表中选择【介于】，在【最小值】文本框中输入 13000000000，在【最大值】文本框中输入 19999999999。

(4) 单击【确定】按钮后返回工作簿窗口，选中 J3:J15 区域中的任意单元格，会出现设置的提示信息，如图 8-4 所示。

图 8-3　【输入信息】选项卡

图 8-4　显示提示信息

(5) 重新打开【数据有效性】对话框，选择【出错警告】选项卡，在【样式】下拉列表中选择【停止】选项，在【标题】框中输入提示信息的标题"错误"，在【错误信息】框中输入提示信息"无效的手机号码！"，然后单击【确定】按钮，如图 8-5 所示。

(6) 在设置好的单元格内输入的数值不符合要求时，例如输入 12133336666，然后按 Enter 键，将会弹出错误提示信息，如图 8-6 所示。

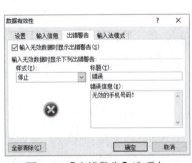
图 8-5　【出错警告】选项卡

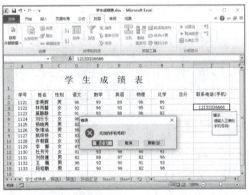
图 8-6　显示输入错误提示

8.1.3　圈释无效数据

Excel 2010 的数据有效性还具有圈释无效数据的功能，可以帮助用户方便地从表格中查找出特定条件的数据。

【例 8-3】在"学生成绩表"工作簿中圈出考试分数小于 85 的数据。

(1) 打开"学生成绩表"工作表，选中 D3:H15 单元格区域，单击【数据】选项卡中的【数据有效性】按钮。

(2) 打开【数据有效性】对话框，选择【设置】选项卡，在【允许】下拉列表中选择【整数】选项,在【数据】下拉列表中选择【大于或等于】选项,在【最小值】框里输入 85,然后单击【确定】按钮,如图 8-7 所示。

(3) 在【数据】选项卡中单击【数据有效性】按钮旁的下拉按钮,在弹出的菜单中选择【圈释无效数据】命令,此时,表格内凡是"分数"小于 85 的数据都会被红圈圈出,如图 8-8 所示。

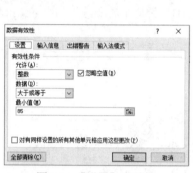
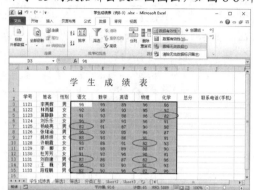

图 8-7 【设置】选项卡　　　　　　图 8-8 圈释无效数据

8.2 使用公式与函数

Excel 软件具有强大的计算功能,可以用于解决非常复杂的计算问题,甚至解决无法通过手工完成的计算。在使用 Excel 软件进行计算之前,用户应首先掌握输入公式的正确方法,以及相应的基础操作。

8.2.1 使用公式

在 Excel 中,用户可以运用公式对表格中的数值进行各种运算,让工作变得更加轻松、省心。在灵活使用公式之前,首先要认识公式并掌握输入公式与编辑公式的方法。

1. 认识公式

在 Excel 中,公式是对工作表中的数据进行计算和操作的等式。

在输入公式之前,用户应了解公式的组成和意义。公式的特定语法或次序为最前面是等号"=",然后是公式的表达式。公式中包含运算符、数值或任意字符串、函数及其参数和单元格引用等元素。

- 运算符:用于对公式中的元素进行特定的运算,或者用于连接需要运算的数据对象,并说明进行了哪种公式运算,如加"+"、减"-"、乘"*"、除"/"等。
- 常量数值:用于输入公式中的值、文本。
- 单元格引用:利用公式引用功能对所需的单元格中的数据进行引用。

- 函数：Excel 提供的函数或参数，可返回相应的函数值。

Excel 提供的函数实质上就是一些预定义的公式，它们利用参数按特定的顺序或结构进行计算。用户可以直接利用函数对某一数值或单元格区域中的数据进行计算，函数将返回最终的计算结果。

运算符对公式中的元素进行特定类型的运算。Excel 2010 中包含 4 种运算符类型：算术运算符、比较运算符、文本连接运算符与引用运算符。

(1) 算术运算符：如果要完成基本的数学运算(如加法、减法和乘法、除法)，连接数据和计算数据结果等，可以使用如表 8-1 所示的算术运算符。

表 8-1 算术运算符

运算符	含义	示范
+(加号)	加法运算	2+2
-(减号)	减法运算或负数	2-1 或-1
*(乘号)	乘法运算	2*2
/(除线)	除法运算	2/2
%(百分号)	百分比	20%

(2) 比较运算符：使用如表 8-2 所示的比较运算符可以比较两个值的大小。当用运算符比较两个值时，结果为逻辑值，比较成立则为 TRUE，反之则为 FALSE。

表 8-2 比较运算符

运算符	含义	示范
=(等号)	等于	A1=B1
>(大于号)	大于	A1>B1
<(小于号)	小于	A1<B1
>=(大于等于号)	大于或等于	A1>=B1
<=(小于等于号)	小于或等于	A1<=B1
<>(不等号)	不相等	A1<>B1

(3) 文本连接运算符：使用和号(&)可加入或连接一个或更多文本字符串以产生一串新的文本，如表 8-3 所示。

表 8-3 文本连接运算符

运算符	含义	示范
&(和号)	将两个文本值连接或串连起来以产生一个连续的文本值	A1&B1

(4) 引用运算符：单元格引用是用于表示单元格在工作表上所处位置的坐标集。例如，显示在第 B 列和第 3 行交叉处的单元格，其引用形式为 B3。使用如表 8-4 所示的引用运算符，可

以将单元格区域合并计算。

表8-4 引用运算符

运 算 符	含 义	示 范
:(冒号)	区域运算符,产生对包括在两个引用之间的所有单元格的引用	(A5:A15)
,(逗号)	联合运算符,将多个引用合并为一个引用	SUM(A5:A15,C5:C15)
(空格)	交叉运算符,产生对两个引用共有的单元格的引用	(B7:D7 C6:C8)

如果公式中同时用到多个运算符,Excel 2010将会依照运算符的优先级来依次完成运算。如果公式中包含相同优先级的运算符,例如公式中同时包含乘法和除法运算符,则Excel将从左到右进行计算。如表8-5所示的是Excel 2010中的运算符优先级。其中,运算符优先级从上到下依次降低。

表8-5 运算符的优先级

运 算 符	说 明
:(冒号) (单个空格) ,(逗号)	引用运算符
–	负号
%	百分比
^	乘幂
* 和 /	乘和除
+ 和 –	加和减
&	连接两个文本字符串
= < > <= >= <>	比较运算符

如果要更改求值的顺序,可以将公式中需要先计算的部分用括号括起来。例如,公式=8+2*4的值是16,因为Excel 2010按先乘除后加减的顺序进行运算,即先将2与4相乘,然后再加上8,得到结果16。若在该公式上添加括号,即公式=(8+2)*4,则Excel 2010先用8加上2,再用结果乘以4,得到结果40。

2. 输入公式

在Excel中通过输入公式进行数据的计算,可以避免烦琐的人工计算,提高用户的工作效率。输入公式的方法有使用键盘手动输入和使用鼠标辅助输入两种。

(1) 使用键盘手动输入公式:使用键盘手动输入公式与在Excel中输入数据的方法一样,用户在输入公式之前,首先输入一个等号,然后直接输入公式内容。

(2) 使用鼠标辅助输入公式:当公式中需要引用一些单元格地址时,通过鼠标单击辅助输入的方式可以有效地提高用户的工作效率,并且能够避免手动键盘输入可能出现的错误。例如,要在图8-9所示表格的F13单元格中输入公式=F5+F7+F8+ F10+F11+F12,可以在单元格中输入"="号后,依次单击F5、F7、F8、F10、F11、F12单元格,并在期间输入"+"号即可,如图8-10所示。

图 8-9　在 F13 单元格输入"="　　　　图 8-10　通过鼠标单击辅助输入公式

3. 编辑公式

在 Excel 中，用户有时需要对输入的公式进行编辑。编辑公式主要包括修改公式、删除公式和复制公式等操作。

修改公式操作是最基本的编辑公式操作之一，用户可以在公式所在单元格或编辑栏中对公式进行修改，具体操作方法如下。

(1) 在单元格中修改公式：双击需要修改公式所在的单元格，选中出错公式后再重新输入新的公式即可。

(2) 在编辑栏中修改公式：选中需要修改公式所在的单元格，然后移动鼠标至编辑栏处并单击，即可在编辑栏中对公式内容进行修改。

当使用公式计算出结果后，可以删除表格中的数据，但保留公式计算结果。

【例 8-4】在"学生成绩表"中将 I3:I15 单元格区域中的公式删除。

(1) 打开"学生成绩表"工作表，选中 I3:I15 单元格区域并右击，在弹出的菜单中选择【复制】命令，复制单元格内容。

(2) 打开【开始】选项卡，在【剪贴板】组中单击【粘贴】下三角按钮，在弹出的菜单中选择【选择性粘贴】命令，如图 8-11 所示。

(3) 打开【选择性粘贴】对话框，在【粘贴】选项区域中选中【数值】单选按钮，然后单击【确定】按钮，如图 8-12 所示。

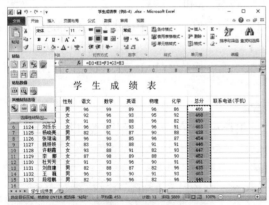　　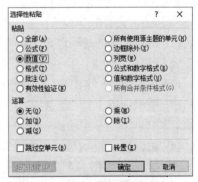

图 8-11　使用【选择性粘贴】命令　　　　图 8-12　设置【选择性粘贴】选项

(4) 返回工作簿窗口后，即可发现 I3:I15 单元格区域中的公式已经被删除，但是公式计算结果仍然保存在 I3:I15 单元格区域中。

通过复制公式操作，可以快速地在其他单元格中输入公式。复制公式的方法与复制数据的方法相似。但在 Excel 2010 中，复制公式往往与公式的相对引用结合使用，以提高输入公式的效率。

【例 8-5】在"学生成绩表"工作表中将 I3:I15 单元格区域中的公式复制到 Sheet2 工作表的 I3:I15 单元格区域中。

(1) 在"学生成绩表"工作表中选中 I3:I15 单元格区域，按 Ctrl+C 快捷键复制单元格中的公式。

(2) 选中 Sheet2 工作表，然后选中该工作表中的 I3:I15 单元格区域，按 Ctrl+V 快捷键，快速实现公式的复制操作，并在单元格中显示计算结果。

在默认设置下，单元格中只显示公式计算的结果，而公式本身则只显示在编辑栏中。为了方便用户检查公式的正确性，可以设置在单元格中显示公式。方法是：打开【公式】选项卡，在【公式审核】组中单击【显示公式】按钮，即可设置在单元格中显示公式。

8.2.2 使用函数

Excel 中的函数与公式一样，都可以快速计算数据。公式是由用户自行设计的对单元格进行计算和处理的表达式，而函数则是在 Excel 中已经被软件定义好的公式。用户在 Excel 中输入和编辑函数之前，首先应掌握函数的基本知识。

1. 认识函数

Excel 中的函数实际上是一些预定义的公式，函数是运用一些称为参数的特定数据值按特定的顺序或者结构进行计算的公式。

Excel 提供了大量的内置函数，这些函数可以有一个或多个参数，并能够返回一个计算结果。函数一般包含等号、函数名和参数 3 个部分：

=函数名(参数 1,参数 2,参数 3,...)

其中，函数名为需要执行运算的函数的名称，参数为函数使用的单元格或数值。例如，=SUM(A1:F10)，表示对 A1:F10 单元格区域内所有数据求和。

Excel 函数的参数可以是常量、逻辑值、数组、错误值、单元格引用或嵌套函数等(其指定的参数都必须为有效参数值)，其各自的含义如下。

(1) 常量：指的是不进行计算且不会发生改变的值，如数字 100 与文本"家庭日常支出情况"都是常量。

(2) 逻辑值：即 TRUE(真值)或 FALSE(假值)。

(3) 数组：用于建立可生成多个结果或可对在行和列中排列的一组参数进行计算的单个公式。

(4) 错误值：即#N/A、"空值"或"_"等值。

(5) 单元格引用：用于表示单元格在工作表中所处位置的坐标集。

(6) 嵌套函数：是指将某个函数或公式作为另一个函数的参数使用。

Excel 函数包括【自动求和】、【最近使用的函数】、【财务】、【逻辑】、【文本】、【日期和时间】、【查找与引用】、【数学和三角函数】以及【其他函数】这 9 大类的上百个具体函数，每个函数的应用各不相同。常用函数包括 SUM(求和)、AVERAGE(计算算术平均数)、

ISPMT、IF、HYPERLINK、COUNT、MAX、SIN、SUMIF、PMT，它们的语法和作用如表 8-6 所示。

表 8-6 常用 Excel 函数

语　　法	说　　明
SUM(number1, number2, …)	返回单元格区域中所有数值的和
ISPMT(Rate, Per, Nper, Pv)	返回普通(无提保)的利息偿还
AVERAGE(number1, number2, …)	计算参数的算术平均数，参数可以是数值或包含数值的名称、数组或引用
IF(Logical_test, Value_if_true, Value_if_false)	执行真假值判断，根据对指定条件进行逻辑评价的真假而返回不同的结果
HYPERLINK(Link_location, Friendly_name)	创建快捷方式，以便打开文档或网络驱动器或连接 Internet
COUNT(value1, value2, …)	计算数字参数和包含数字的单元格的个数
MAX(number1, number2, …)	返回一组数值中的最大值
SIN(number)	返回角度的正弦值
SUMIF(Range, Criteria, Sum_range)	根据指定条件对若干单元求和
PMT(Rate, Nper, Pv, Fv, Type)	返回在固定利率下投资或贷款的等额分期偿还额

在常用函数中使用频率最高的是 SUM 函数，其作用是返回某一单元格区域中所有数字之和。例如=SUM(A1:G10)，表示对 A1:G10 单元格区域内所有数据求和。SUM 函数的语法是：

SUM(number1,number2, ...)

其中，number1, number2, ...为需要求和的参数。具体说明如下。
- 直接输入到参数表中的数字、逻辑值及数字的文本表达式将被计算。
- 如果参数为数组或引用，只有其中的数字将被计算。数组或引用中的空白单元格、逻辑值、文本或错误值将被忽略。
- 如果参数为错误值或为不能转换成数字的文本，将会导致错误。

2. 输入函数

在 Excel 2010 中，所有函数操作都是在【公式】选项卡的【函数库】组中完成的。插入函数的方法十分简单，在【函数库】组中选择要插入的函数，然后设置函数参数的引用单元格即可。

【例 8-6】在"学生成绩表"工作表的 I3 单元格中插入求平均值函数。

(1) 选中"学生成绩表"工作表中的 I3 单元格，选择【公式】选项卡，在【函数库】组中单击【其他函数】按钮，在弹出的菜单中选择【统计】|AVERAGE 命令，如图 8-13 所示。

(2) 在打开的【函数参数】对话框中，在 AVERAGE 选项区域的 Number 1 文本框中输入计算平均值的范围，这里输入 D3:H3，如图 8-14 所示。

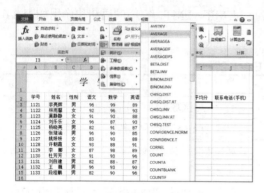

图 8-13 通过【函数库】组输入函数　　　　图 8-14 【函数参数】对话框

(3) 单击【确定】按钮，此时即可在 I3 单元格中显示函数的计算结果。

在工作表中插入函数后，用户还可以将某个公式或函数的返回值作为另一个函数的参数来使用，这就是函数的嵌套使用。使用该功能的方法为：首先插入 Excel 自带的一种函数，然后通过修改函数的参数来实现函数的嵌套使用。例如公式：

=SUM(D3:H3)/15/3

3. 编辑函数

用户在运用函数进行计算时，有时会需要对函数进行编辑，编辑函数的方法很简单，下面将通过一个实例详细介绍。

【例 8-7】在"学生成绩表"工作表中修改 I3 单元格中的函数。

(1) 选择需要编辑函数的 I3 单元格，单击【插入函数】按钮 f_x，如图 8-15 所示。

(2) 在打开的【函数参数】对话框中将 Number1 文本框中的单元格地址更改为 D3:F3，如图 8-16 所示。

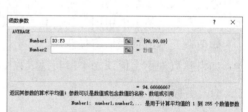

图 8-15 编辑 I3 单元格中的函数　　　　图 8-16 修改函数参数

(3) 在【函数参数】对话框中单击【确定】按钮后，即可在工作表中的 I3 单元格内看到编辑后的结果。用户在熟悉了使用函数的情况下，也可以直接选择需要编辑的单元格，在编辑栏中编辑函数。

8.2.3 单元格的引用

在 Excel 中使用公式和函数时经常需要引用单元格来计算数据。Excel 中引用单元格包括相对引用、绝对引用、混合引用等类型。

1. 相对引用

相对引用是通过当前单元格与目标单元格的相对位置来定位引用单元格的。相对引用包含了当前单元格与公式所在单元格的相对位置。默认设置下，Excel 2010 使用的都是相对引用，当改变公式所在单元格的位置时，引用也会随之改变。

【例 8-8】在"学生成绩表"工作表中，通过相对引用将工作表 I3 单元格中的公式复制到 I3:I15 单元格区域中。

(1) 打开"学生成绩表"工作表，在 I3 单元格中输入公式：
=D3+E3+F3+G3+H3

将鼠标光标移至单元格 I3 右下角的控制点■，当光标呈十字状态后，按住左键并拖动选定 I3:I15 区域，如图 8-17 所示。

(2) 释放鼠标，即可将 I3 单元格中的公式复制到 I3:I15 单元格区域中，如图 8-18 所示。

图 8-17 拖动单元格控制柄

图 8-18 相对引用

2. 绝对引用

绝对引用就是公式中单元格的精确地址，与包含公式的单元格的位置无关。绝对引用与相对引用的区别在于：复制公式时使用绝对引用，则单元格引用不会发生变化。绝对引用的方法是，在列标和行号前分别加上美元符号$。例如，$B$2 表示单元格 B2 的绝对引用，而$B$2:$E$5 表示单元格区域 B2:E5 的绝对引用。

【例 8-9】在"学生成绩表"工作簿中，将工作表中 I3 单元格中的公式绝对引用到 I3:I15 单元格区域中。

(1) 打开"学生成绩表"工作表，在 I3 单元格中输入公式：
=$D$3+$E$3+$F$3+$G$3+$H$3

(2) 将鼠标光标移至单元格 I3 右下角的控制点■，当光标呈十字状态后，按住左键并拖动选定 I3:I15 区域。释放鼠标，将会发现在 I3:I15 区域中显示的引用结果与 I3 单元格中的结果相同，如图 8-19 所示。

图 8-19 绝对引用

3. 混合引用

混合引用指的是在一个单元格引用中,既有绝对引用,同时也包含相对引用。混合引用具有绝对列和相对行,或具有绝对行和相对列。绝对引用列采用 $A1、$B1 的形式,绝对引用行采用 A$1、B$1 的形式。如果公式所在单元格的位置改变,则相对引用改变,而绝对引用不变。如果多行或多列地复制公式,相对引用自动调整,而绝对引用不做调整。

【例 8-10】在"学生成绩表"工作簿中,将工作表中 I3 单元格中的公式混合引用到 I3:I15 单元格区域中。

(1) 打开"学生成绩表"工作表,在 I3 单元格中输入公式:
=$D3+$E3+$F3+$G3+$H$3

(2) 将鼠标光标移至单元格 I3 右下角的控制点■,当光标呈十字状态后,按住左键并拖动选定 I3:I15 区域。释放鼠标,混合引用填充公式,此时相对引用地址改变,而绝对引用地址不变,如图 8-20 所示。

图 8-20 混合引用

8.2.4 定义与使用名称

名称是工作簿中某些项目或数据的标识符。在公式或函数中使用名称代替数据区域进行计算,可以使公式更为简洁,从而避免输入出错。

1. 定义名称

为了方便处理数据,可以将一些常用的单元格区域定义为特定的名称。下面将通过一个简单的实例,介绍如何定义名称。

【例 8-11】在"销售统计表"工作表中,定义单元格区域的名称。

(1) 打开"销售统计表"工作表,选定 B3:E3 单元格区域,并选择【公式】选项卡,在【定义的名称】组中单击【定义名称】按钮,如图 8-21 所示。

(2) 在打开的【新建名称】对话框中的【名称】文本框中输入单元格的新名称,在【引用位置】文本框中可以修改需要命名的单元格区域,然后单击【确定】按钮,完成名称的定义,如图 8-22 所示。

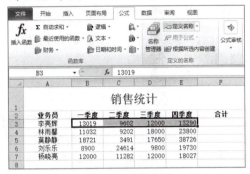

图 8-21 定义名称

图 8-22 【新建名称】对话框

定义单元格或单元格区域名称时要注意如下几点:名称的最大长度为 255 个字符,不区分大小写;名称必须以字母、文字或者下画线开始,名称的其余部分可以使用数字或符号,但不可以出现空格;定义的名称不能使用运算符和函数名。

2. 使用名称

在定义单元格名称后,可以使用名称来代替单元格的区域进行计算。

【例 8-12】继续【例 8-11】的操作,使用定义的单元格区域名称计算业务员"李亮辉"年度销售额合计值。

(1) 选中 F3 单元格,然后单击编辑栏上的【插入函数】按钮,打开【插入函数】对话框。

(2) 在打开的【插入函数】对话框中单击【或选择类别】下拉列表按钮,在弹出的下拉列表中选中【数学与三角函数】选项,在【选择函数】列表中选中 SUM 函数,然后单击【确定】按钮,如图 8-23 所示。

(3) 在打开的【函数参数】对话框中对函数的参数进行设置,在函数参数中使用名称"李亮辉",如图 8-24 所示,此时公式为:

=SUM(李亮辉)

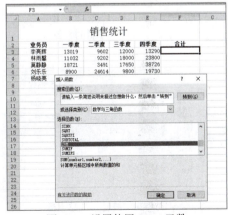

图 8-23 设置使用 SUM 函数

图 8-24 在函数参数中使用名称

(4) 单击【确定】按钮，即可在F3单元格中显示函数的运算结果，计算出业务员"李亮辉"全年的销售总额。

8.2.5 常用函数应用案例

Excel 软件提供了多种函数进行计算和应用，比如统计与求和函数、日期和时间函数、查找和引用函数等。下面将通过几个常用函数的具体应用案例进行介绍。

1. 基本计数

对工作表中的数据进行计数统计是一般用户经常使用的操作。Excel 提供了一些常用的基本计数函数，例如 COUNT、CIUNTA 和 CUNTBLANK，可以帮助用户实现简单的统计需求。

(1) 实现多工作表数据统计。图 8-25 所示为三个组的当月业绩考核表。选中【汇总】工作表后，若需要统计三个组中的业绩总计值，可以使用以下公式，结果如图 8-26 所示。

=SUM(一组:三组!B:B)

图 8-25 当月业绩考核表

图 8-26 统计业绩总值

若希望计算业绩平均值，可以使用以下公式，结果如图 8-27 所示。

=AVERAGE(一组:三组!B:B)

若希望计算三个组的总人数，可以使用以下公式，结果如图 8-28 所示。

=COUNT(一组:三组!B:B)

图 8-27 计算业绩平均值

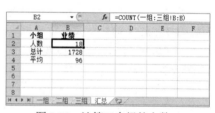

图 8-28 计算三个组的人数

(2) 动态引用区域数据。图 8-29 所示为学生考试成绩表，在 G4 单元格使用公式：

=COUNTA(OFFSET($A$1,1,3,COUNT($D:$D)))

可以验证动态引用区域记录的个数。

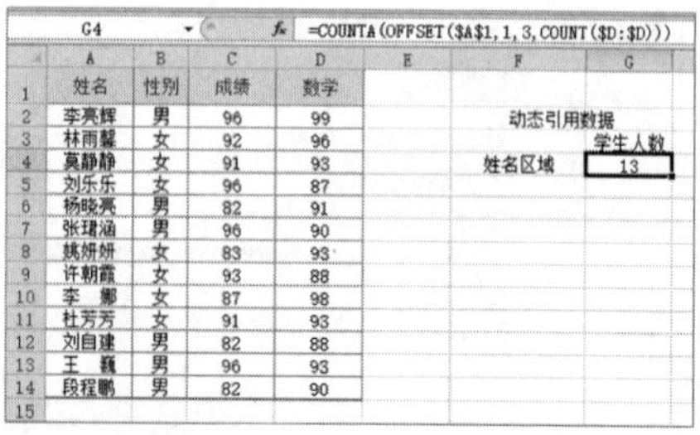

2. 条件统计

若用户需要根据特定条件对数据进行统计，例如在成绩表中统计某个班级的人数、在销售分

图 8-29 统计学生总人数

析表中统计品牌数等，可以利用条件统计函数进行处理。

(1) 使用单一条件统计数量。图 8-30 所示为员工信息表，每位员工只会在该表中出现一次，如果要在 J4 单元格统计“籍贯”为“北京”的员工人数，可以使用以下公式：

=COUNTIF($D$2:$D$14,I4)

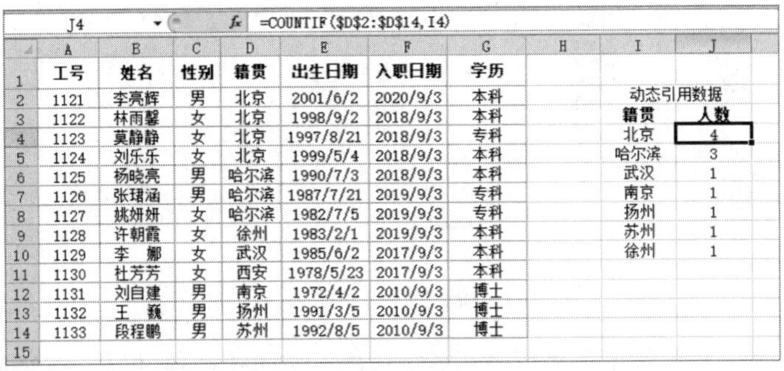

J4　=COUNTIF($D$2:$D$14,I4)

	A	B	C	D	E	F	G	H	I	J
1	工号	姓名	性别	籍贯	出生日期	入职日期	学历			
2	1121	李亮辉	男	北京	2001/6/2	2020/9/3	本科		动态引用数据	
3	1122	林雨馨	女	北京	1998/9/2	2018/9/3	本科		籍贯	人数
4	1123	莫静静	女	北京	1997/8/21	2018/9/3	专科		北京	4
5	1124	刘乐乐	女	北京	1999/5/4	2018/9/3	本科		哈尔滨	3
6	1125	杨晓亮	男	哈尔滨	1990/7/3	2018/9/3	本科		武汉	1
7	1126	张珺涵	男	哈尔滨	1987/7/21	2019/9/3	专科		南京	1
8	1127	姚妍妍	女	哈尔滨	1982/7/5	2019/9/3	专科		扬州	1
9	1128	许朝霞	女	徐州	1983/2/1	2019/9/3	本科		苏州	1
10	1129	李　娜	女	武汉	1985/6/2	2017/9/3	本科		徐州	1
11	1130	杜芳芳	女	西安	1978/5/23	2017/9/3	本科			
12	1131	刘自建	男	南京	1972/4/2	2010/9/3	博士			
13	1132	王　巍	男	扬州	1991/3/5	2010/9/3	博士			
14	1133	段程鹏	男	苏州	1992/8/5	2010/9/3	博士			
15										

图 8-30　统计不同籍贯员工人数

向下复制公式，可以分别统计出不同籍贯员工的总数。

(2) 使用多个条件统计数量。例如在考试成绩表中使用公式：

=COUNTIF($C2:$F2,">90") - COUNTIF($C2:$F2,">95")

可以在 C2:F2 区域统计学生每次单元考试成绩在 90~95 分之间的次数。

在公式中，得分大于 90 的记录必定包含评分大于 95 的记录，因此两者相减得出统计结果。

3. 单条件求和

SUMIF 函数主要用于针对单个条件的统计求和，其使用方法如下。

(1) 汇总指定数据。图 8-31 所示为员工当日每单的成交量，使用公式返回指定员工的业绩汇总。F3 单元格中的公式如下：

=SUMIF(B2:B14,F2,C2:C14)

(2) 统计指定数量以上的记录数量。如果要在图 8-32 中的 F6 单元格中统计业绩大于 90 记录的汇总，可以使用公式：

=SUMIF(C2:C14,">90")

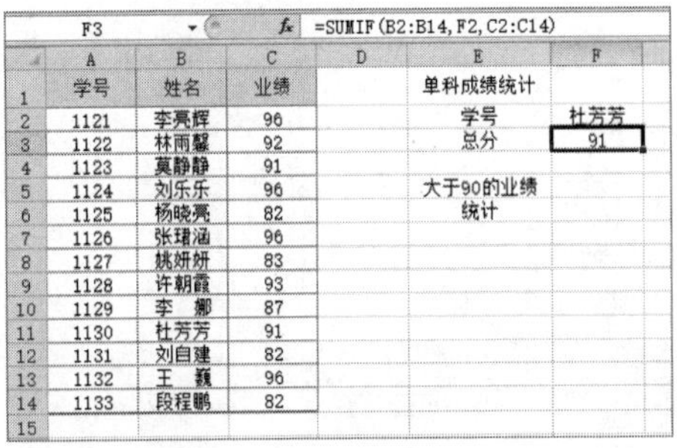

F3　=SUMIF(B2:B14,F2,C2:C14)

	A	B	C	D	E	F
1	学号	姓名	业绩		单科成绩统计	
2	1121	李亮辉	96		学号	杜芳芳
3	1122	林雨馨	92		总分	91
4	1123	莫静静	91			
5	1124	刘乐乐	96		大于90的业绩	
6	1125	杨晓亮	82		统计	
7	1126	张珺涵	96			
8	1127	姚妍妍	83			
9	1128	许朝霞	93			
10	1129	李　娜	87			
11	1130	杜芳芳	91			
12	1131	刘自建	82			
13	1132	王　巍	96			
14	1133	段程鹏	82			
15						

图 8-31　根据 F2 单元格中的姓名显示数据

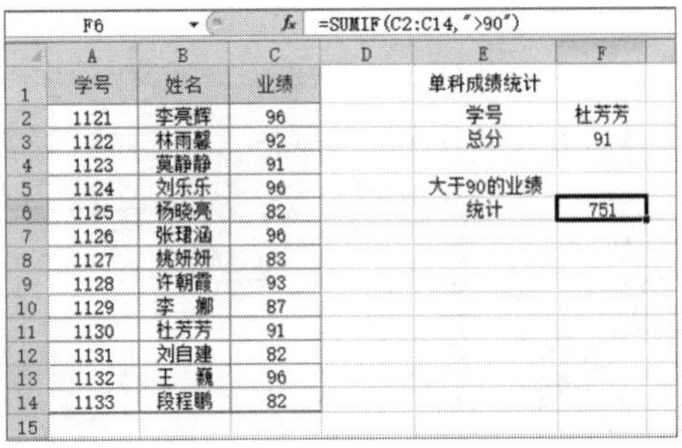

F6　=SUMIF(C2:C14,">90")

	A	B	C	D	E	F
1	学号	姓名	业绩		单科成绩统计	
2	1121	李亮辉	96		学号	杜芳芳
3	1122	林雨馨	92		总分	91
4	1123	莫静静	91			
5	1124	刘乐乐	96		大于90的业绩	
6	1125	杨晓亮	82		统计	751
7	1126	张珺涵	96			
8	1127	姚妍妍	83			
9	1128	许朝霞	93			
10	1129	李　娜	87			
11	1130	杜芳芳	91			
12	1131	刘自建	82			
13	1132	王　巍	96			
14	1133	段程鹏	82			
15						

图 8-32　统计业绩值大于 90 以上记录的和

4. 多条件求和

当用户需要使用多个条件组合的数据求和，也可以利用 SUMIFS 函数实现。下面介绍统计指定编号员工指定商品的业绩。

图 8-33 所示为在 D12 单元格中指定统计“李亮辉”销售商品 A 的总业绩，公式为：

=SUMIFS($D$2:$H$9,$A$2:$E$9,$G$12,$C$2:$G$9,$H$12)

D12 =SUMIFS($D$2:$H$9, $A$2:$E$9, $G$12, $C$2:$G$9, $H$12)

	A	B	C	D	E	F	G	H	I
1	工号	姓名	商品	业绩	工号	姓名	商品	业绩	
2	1121	李亮辉	A	99	1121	王 巍	C	99	
3	1126	张珺涵	A	96	1126	张珺涵	B	96	
4	1121	李亮辉	B	93	1121	李亮辉	A	93	
5	1132	王 巍	A	87	1132	王 巍	C	87	
6	1126	张珺涵	C	91	1126	张珺涵	C	91	
7	1121	李亮辉	A	90	1121	王 巍	C	90	
8	1121	李亮辉	B	93	1121	李亮辉	A	93	
9	1132	王 巍	A	88	1132	李亮辉	C	88	
10									
11				业绩统计			工号	商品	
12				375			1121	A	
13									

图 8-33　统计指定商品的销售业绩

与 SUMIF 函数一样，除了直接以“文本字符串”输入统计条件以外，SUMIFS 函数也支持直接引用“统计条件”单元格进行统计，以上公式针对指定的两个条件，分别在“工号”区域和“商品”区域中。

5. 统计指定条件平均值

在统计包含特定条件的平均值有多种方法，下面将举例介绍。

(1) 统计员工平均业绩。图 8-34 所示为各销售部门当日的销售业绩，在 H2:H4 区域中使用以下公式：

=AVERAGEIF($A$2:$A$10,$F2,$D$2:$D$10)

可以计算各部门销售业绩的平均值。

(2) 统计成绩大于等于平均分的总平均分。图 8-35 所示为在考试成绩表中将统计各科成绩中大于等于平均分的总平均分。

其中，在 D18 单元格利用 SUMIF 函数和 COUNTIF 函数统计，公式如下：

=SUMIF(C$2:C$14,">="&AVERAGE(C$2:C$14))/COUNTIF(C$2:C$14,">="&AVERAGE(C$2:C$14))

在 D19 单元格利用条件均值 AVERAGEIF 函数的公式如下：

=AVERAGEIF(C$2:C$14,">="&AVERAGE(C$2:C$14))

H2 =AVERAGEIF($A$2:$A$10, $F2, $D$2:$D$10)

	A	B	C	D	E	F	G	H	I
1	部门	姓名	性别	业绩		部门	人数	业绩平均	
2	销售A	李亮辉	男	156		销售A	4	126.3	
3	销售A	林雨馨	女	98		销售B	3	90.3	
4	销售A	莫静静	女	112		销售C	2	157.5	
5	销售A	刘乐乐	女	139					
6	销售B	许朝霞	女	93					
7	销售B	段程鹏	男	87					
8	销售B	杜芳芳	女	91					
9	销售C	杨晓亮	男	132					
10	销售C	张珺涵	男	183					
11									

图 8-34　统计各部门员工的平均业绩

D19 =AVERAGEIF(C$2:C$14,">="&AVERAGE(C$2:C$14))

	A	B	C	D	E	F	G	H
4	莫静静	女	91	93	88	96		
5	刘乐乐	女	96	87	93	96		
6	杨晓亮	男	92	91	87	90		
7	张珺涵	男	96	90	85	96		
8	姚妍妍	女	83	98	88	91		
9	许朝霞	女	93	88	91	82		
10	李 娜	女	87	98	89	88		
11	杜芳芳	女	91	93	96	90		
12	刘自建	男	82	88	87	82		
13	王 巍	男	96	93	90	91		
14	段程鹏	男	82	90	96	82		
15								
16	统计大于等于平均分的各科成绩的总平均分							
17				语文	数学	物理	化学	
18			总平均分	93.6	95.7	93.7	92.9	
19			AVERAGEIF	93.6	95.7	93.7	92.9	
20								

图 8-35　统计成绩大于平均分的总平均分

6. 查找常规表格数据

VLOOKUP 函数是用户在查找表格数据时使用频率非常高的一个函数。

(1) 查询学生班级和姓名信息。图 8-36 所示为根据 G2 单元格中的学号查询学生姓名,G3 单元格中的公式为:

=VLOOKUP(G2,$A$1:$D$14,2)

在 G6 单元格中使用以下公式:

=VLOOKUP(G5,$B$1:$D$14,2)

由于 B 列"姓名"未进行排序,使用模糊匹配查找结果将返回错误值"#N/A",结果如图 8-37 所示,因此应该使用精确匹配方式进行查找(第 4 个参数为 0),将公式改为:

=VLOOKUP(G5,$B$1:$D$14,2,0)

图 8-36 根据学号查询姓名　　　　　　　图 8-37 返回错误值

计算结果如图 8-38 所示。

在 G9 单元格输入公式:

=VLOOKUP(G8,$A$1:$D$14,2)

可以在 G9 单元格中根据学号查询学生的姓名,如图 8-39 所示。

图 8-38 根据姓名查询班级　　　　　　　图 8-39 根据学号查询学生姓名

(2) 查询学生的详细信息。图 8-40 所示为在工作表中根据学生的学号查找学生的详细信息。返回信息表中的第 1 至 4 列中信息,输入以下公式,然后将公式横向复制即可:

=VLOOKUP($G$2,$A$1:$D$14,COLUMN(A1),0)&""

以上公式添加"&"""字符串,主要用于避免查询结果为空时返回 0 值。

(3) 查询学生的成绩信息。图 8-41 所示为利用函数公式对学生的成绩进行查询,G4 单元格中的公式为:

=IFERROR(VLOOKUP($F4,$B$1:$D$14,COLUMNS($B:$D),),"查无此人")

若查询学生姓名存在于数据表中,将在 G 列返回其成绩,否则显示"查无此人"。

图 8-40　根据学号查询学生详细信息 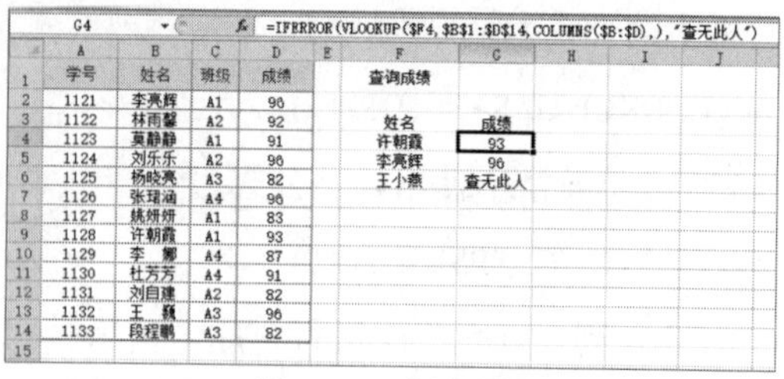　　　　图 8-41　查询成绩

以上公式主要使用 VLOOKUP 函数进行学生姓名查询,公式中使用的 IFERROR 函数使公式变得简洁,当 VLOOKUP 函数返回错误值(即没有该学生的信息)时,函数将返回"查无此人",否则直接返回 VLOOKUP 函数查询结果。另外,公式中利用 COLUMNS 函数返回数据表区域的总列数,可以避免人为对区域列数的手工计算,直接返回指定区域中最后一列的序列号,再将其作为参数传递给 VLOOKUP 函数返回查询结果。

7. 查找与定位

MATCH 函数是 Excel 中常用的查找定位函数,它主要用于确定查找值在查找范围中的位置,主要用于以下几个方面。

- 确定数据表中某个数据的位置。
- 对某个查找条件进行检验,确定目标数据是否存在于某个列表中。
- 由于 MATCH 函数的第 1 个参数支持数组,该函数也常用于数组公式的重复值判断。

下面将通过判断表格中的记录是否重复的实例介绍 MATCH 函数的用法。图 8-42 所示为在"辅助列"使用公式:

=IF(MATCH(B2,$B$2:$B$16,0)=ROW(A1),"","重复记录")

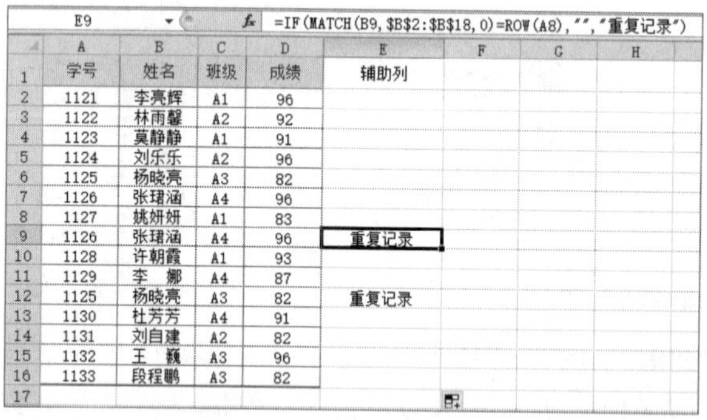

图 8-42　判断记录是否重复

判断员工姓名是否存在重复的方法:公式中利用查找当前行的员工姓名在姓名列表中的位置进行判断,如果相等,判断为唯一记录,否则判断为"重复记录"。另外,由于公式从 B2:B16 进行查找,因此返回的序号需要使用 ROW(A1)函数从自然数 1 开始比较。

8. 根据指定条件提取数据

INDEX 函数是 Excel 中常用的引用类函数,该函数可以根据用户在一个范围内容指定的行号和列号来返回值。下面将通过隔行提取数据的实例介绍该函数的常用用法。

图 8-43 所示为从左侧的数据表中隔行提示数据，F3 单元格中的公式为：

=INDEX($C$3:$C$8,ROW(A1)*2−1)

G3 单元格中的公式如下：

=INDEX($C$3:$C$8,ROW(A1)*2)

以上公式主要利用 ROW 函数生成公差为 2 的自然数序列，再利用 INDEX 函数取出数据。

F3　=INDEX($C$3:$C$8,ROW(A1)*2-1)

	A	B	C	D	E	F	G	H
1		隔行提取数据			数据提取			
2	序号	类型	姓名&籍贯		序号	姓名	籍贯	
3	1	姓名	李亮辉		1	李亮辉	北京	
4	2	籍贯	北京		2	林雨馨	廊坊	
5	3	姓名	林雨馨		3	张珺涵	武汉	
6	4	籍贯	廊坊					
7	5	姓名	张珺涵					
8	6	籍贯	武汉					
9								

G3　=INDEX($C$3:$C$8,ROW(A1)*2)

	A	B	C	D	E	F	G	H
1		隔行提取数据			数据提取			
2	序号	类型	姓名&籍贯		序号	姓名	籍贯	
3	1	姓名	李亮辉		1	李亮辉	北京	
4	2	籍贯	北京		2	林雨馨	廊坊	
5	3	姓名	林雨馨		3	张珺涵	武汉	
6	4	籍贯	廊坊					
7	5	姓名	张珺涵					
8	6	籍贯	武汉					
9								

图 8-43　从数据表中隔行提示数据

9. 合并单元格区域中的文本

在工作中，当需要将多个文本连接生成新的文本字符串时，可以使用以下几种方法。

- 使用文本合并运算符“&”。
- 使用 CONCATENATE 函数。
- 使用 PHONETIC 函数。

下面通过合并员工姓名和籍贯的实例介绍函数的应用。

图 8-44 所示为在 D 列合并 A 列和 B 列存放的员工姓名和籍贯数据。在 D2:D6 区域中使用以下几个公式，可以实现相同的效果：

=A2&B2

=CONCATENATE(A2,B2)

=PHONETIC(A2:B2)

D2　=PHONETIC(A2:B2)

	A	B	C	D	E	F
1	姓名	籍贯		合并姓名和籍贯		
2	李亮辉	北京		李亮辉北京		
3	林雨馨	北京		林雨馨北京		
4	莫静静	武汉		莫静静武汉		
5	刘乐乐	北京		刘乐乐北京		
6	杨晓亮	廊坊		杨晓亮廊坊		
7						

图 8-44　合并员工籍贯和姓名

10. 计算指定条件的日期

用户利用 DATE 函数，可以根据数据表中的日期计算指定年后的日期数据。下面通过计算员工退休日期实例介绍该函数的用法。

图 8-45 所示为在员工信息表中计算员工退休日期的计算(以男性 60 岁退休，女性 55 岁退休为例)，其中 H2 单元格中的公式为：

=DATE(LEFT(E2,4)+IF(C2="男",60,55),MID(E2,5,2),RIGHT(E2,2)+1)

图 8-45 计算员工退休日期

以上公式中利用文本提取函数从 E2 单元格的出生日期中分别提取年、月、日，同时公式根据年龄的要求对员工性别进行了判断，从而确定应该增加的年龄数，最后利用 DATE 函数生成最终的退休日期。

8.3 数据排序、筛选与分类汇总

使用 Excel 制作表格后，很多情况下需要对表格中的数据进行管理，也就是排序和汇总。在 Excel 2010 中，对数据的排序和汇总主要使用 Excel 中的排序和筛选功能。本章将主要介绍数据的排序、筛选以及分类汇总的相关知识。

8.3.1 数据的排序

在实际工作中，用户经常需要将工作簿中的数据按照一定顺序排列，以便查阅，例如，按照升、降排列名次。在 Excel 中，排序主要分为按单一条件排序、按多个条件排序和自定义条件排序等几种方式，下面将分别进行介绍。

1. 按单一条件排序数据

在数据量相对较少(或排序要求简单)的工作簿中，用户可以设置一个条件对数据进行排序处理。

【例 8-13】在"学生成绩表"工作表中按按单一条件排序表格数据。

(1) 打开"学生成绩表"工作表，选中 I 列中的任意单元格，选择【数据】选项卡，在【排序和筛选】组中单击【升序】按钮。

(2) 在打开的【排序提醒】对话框中选中【扩展选定区域】单选按钮，然后单击【排序】按钮。此时，表格中 I 列数据将从低到高的顺序重新排列。

2. 按多个条件排序数据

按多个条件排序数据可以有效避免排序时出现多个数据相同的情况，从而使排序结果符合工作的需要。

【例 8-14】在"学生成绩表"工作表中按按多个条件排序表格数据。

(1) 打开"学生成绩表"工作表，选中表格中的任意单元格。选择【数据】选项卡，然后单击【排序和筛选】组中的【排序】按钮。

(2) 在打开的【排序】对话框中单击【主要关键字】下拉列表按钮，在弹出的下拉列表中选中【总分】选项；单击【排序依据】下拉列表按钮，在弹出的下拉列表中选中【数值】选项；单击【次序】下拉列表按钮，在弹出的下拉列表中选中【升序】选项，如图 8-46 所示。

(3) 在【排序】对话框中单击【添加条件】按钮，添加次要关键字，然后单击【次要关键字】下拉列表按钮，在弹出的下拉列表中选中【数学】选项；单击【排序依据】下拉列表按钮，在弹出的下拉列表中选中【数值】选项；单击【次序】下拉列表按钮，在弹出的下拉列表中选中【升序】选项，如图8-47所示。

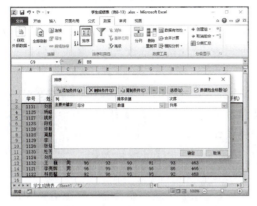

图8-46 设置【排序】对话框

图8-47 添加排序条件

(4) 单击【确定】按钮，即可按照"总分"和"数学"成绩的【升序】条件排序表格数据。

3. 自定义条件排序数据

在Excel中，用户除了可以按单一或多个条件排序数据，还可以根据需要自行设置排序的条件，即自定义条件排序。

【例8-15】在"学生成绩表"工作表中自定义排序"性别"列数据。

(1) 打开"学生成绩表"工作表选中A2:I15单元格区域，选择【数据】选项卡，然后单击【排序和筛选】组中的【排序】按钮。

(2) 打开【排序】对话框，单击【主要关键字】下拉列表按钮，在弹出的下拉列表中选中【性别】选项；单击【次序】下拉列表按钮，在弹出的下拉列表中选中【自定义序列】选项。

(3) 打开【自定义序列】对话框，在【输入序列】文本框中输入自定义排序条件【男,女】，单击【添加】按钮，再单击【确定】按钮，如图8-48所示。

图8-48 设置自定义排序

(4) 返回【排序】对话框后，在该对话框中单击【确定】按钮，即可完成自定义排序操作。

8.3.2 数据的筛选

在 Excel 中，用户除了可以对数据进行排序，还可以筛选数据，即在内容庞杂的工作簿中准确地查找到某一个或某一些符合条件的数据，从而提高工作效率。

1. 自动筛选数据

使用 Excel 2010 自带的筛选功能，可以快速筛选表格中的数据。筛选功能有助于用户从大量记录的数据清单中快速查找符合某种条件记录。使用筛选功能筛选数据时，字段名称将变成一个下拉列表框的框名。

【例 8-16】在"学生成绩表"工作表中自动筛选出总分最高的 3 条记录。

(1) 打开"学生成绩表"工作表，在【数据】选项卡【排序和筛选】组中，单击【筛选】按钮，进入筛选模式，显示筛选条件按钮。

(2) 单击 I2 单元格中的筛选条件按钮，在弹出的菜单中选中【数字筛选】|【10 个最大的值】选项，如图 8-49 所示。

(3) 在打开的【自动筛选前 10 个】对话框中单击【显示】下拉列表按钮，在弹出的下拉列表中选中【最大】选项，然后在其后的文本框中输入参数 3。

(4) 完成以上设置后，在【自动筛选前 10 个】对话框中单击【确定】按钮，即可筛选出【总分】列中数值最大的 3 条数据记录，如图 8-50 所示。

图 8-49　筛选 10 个最大值

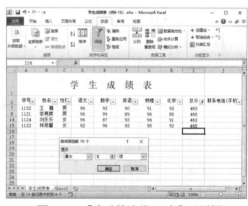

图 8-50　【自动筛选前 10 个】对话框

2. 多条件筛选数据

对筛选条件较多的情况，可以使用高级筛选功能来处理。使用高级筛选功能，必须先建立一个条件区域，用来指定筛选的数据所需满足的条件。条件区域的第一行是所有作为筛选条件的字段名，这些字段名与数据清单中的字段名必须完全一致。条件区域的其他行则是筛选条件。需要注意的是，条件区域和数据清单不能连接，必须用一个空行将其隔开。

【例 8-17】在"学生成绩表"工作表中筛选出语文成绩大于 80 分，数学成绩大于 90 分的数据记录。

(1) 打开"学生成绩表"工作表，在 A17 单元格中输入"语文"，在 B17 单元格中输入"数学"，在 A18 单元格输入>80，在 B18 单元格输入>90，在【数据】选项卡【排序和筛选】组中，单击【筛选】按钮，进入筛选模式。

(2) 选择【数据】选项卡,然后单击【排序和筛选】组中的【高级】按钮。

(3) 在打开的【高级筛选】对话框中单击【列表区域】文本框后的按钮,在工作表中选中 A2:I15 区域,如图 8-51 所示。

(4) 单击【条件区域】文本框后的按钮,在工作表中选中 A17:B18 单元格区域,然后按下 Enter 键,如图 8-52 所示。

图 8-51 【高级筛选】对话框

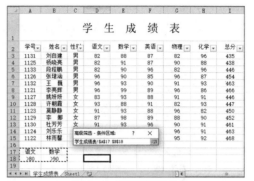

图 8-52 设置条件区域

(5) 返回【高级筛选】对话框,选中【将筛选结果复制到其他位置】单选按钮,然后单击【复制到】文本框后的按钮,如图 8-53 所示。

(6) 在工作表中选中 A20 单元格并按下 Enter 键,返回【高级筛选】对话框,单击【确定】按钮,即可筛选出表格中语文成绩大于 80 分,数学成绩大于 90 分的数据记录,如图 8-54 所示。

图 8-53 设置【复制到】区域

图 8-54 多条件筛选结果

3. 筛选不重复值

重复值是用户在处理表格数据时常遇到的问题,使用高级筛选功能可以得到表格中的不重复值(或不重复记录)。

【例 8-18】在"学生成绩表"工作表中筛选出语文成绩不重复的记录。

(1) 打开"学生成绩表"工作表,单击【数据】选项卡【排序和筛选】组中的【高级】按钮。

(2) 在打开的【高级筛选】对话框中选中【选择不重复的记录】复选框,然后单击【列表区域】文本框后的按钮,选中 D3:D15 单元格区域,然后按下 Enter 键。

(3) 返回【高级筛选】对话框后，单击【确定】按钮，即可筛选出工作表中语文成绩不重复的数据记录。

4. 模糊筛选数据

有时筛选数据的条件可能不够精确，只知道其中某一个字或内容，用户可以用通配符来模糊筛选表格内的数据。

【例 8-19】在"学生成绩表"工作表中筛选出姓"刘"且名字包含 3 个字的数据。

(1) 打开"学生成绩表"工作表，单击【数据】选项卡【排序和筛选】组中的【筛选】按钮，进入筛选模式。

(2) 单击 B2 单元格中的筛选条件按钮，在弹出的菜单中选择【文本筛选】|【自定义筛选】命令，如图 8-55 所示。

(3) 在打开的【自定义自动筛选方式】对话框中单击【姓名】下拉列表按钮，在弹出的下拉列表中选中【等于】选项，并在其后的文本框中输入"刘??"，如图 8-56 所示。

图 8-55 自定义筛选

图 8-56 【自定义自动筛选方式】对话框

(4) 在【自定义自动筛选方式】对话框中单击【确定】按钮，即可筛选出姓名为"刘"，且名字包含 3 个字的数据记录。

8.3.3 分类汇总

分类汇总是指在按某一条件对数据进行分类的同时，对同一类别中的数据进行统计运算。分类汇总被广泛应用于财务、统计等领域，用户要灵活掌握其使用方法，应掌握创建、隐藏、显示及删除等操作。

1. 创建分类汇总

Excel 2010 可以在数据清单中自动计算分类汇总及总计值。用户只需指定需要进行分类汇总的数据项、待汇总的数值和用于计算的函数(如求和函数)即可。如果使用自动分类汇总，工作表必须组织成具有列标志的数据清单。在创建分类汇总之前，用户必须先根据需要对分类汇总的数据列进行数据清单排序。

【例 8-20】在"学生成绩表"工作表中将"总分"数据按"性别"分类,并按"性别"汇总总分平均值。

(1) 打开"学生成绩表"工作表,选择【数据】选项卡,在【排序和筛选】组中单击【排序】按钮。

(2) 打开【排序】对话框,在当前工作表中自定义排序"性别"列数据。

(3) 在【数据】选项卡的【分级显示】组中单击【分类汇总】按钮。

(4) 在打开的【分类汇总】对话框中单击【分类字段】下拉列表按钮,在弹出的下拉列表中选中【性别】选项;单击【汇总方式】下拉列表按钮,在弹出的下拉列表中选中【平均值】选项;在【选定汇总项】列表中选中【总分】选项;分别选中【替换当前分类汇总】复选框和【汇总结果显示在数据下方】复选框,如图 8-57 所示。

(5) 单击【确定】按钮,即可查看表格分类汇总后的效果,如图 8-58 所示。

图 8-57 【分类汇总】对话框

图 8-58 分类汇总结果

2. 隐藏分类汇总

为了方便用户查看数据,可将分类汇总后暂时不需要使用的数据隐藏,从而减小界面的占用空间,当需要查看时再将其显示。

【例 8-21】在"学生成绩表"工作表隐藏除汇总外的所有分类数据,并显示性别为"男"的学生成绩详细数据。

(1) 继续【例 8-20】的操作,选中 C9 单元格,然后在【数据】选项卡的【分级显示】组中单击【隐藏明细数据】按钮。此时性别为"男"的学生成绩数据将被隐藏。

(2) 重复步骤(1)的操作,选中 C17 单元格,然后单击【隐藏明细数据】按钮,将性别为"女"的学生成绩数据隐藏。

(3) 选中 C9 单元格,然后单击【数据】选项卡【分级显示】组中的【显示明细数据】按钮,即可重新显示性别为"男"的学生成绩数据。

3. 删除分类汇总

查看完分类汇总后,若用户需要将其删除,恢复原先的工作状态,可以在 Excel 中删除分类汇总,具体方法如下。

【例 8-22】在"学生成绩表"工作表删除设置的分类汇总。

(1) 继续【例 8-21】的操作,在【数据】选项卡中单击【分类汇总】按钮。

(2) 打开【分类汇总】对话框,单击【全部删除】按钮即可删除表格中的分类汇总。此时表格内容将恢复设置分类汇总前的状态。

8.4 数据的合并计算

合并计算就是将不同工作表或工作簿中结构或内容相同的数据合并到一起进行快速计算，并得出结果。合并计算通常分为按类合并计算和按位置合并计算两种，下面将分别进行介绍。

8.4.1 按类合并计算

若表格中的数据内容相同，但表头字段、记录名称或排列顺序不同时，就不能使用按位置合并计算，此时可以使用按类合并的方式对数据进行合并计算。

【例 8-23】在"学生成绩表"工作簿中合并计算"第一次模拟考试"和"第二次模拟考试"的总分。

(1) 打开"学生成绩表"工作簿后，选中【总分】工作表中的 A1 单元格。

(2) 选择【数据】选项卡，在【数据工具】组中单击【合并计算】选项。

(3) 在打开的【合并计算】对话框中单击【函数】下拉列表按钮，在弹出的下拉列表中选中【求和】选项。单击【引用位置】文本框后的 按钮，如图 8-59 所示。

(4) 切换到"第一次模拟考试"工作表，选中 A1:C14 单元格区域，并按下 Enter 键，如图 8-60 所示。

图 8-59　【合并计算】对话框

图 8-60　选择 A1:C14 单元格区域

(5) 返回【合并计算】对话框后，单击【添加】按钮，将引用的位置添加到【所有引用位置】列表框中。

(6) 使用相同的方法，引用"第二次模拟考试"工作表中的 A1:C14 单元格区域数据，然后在【合并计算】对话框中选中【首行】和【最左列】复选框，并单击【确定】按钮。此时，Excel 软件将自动切换到"总分"工作表，显示按类合并计算的结果。

8.4.2 按位置合并计算

采用按位置合并计算须要求多个表格中数据的排列顺序与结构完全相同，如此才能得出正确的计算结果。

【例 8-24】利用按位置合并计算,在"学生成绩表"工作簿中计算"第一次模拟考试"和"第二次模拟考试"的总分。

(1) 打开"学生成绩表"工作簿后,选中"总分"工作表中的 D2 单元格。

(2) 选择【数据】选项卡,在【数据工具】组中单击【合并计算】选项，在打开的【合并计算】对话框中单击【函数】下拉列表按钮,并在弹出的下拉列表中选中【求和】选项。单击【引用位置】文本框后的 按钮,如图 8-61 所示。

(3) 切换到"第一次模拟考试"工作表,选中 D2:D14 单元格区域,然后按下 Enter 键,如图 8-62 所示。

图 8-61　添加引用位置

图 8-62　设置引用位置

(4) 返回【合并计算】对话框后,单击【添加】按钮,将引用的位置添加到【所有引用位置】列表框中。

(5) 再次单击 按钮,选择"第二次模拟考试"工作表,Excel 将自动将该工作表中的相同单元格区域添加到【合并计算】对话框的【引用位置】文本框中。

(6) 在【合并计算】对话框中单击【添加】按钮,取消【首行】和【最左列】复选框的选中状态,再单击【确定】按钮,即可在"总分"工作表中查看合并计算结果。

8.5　使用条件格式功能

Excel 中的条件格式功能可以根据指定的公式或数值来确定搜索条件,然后将格式应用到符合搜索条件的选定单元格中,并突出显示要检查的动态数据。

【例 8-25】在"学生成绩表"工作表中,设置以绿填充色、深绿色文本突出显示科目成绩"大于 95 分"的单元格。

(1) 打开"学生成绩表"工作簿,选定 D3:H15,在【开始】选项卡【样式】组中单击【条件格式】按钮,从弹出的菜单中选择【突出显示单元格规则】|【大于】命令,如图 8-63 所示。

(2) 打开【大于】对话框,在【为大于以下值的单元格设置格式】文本框中输入 95,在【设置为】下拉列表框中选择【绿填充色深绿色文本】选项,单击【确定】按钮,如图 8-64 所示。

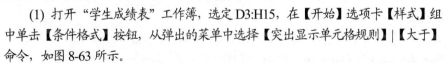

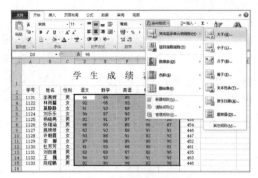

图 8-63 选择【大于】命令

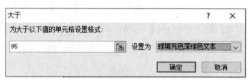

图 8-64 【大于】对话框

8.6 综合案例

1. 使用 Excel 2010 制作"水电费收缴登记表"工作表,完成以下操作。
(1) 填充"水费""电费"列数据,使用公式计算各房间的水电费值。
(2) 填充"应收金额"列数据,使用公式计算各房间水电费的应收金额。
(3) 填充"宿舍长签字"列数据,在该列填充各房间舍长姓名。
(4) 填充"总计"行数据,分别计算"水费""电费"和"应收金额"的合计值。
2. 制作"学生成绩表"工作表,完成以下操作。
(1) 使用函数计算"个人平均分"列、"课程平均分"行、"课程最高分"行、"课程最低分"行数据。
(2) 使用函数根据"个人平均分"列数据对学生进行排名。
(3) 使用函数根据"个人平均分"列评定所有学生在本学期成绩的"等级"。
(4) 利用查找函数,在表格中实现输入学生名称查找考试成绩排名和平均分。
3. 使用 Excel 2010 处理"学生成绩表"工作表,完成以下操作。
(1) 使用公式在"学生成绩表"中计算学生考试总分。
(2) 在"学生成绩表"将 I2 单元格中的公式复制到 I3:I15 区域。
(3) 在"学生成绩表"中通过合并区域引用计算学生成绩排名。
(4) 在"学生成绩表"中通过交叉引用查询"张珺涵"的数学考试成绩。
(5) 在"学生成绩表"中使用函数计算学生考试平均分。
(6) 在"学生成绩表"中使用函数统计考试成绩分段人数。
(7) 在"学生成绩表"中利用函数为考试成绩划分等次。
4. 使用 Excel 2010 处理"教师基本信息表"工作表中的数据,完成以下操作。
(1) 在"教师基本信息表"中设置按"性别"排序数据。
(2) 设置筛选出数据表中"计算机系"的教师。
(3) 设置筛选出数据表中"王"姓教师。
(4) 设置筛选数据表中基本工资大于 2000 且小于 3000 的记录。
(5) 在"教师基本信息表"中创建分类汇总,汇总各院系教师"基本工资"的平均值。

(6) 在“教师基本信息表”创建数据透视表。

5. 使用 Excel 制作一个如图 8-65 所示的考试成绩查询表用于查询考试成绩，完成如下操作。

在 D11 单元格中使用公式：=VLOOKUP(D10,$A$2:$H$7,2,TRUE)。

在 D12 单元格中使用公式：=VLOOKUP(D10,$A$2:$H$7,3,TRUE)。

在 D13 单元格中使用公式：=VLOOKUP(D10,$A$2:$H$7,4,TRUE)。

在 D14 单元格中使用公式：=VLOOKUP(D10,$A$2:$H$7,5,TRUE)。

在 D15 单元格中使用公式：=VLOOKUP(D10,$A$2:$H$7,6,TRUE)。

在 D16 单元格中使用公式：=VLOOKUP(D10,$A$2:$H$7,7,TRUE)。

在 D17 单元格中使用公式：=VLOOKUP(D10,$A$2:$H$7,8,TRUE)。

	A	B	C	D	E	F	G	H	I
1	考成成绩查询表								
2	姓名	语文	数学	英语	美术	体育	总成绩	名次	
3	杨晓亮	82	91	87	90	88	438	5	
4	张珺涵	96	90	85	96	87	454	1	
5	姚妍妍	83	93	88	91	91	446	4	
6	许朝霞	93	88	91	82	93	447	3	
7	李 娜	87	98	89	88	90	452	2	
8									
9		查询详细成绩							
10			输入学生姓名	杨晓亮					
11			语文	82					
12			数学	91					
13			英语	87					
14			美术	90					
15			体育	88					
16			总成绩	438					
17			名次	5					
18									

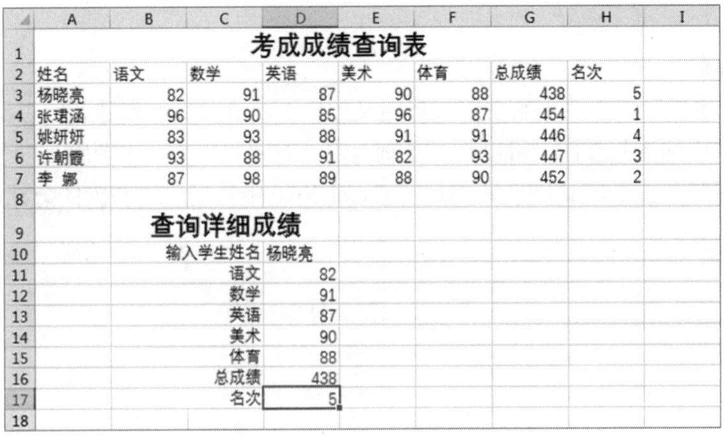

图 8-65　考试成绩查询表

8.7 课后习题

1. 在 Excel 2010 中，Σ 按钮的意思是(　　)。

　A. 自动求积　　B. 自动求差　　C. 自动求除　　D. 自动求和

2. 在 Excel 2010 的工作表操作中，可以将公式=B1+B2+B3+B4 转换为(　　)。

　A. SUM(B1:B5)　　B. =SUM(B1:B4)　　C. =SUM(B1:B5)　　D. SUM(B1:B4)

3. 在 Excel 2010 中，输入公式=$C$1+$E$1，这种引用方式是(　　)。

　A. 混合引用　　B. 绝对引用　　C. 相对引用　　D. 三维引用

4. 在Excel中，复制引用公式分为两种类型：相对引用和绝对引用。相对引用主要用于(　　)。

　A. 同一个工作表　　B. 两个工作表　　C. 3 个工作表　　D. 多个工作表

5. 在使用 Excel 的自动分类汇总功能时，系统将自动在清单底部插入一个(　　)行。

　A. 总计　　B. 求和　　C. 求积　　D. 求最大值

6. 在 Excel 中，单元格中出现的#N/A 是指在函数或公式中没有(　　)时产生的错误信息。

　A. 被 0 除　　B. 被 0 乘　　C. 可用数值　　D. 以上都不对

第 9 章
使用Excel宏与模板

☑ **学习目标**

Excel 支持模板功能,使用其内置或自定义的模板,可以快速创建新的工作簿与工作表。对于 Excel 中常用的一些操作,可以将其录制为宏,方便用户的多次调用,以达到提高制作电子表格效率的目的。本章将详细介绍如何在 Excel 2010 中使用模板与宏的方法。

☑ **知识体系**

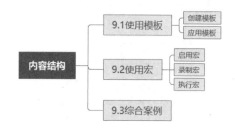

☑ **重点内容**
- 使用模板创建 Excel 表格
- 启用、录制与编辑宏

9.1 使用模板

模板是包含指定内容和格式的工作簿,在模板中可包含特定的格式、样式、标准的文本(如页眉和行列标志)和公式等。使用模板可以简化工作并节约时间,从而提高工作效率。

9.1.1 创建模板

Excel 内置的模板有时并不能完全满足用户的实际需要,这时可按照自己的需求创建新的模板。通常,创建模板都是先创建一个工作簿,然后在工作簿中按要求将其中的内容进行格式化,最后将工作簿另存为模板形式,便于以后调用。

【例 9-1】将"学生成绩表"工作簿保存为模板。

(1) 单击【文件】按钮,在弹出的菜单中选择【另存为】命令(或按下 F12 键)。

(2) 打开【另存为】对话框,然后在该对话框中单击【保存类型】下拉列表按钮，在弹出的下拉列表中选中【Excel 模板】选项，然后单击【保存】按钮即可。

9.1.2 应用模板

用户创建模板的目的在于应用该模板创建其他基于该模板的工作簿，那么需要在使用模板的时候，可以在【新建】选项区域中选择【根据现有内容新建】选项。

【例 9-2】应用模板创建工作簿。

(1) 单击【文件】按钮，在弹出的菜单中选择【新建】命令，在显示的选项区域中单击【根据现有内容新建】选项。

(2) 在打开的对话框中选中【例 9-1】创建的模板文件后，单击【新建】按钮，如图 9-1 所示。此时即可使用"学生成绩表"模板创建工作簿文件。

图 9-1　根据现有模板创建工作簿

9.2　使用宏

VBA(Visual Basic for Applications)是 Visual Basic 的一种宏语言，主要用来扩展 Windows 的应用程序功能。使用 Excel 的 VBA 开发的 Excel 文档，在 Excel 中运行时需要开启 Excel 的宏功能，否则此文档的 VBA 自动化功能将被完全屏蔽，文档的功能无法实现。

9.2.1 启用宏

在 Excel 2010 中，用户可以参考下面介绍的方法启用宏功能和相应的开发工具。

【例 9-3】在 Excel 2010 中启用宏功能。

(1) 启动 Excel 2010 后，单击【开始】按钮，在弹出的菜单中选择【选项】命令，如图 9-2 所示。

(2) 在打开的【Excel 选项】对话框中选择【信任中心】选项，然后在显示的选项区域中单击【信任中心设置】按钮。

(3) 打开【信任中心】对话框，然后选择【宏设置】选项，在显示的选项区域中选中【启用所有宏】单选按钮，并单击【确定】按钮，如图 9-3 所示。

图 9-2　打开 Excel 选项

图 9-3　设置【信任中心】对话框

9.2.2　录制宏

在录制宏前，需要对宏进行一些准备工作，如定义宏的名称、设置宏的保存位置、设置宏的快捷键等。在 Excel 2010 中选择【开发工具】选项卡，在【代码】组中单击【录制宏】选项。打开【录制新宏】对话框，在该对话框中可以完成录制宏前的准备操作，如图 9-4 所示。

图 9-4　打开【录制新宏】对话框

在【录制新宏】对话框中，各选项的功能介绍如下。

（1）【宏名】文本框：可以输入新录制宏的名称。

（2）【快捷键】选项区域：可以设置宏的快捷键。选定文本框后，在键盘上按下要设置的快捷键即可。

（3）【保存在】下拉列表框：可以设置将宏保存在当前工作簿、新工作簿或个人宏工作簿 3 个地方。

（4）【说明】文本区域：用户可以输入对该宏的相关说明。

在 Excel 中设置录制宏，打开【录制新宏】对话框之前，应先在工作簿中选择要录制的单元格区域。在选择录制宏的单元格区域时，要求所选的单元格区域中没有任何数据。

【例 9-4】在"一月份工资"工作表中，设置要录制宏的名称为"添加记录"，设置执行宏的快捷键为 Ctrl+a 键。

（1）打开"一月份工资"工作表，选定 A4:D12 单元格区域为录制宏的区域，如图 9-5 所示。

（2）在【开发工具】选项卡的【代码】组中单击【录制宏】选项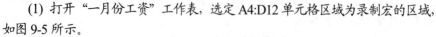，打开【录制宏】对话框，并在该对话框的【宏名】文本框中输入文本"添加记录"。
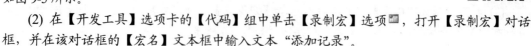

(3) 在【快捷键】文本框中输入 a，在【保存在】下拉列表框中选择【当前工作簿】选项，完成后单击【确定】按钮，即可完成录制宏前的准备操作并开始录制宏，如图 9-6 所示。

图 9-5　录制宏　　　　　　　　　　　　图 9-6　设置宏

完成录制宏的准备操作后，即可开始录制新宏，方法为：在准备时选定的单元格区域中完成所要录制的操作，如输入数据、设定函数等，完成后在【代码】组中单击【停止录制】按钮即可。

【例 9-5】在"一月份工资"工作表中完成录制添加记录的操作。

(1) 单击【文件】按钮，在打开的界面中选择【选项】命令，打开【Excel 选项】对话框。

(2) 在【Excel 选项】对话框中选中【自定义功能区】选项，并在显示的选项区域中的【自定义功能区】列表框中选中【数据】选项，并单击【新建组】按钮，创建一个【新建组(自定义)】组，如图 9-7 所示。

(3) 单击【重命名】按钮，在打开的【重命名】对话框的【显示名称】文本框中输入文本"记录"，然后单击【确定】按钮，如图 9-8 所示。

图 9-7　创建新组　　　　　　　　　　　图 9-8　【重命名】对话框

(4) 单击【从下列位置选择命令】下拉列表按钮，在弹出的下拉列表中选中【所有命令】选项，然后在其下方的列表框中选中【记录单】选项，并单击【添加】按钮，如图 9-9 所示。

(5) 在【Excel 选项】对话框中单击【确定】按钮，返回"一月份工资"工作表，在【开发工具】组中单击【录制宏】选项，然后参考【例9-4】的操作，打开【录制宏】对话框，并设置该对话框中的宏名称(添加记录)、快捷键(Ctrl+b)和保存位置(当前工作簿)。

（6）在【录制宏】对话框中单击【确定】按钮后，选择【数据】选项卡，在【记录】组中单击【记录单】选项。

（7）打开【一月份工资】对话框，然后在该对话框中单击【关闭】按钮，如图9-10所示。

 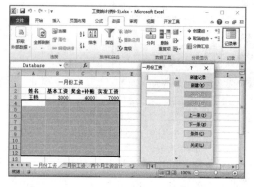

图9-9　添加记录单　　　　　　　　　　　图9-10　录制操作

（8）在【开发工具】选项卡的【代码】组中单击【停止录制】按钮。

在录制宏的过程中尽量不要进行其他操作，以免Excel将其视为宏命令的一部分，从而增大执行宏时的时间与系统负载。

9.2.3　执行宏

录制完成宏后，即可将宏保存在指定的工作簿中。需要注意的是，为了防止宏病毒，Excel 2010默认的安全级别为【禁用所有宏，并且不通知】，此时无法在工作簿中执行宏。因此在执行宏前，用户应参考【例9-3】所介绍的方法启用宏，才能运行宏。

在Excel中，用户可以使用以下3种方法来执行宏。

- 通过【宏】对话框执行。
- 利用快捷键执行。
- 利用Visual Basic编辑器执行。

1. 通过【宏】对话框执行宏

在【开发工具】选项卡的【代码】组中单击【宏】选项，即可打开【宏】对话框。在该对话框中可以对宏进行执行、删除等操作，如图9-11所示。

在【宏】对话框中，各选项的功能说明如下。

（1）在【宏名】列表框中，显示所有已经创建的宏，单击宏名即可将其选定。

（2）在【位置】下列表框中，可以选择显示所有打开的工作簿当中的宏，或者只显示当前工作簿中的宏，或显示宏工作簿中保存的宏。

（3）单击【执行】按钮，可以执行当前选定的宏。

（4）单击【单步执行】按钮，可以打开Visual Basic编辑器，并逐步执行宏操作。

(5) 单击【编辑】按钮,可以打开 Visual Basic 编辑器,在其中可以自定义编辑宏操作。

(6) 单击【删除】按钮,可以删除当前选定的宏。

(7) 单击【选项】按钮,可以打开【宏选项】对话框,在其中可以设置当前选定宏的快捷键与说明文本。

(8) 在【说明】选项区域中,会显示当前选定宏的说明文本。

【例 9-6】在"一月份工资"工作表中,通过【宏】对话框执行"添加记录"宏。

(1) 继续【例 9-5】的操作,在【开发工具】选项卡的【代码】组中单击【宏】选项,打开【宏】对话框,如图 9-11 所示。

(2) 在【宏名】列表框中选中【添加记录】选项,然后单击【执行】按钮,打开【一月份工资】对话框,如图 9-12 所示。

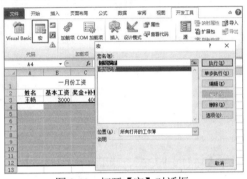

图 9-11 打开【宏】对话框

图 9-12 【一月份工资】对话框

(3) 在【一月份工资】对话框中单击【新建】按钮,新建一个记录。

(4) 在【一月份工资】对话框中的【姓名】、【基本工资】、【奖金+补贴】、【实发工资】文本框中依次输入具体的数据,然后单击【关闭】按钮,如图 9-13 所示。

(5) 在"一月份工资"工作表中添加相应的数据记录,如图 9-14 所示。

图 9-13 添加记录

图 9-14 在工作表中添加记录

(6) 重复以上操作,即可使用录制的宏完成数据记录的添加工作。

2. 利用快捷键执行宏

执行宏的方法中,最方便的方法就是利用在录制宏前设置的快捷键。在要执行宏的工作簿中,使用宏快捷键即可快速执行宏,在空白工作表中使用宏的快捷键即可。

若要修改宏的快捷键，可以在【宏】对话框中单击【选项】按钮，打开【宏选项】对话框。在其中即可修改宏的快捷键，如图 9-15 所示。

3. 利用 Visual Basic 编辑器执行宏

利用 Excel 自带的 Visual Basic 编辑器，也可以执行宏，方法为：打开录制宏的工作簿，在【开发工具】选项卡的【代码】组中单击 Visual Basic 选项，打开【Visual Basic 编辑器】窗口，如图 9-16 所示。

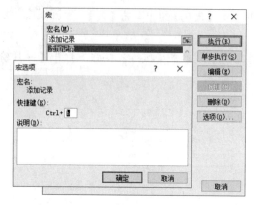

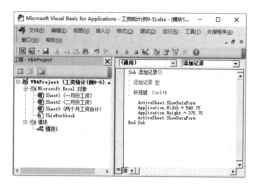

图 9-15　设置宏快捷键　　　　　　　　图 9-16　Visual Basic 编辑器

在【Visual Basic 编辑器】窗口菜单栏中选择【运行】|【运行子过程/用户窗体】命令，可以打开【宏】对话框，在【宏名称】列表框中选择要执行的宏，然后单击【运行】按钮执行宏。

另外，打开【Visual Basic 编辑器】窗口后，按 F5 快捷键，可以快速执行宏。

9.3　综合案例

1. 打开素材文件中的"同学信息明细表"工作簿，完成以下操作。

(1) 将 Sheet1 工作表中的内容复制到 Sheet2 工作表中。

(2) 在 Sheet1 工作表中，运用单元格的绝对引用，以 JDYY 为宏名录制宏，将宏保存在"当前工作簿"中，要求设置单元格区域 A2:K17 的外边框线为粗实线，内边框线为细实线。

(3) 在 Sheet1 工作表中，运用单元格的相对引用，以 XDYY 为宏名录制宏，创建快捷键 Ctrl+z，将宏保存在"当前工作簿"中，要求设置单元格的字体为"隶书""加粗"，字号为 18 磅。

(4) 在 Sheet2 工作表中，运行 JDYY 宏。

(5) 在 Sheet2 工作表中的 A1 单元格，运用快捷键运行 XDYY 宏。

2. 使用 Excel 2010 制作"成绩统计"工作簿，完成以下操作。

(1) 创建"成绩统计"工作簿，然后将其保存为同名模板，并修改模板中表格的边框和文本样式。

(2) "成绩统计"工作簿包含 2 张结构相同的工作表，将第一张工作表的操作录制为宏，然后通过宏快速创建另外一张工作表内容。

3. 基于上题的"成绩统计"工作簿，完成以下操作。

(1) 在工作簿中利用 Visual Basic 编辑器批量创建多个工作表。

(2) 利用 Visual Basic 编辑器将工作簿中的工作表拆分成单独的工作簿。

9.4 课后习题

1. 如何在 Excel 中创建模板？
2. 什么是宏？使用宏有什么优点？
3. 如何修改宏的快捷键？

第 10 章
使用图表与数据透视表

☑ **学习目标**

在 Excel 电子表格中，通过插入图表可以更直观地表现表格中数据的发展趋势或分布状况，用户可以创建、编辑和修改各种图表来分析表格内的数据。本章主要介绍图表的制作和编辑的操作技巧。

☑ **知识体系**

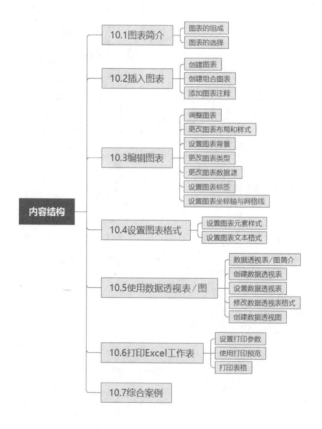

☑ **重点内容**

- Excel 图表的创建、编辑与修改
- 使用数据透视图/表分析表格数据
- 设置并打印 Excel 工作表

10.1 图表简介

为了更加直观地表达电子表格中的数据，用户可将数据以图表的形式来表示，图表在制作电子表格时具有极其重要的作用。本节将介绍 Excel 图表的一些基础知识，帮助用户更全面地认识图表。

10.1.1 图表的组成

在 Excel 电子表格中，图表通常有两种存在方式：一种是嵌入式图表，另一种是图表工作表。其中，嵌入式图表就是将图表看作一个图形对象，并作为工作表的一部分进行保存；图表工作表是工作簿中具有特定工作表名称的独立工作表。在需要独立于工作表数据查看、编辑庞大而复杂的图表或需要节省工作表上的屏幕空间时，可以使用图表工作表。无论是建立哪一种图表，创建图表的依据都是工作表中的数据。当工作表中的数据发生变化时，图表便会随之更新。图表的组成如图 10-1 所示。

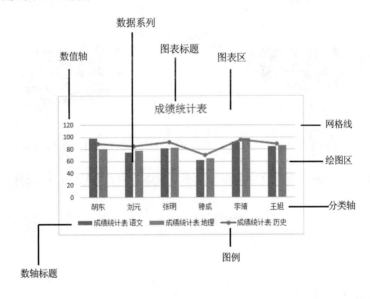

图 10-1　图表的组成

10.1.2 图表的选择

Excel 2010 提供了多种图表，如柱形图、折线图、饼图、条形图、面积图等，各种图表各有优点，适用于不同的场合。

(1) 柱形图：可直观地对数据进行对比分析以得出结果。在 Excel 中，柱形图又可细分为二维柱形图、三维柱形图、圆柱图、圆锥图以及棱锥图，如图 10-2 所示。

(2) 折线图：可直观地显示数据的走势情况。在 Excel 中，折线图又分为二维折线图与三维折线图，如图 10-3 所示。

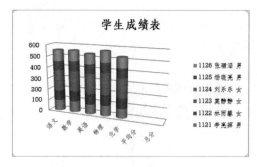
图 10-2　柱形图

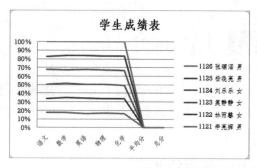
图 10-3　折线图

(3) 饼图：可直观地显示数据占有比例，而且比较美观。在 Excel 中，饼图又可分为二维饼图、三维饼图、复合饼图等多种，如图 10-4 所示。

(4) 条形图：是横向的柱形图，如图 10-5 所示，其作用与柱形图相同，可直观地对数据进行对比分析。在 Excel 中，条形图又可分为簇状条形图、堆积条形图等。

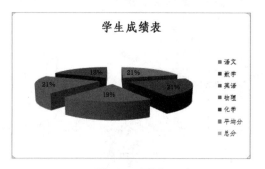
图 10-4　饼图

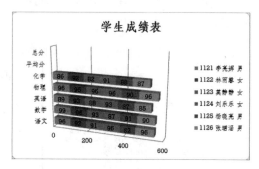
图 10-5　条形图

(5) 面积图：可能直观地显示数据的大小与走势范围。在 Excel 中，面积图又可分为二维面积图与三维面积图。

除了上面介绍的图表外，Excel 2010 还包括散点图、股价图、曲面图、组合图以及雷达图等类型图表。

10.2　插入图表

在 Excel 2010 中，创建图表的方法有使用快捷键创建、使用功能区创建和使用图表向导创建 3 种方法，本节主要介绍使用图表向导来插入图表。此外本节还介绍如何创建组合图表以及添加图表中的注释。

10.2.1　创建图表

使用 Excel 2010 提供的图表向导，可以方便、快速地建立一个标准类型或自定义类型的图表。在图表创建完成后，仍然可以修改其各种属性，以使整个图表更趋于完善。

【例10-1】在"学生成绩表"工作表中,使用图表向导创建图表。

(1) 打开"学生成绩表"工作表,按住 Ctrl 键选中表格中的数据区域,选择【插入】选项卡,在【图表】组中单击【查看所有图表】按钮,打开【插入图表】向导对话框。

(2) 在【插入图表】对话框左侧的导航窗格中选择图表类型,在右侧的列表框中选择一种图表样式,并单击【确定】按钮,如图 10-6 所示。

(3) 此时,在工作表中创建如图 10-7 所示的图表(此时 Excel 将自动打开【图表工具】的【图表工具】选项卡)。

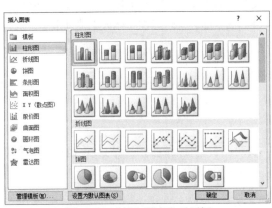

图 10-6 【插入图表】对话框

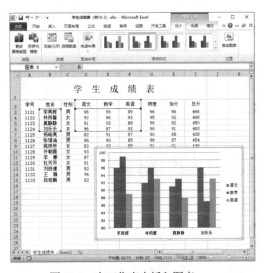

图 10-7 在工作表中插入图表

在 Excel 2010 中,按 Alt+F1 快捷键或者按 F11 键可以快速创建图表。使用 Alt+F1 快捷键创建的是嵌入式图表,而使用 F11 键创建的是图表工作表。在 Excel 2010 功能区中,打开【插入】选项卡,使用【图表】组中的图表按钮可以方便地创建各种图表。

10.2.2 创建组合图表

有时在同一个图表中需要同时使用两种图表类型,即为组合图表,比如由柱状图和折线图组成的线柱组合图表。

【例10-2】在"学生成绩表"工作表中,创建线柱组合图表。

(1) 继续【例10-1】的操作,单击图 10-7 图表中表示"英语"的任意一个柱体,则会选中所有有关"英语"的数据柱体,被选中的数据柱体 4 个角上显示小圆圈符号。

(2) 在【设计】选项卡的【类型】组中单击【更改图表类型】按钮。

(3) 打开【更改图表类型】对话框,选择【折线图】列表框中的【带数据标记的折线图】选项,然后单击【确定】按钮,如图 10-8 所示。

(4) 原来"英语"柱体将变为折线,完成线柱组合图表,如图 10-9 所示。

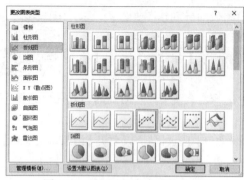

图 10-8 【更改图表类型】对话框

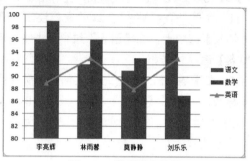

图 10-9 复合图表效果

10.2.3 添加图表注释

在创建图表时，为了更加方便理解，有时需要添加注释解释图表内容。图表的注释就是一种浮动的文字，可以使用【文本框】功能来添加。用户可以先选中图表，然后在【插入】选项卡里，选择【文本】组中的【文本框】|【横排文本框】命令。

10.3 编辑图表

创建完成图表后，为了使图表更加美观，需要对图表进行后期的编辑与美化设置。下面将通过实例介绍在 Excel 2010 中编辑图表的方法。

10.3.1 调整图表

在 Excel 2010 中，创建完图表后，可以调整图表大小和位置。

1．调整图表大小

选中图表后，在【格式】选项卡中的【大小】组中可以精确设置图表的大小。另外，还可以通过鼠标拖动的方法来设置图表的大小。将光标移动至图表的右下角，当光标变成双向箭头形状时，按住鼠标左键，向左上角拖动表示缩小图表，向左下角拖动表示放大图表。

2．调整图表位置

在图表区中，当光标变成十字箭头形状时，按住鼠标左键，拖动到目标位置后释放鼠标，即可将图表移动至该位置。另外，用户还可以将已经创建的图表移动到其他工作表中，具体方法如下。

【例 10-3】将"学生成绩表"工作表内创建的图表移动至 Sheet1 工作表中。

(1) 继续【例 10-2】的操作，选中"学生成绩表"工作表中的图表。

(2) 选择【设计】选项卡，在【位置】组中，单击【移动图表】按钮，如图 10-10 所示。

(3) 在打开的【移动图表】对话框中选中【对象位于】单选按钮，然后单击该单选按钮后的下拉列表按钮，在弹出的下拉列表中选中 Sheet1 选项。

(4) 在【移动图表】对话框中单击【确定】按钮后，"学生成绩表"工作表中的图表将被移动至 Sheet1 工作表中，如图 10-11 所示。

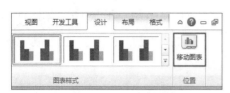

图 10-10　移动图表

图 10-11　【移动图表】对话框

10.3.2　更改图表布局和样式

为了使图表更加美观，可以在【设计】选项卡的【图表布局】组中套用预设的布局样式和图表样式。

【例 10-4】在"学生成绩表"工作表中更改图表的布局、样式和标题文本。

(1) 打开"学生成绩表"工作表，在【设计】选项卡的【图表布局】组中单击【快速布局】下拉列表按钮，在弹出的下拉列表中选中【布局 5】选项。此时，工作表中的图表将自动套用【布局 5】样式。

(2) 在【设计】选项卡中单击【图表样式】组中的【其他】按钮 。在弹出的列表框中选择【样式 36】选项，图表将自动套用【样式 36】样式，如图 10-12 所示。

(3) 选中【图表标题】占位符，在其中输入图表标题文本"学生成绩表"，如图 10-13 所示。

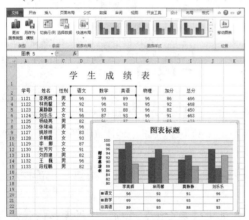

图 10-12　在【图表样式】组中更改图表样式

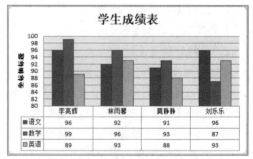

图 10-13　输入图表标题

10.3.3　设置图表背景

在 Excel 2010 中，用户可以为图表设置背景，对于一些三维立体图表还可以设置图表背景墙与基底背景。

1. 设置绘图区背景

在【格式】选项卡的【当前所选内容】组中选中图表的绘图区后，然后在【形状样式】组中单击【其他】按钮 ，在弹出的列表框中可以设置绘图区的背景颜色，如图 10-14 所示。

另外,在【格式】选项卡中单击【形状样式】组中的【设置形状格式】按钮,然后在打开的【设置绘图区格式】对话框中单击【填充】选项,在打开的选项区域中可以设置绘图区背景颜色为无填充、纯色填充、渐变填充、图片或纹理填充、图案填充、自动填充,如图 10-15所示。

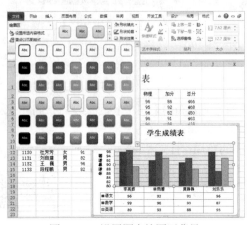

图 10-14 设置图表绘图区背景

图 10-15 【设置绘图区格式】对话框

2. 设置三维图表背景

三维图表与二维图表相比多了一个面,因此在设置图表背景的时候需要分别设置图表的背景墙与基底背景。

【例 10-5】在"学生成绩表"工作表中,为图表设置背景墙与基底背景。

(1) 继续【例 10-4】的操作,选中工作表中的图表,打开【设计】选项卡,单击【更改图表类型】按钮。

(2) 在打开的【更改图表类型】对话框中选中【柱形图】选项,然后在对话框右侧的列表框中选择【三维圆柱图】选项,并单击【确定】按钮,如图 10-16 所示。此时,原先的柱形图将更改为【三维圆柱图】类型。

(3) 选择【格式】选项卡,在【形状样式】组中单击【设置形状格式】按钮,在打开的对话框中选中【渐变填充】单选按钮。

(4) 单击【预设颜色】按钮,在弹出的列表框中选中【羊皮纸】选项,设置表格的背景颜色,然后单击【关闭】按钮,如图 10-17 所示。

(5) 在【格式】选项卡的【当前所选内容】组中单击【图表元素】下拉列表按钮,在弹出的下拉列表中选中【基底】选项,如图 10-18 所示。

(6) 在【形状样式】组中单击【形状填充】下拉列表按钮,在弹出的下拉列表中选中【红色】选项。

(7) 完成以上设置后,工作表中图表的效果如图 10-19 所示。

第 10 章 使用图表与数据透视表

图 10-16 将二维图表转换为三维图表

图 10-17 【设置图表区格式】对话框

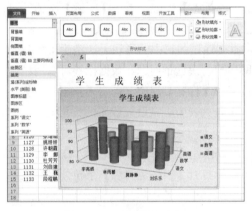

图 10-18 选择图表元素

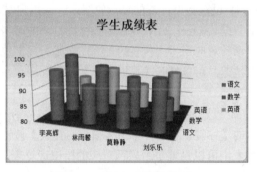

图 10-19 设置三维图表背景

10.3.4 更改图表类型

如果用户对插入图表的类型不满意，觉得无法确切地表现所需要的内容，则可以更改图表的类型。

首先选中图表，然后打开【图表工具】的【设计】选项卡，在【类型】组中单击【更改图表类型】按钮，打开【更改图表类型】对话框，选择其他类型的图表选项，然后单击【确定】按钮即可更改成该图表类型。

10.3.5 更改图表数据源

在 Excel 2010 图表中，用户可以通过增加或减少图表数据系列来控制图表中显示数据的内容。

【例 10-6】在"学生成绩表"工作表中，更改图表数据源。

(1) 在"学生成绩表"工作表中选中图表，在【设计】选项卡的【数据】组中单击【选择数据】按钮。

(2) 打开【选择数据源】对话框，单击【图表数据区域】后面的按钮。

(3) 返回工作表选择 B2:B8 和 D2:F8 单元格区域，然后按下 Enter 键。返回【选择数据源】对话框，单击【确定】按钮。此时数据源发生变化，图表也随之发生变化。

10.3.6 设置图表标签

打开【图表工具】的【布局】选项卡，在【标签】组中可以设置图表布局的相关属性，包括设置图表标题、坐标轴标题、图例位置、数据标签显示位置以及模拟运算表等。

(1) 设置图表标题：在【布局】选项卡的【标签】组中，单击【图表标题】按钮，可以打开【图表标题】下拉列表。在该下拉列表中可以选择图表标题的显示位置与是否显示图表标题。

(2) 设置图表坐标轴标题：在【布局】选项卡的【标签】组中，单击【坐标轴标题】按钮，可以打开【坐标轴标题】下拉列表。在该下拉列表中可以分别设置横坐标轴标题与纵坐标轴标题。

(3) 设置图表的图例位置：在【布局】选项卡的【标签】组中，单击【图例】按钮，可以打开【图例】下拉列表。在该下拉列表中可以设置图表图例的显示位置以及是否显示图例。

(4) 设置数据标签的显示位置：一些用户常常觉得通过图表中的形状无法精确了解其所代表的数据，Excel 2010 提供的数据标签功能可帮助用户解决这个问题。数据标签可以用精确数值显示其对应形状所代表的数据。在【布局】选项卡的【标签】组中，单击【数据标签】下拉列表按钮，可以打开【数据标签】下拉列表。在该下拉列表中可以设置数据标签在图表中的显示位置。

(5) 设置模拟运算表：根据图表数据，用户还可以创建对应的模拟运算表。在【布局】选项卡的【标签】组中，单击【模拟运算表】按钮，可以打开【模拟运算表】下拉列表。在该下拉列表中可以设置是否显示对应的模拟运算表。

10.3.7 设置图表坐标轴与网格线

坐标轴用于显示图表的数据刻度或项目分类，而网格线可以帮助用户更清晰地了解图表中的数值。在【布局】选项卡的【坐标轴】组中，用户可以根据需要详细设置图表坐标轴与网格线等属性。

(1) 设置坐标轴：在【布局】选项卡的【坐标轴】组中，单击【坐标轴】按钮，可以打开【坐标轴】下拉列表。在该下拉列表中可以分别设置横坐标轴与纵坐标轴的格式与分布。

(2) 设置网格线：在【布局】选项卡的【坐标轴】组中，单击【网格线】按钮，可以打开【网格线】下拉列表。在该下拉列表中可以设置启用或关闭网格线。

10.4 设置图表格式

插入图表后，用户还可以根据需要自定义设置图表的相关格式，包括图表元素样式、图表文本样式等，让图表变得更加美观。

10.4.1 设置图表元素样式

在 Excel 2010 电子表格中插入图表后,用户可以根据需要调整图表中任意元素的样式,例如图表区的样式、绘图区的样式以及数据系列的样式等。

【例 10-7】在"学生成绩表"工作表中,设置图表中各元素的样式。

(1) 在"学生成绩表"工作表中选中图表,打开【格式】选项卡,在【形状样式】组中单击【其他】按钮。

(2) 在弹出的下拉列表中选择一种预设样式,即可将选中的样式应用在图表中,返回工作表即可查看新设置的图表区样式。

(3) 选定图表中的【数学】数据系列,在【格式】选项卡的【形状样式】组中,单击【形状填充】按钮,在弹出的菜单中选择紫色,如图 10-20 所示。

(4) 返回工作簿窗口,此时【数学】数据系列的形状颜色更改为紫色。

(5) 使用同样方法,将【语文】数据系列设置为【橙色】,将【英语】数据系列设置为【绿色】。

(6) 在图表中选择网格线,然后在【格式】选项卡的【形状样式】组中,单击【其他】按钮,在弹出的列表框中选择一种网格线样式,如图 10-21 所示。

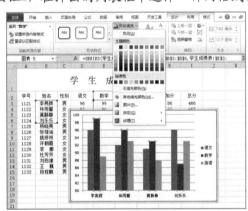
图 10-20 设置【数学】数据系列的填充颜色

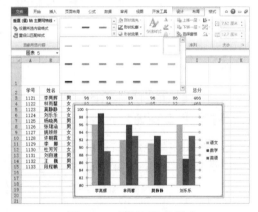
图 10-21 设置网格线样式

(7) 返回工作簿窗口,即可查看图表网格线的新样式。

10.4.2 设置图表文本格式

文本是 Excel 2010 图表不可或缺的元素,例如图表标题、坐标轴刻度、图例以及数据标签等元素都是通过文本来表示的。在设置图表时,用户还可以根据需要设置图表中文本的格式。

【例 10-8】在"学生成绩表"工作表中,设置图表中文本的格式。

(1) 打开"学生成绩表"工作表后选中图表,在【格式】选项卡的【当前所选内容】组中单击【图表元素】下拉列表按钮,在弹出的下拉列表中选中【图表标题】选项。

(2) 打开【图表标题】文本框，输入图表标题文字"成绩统计"。

(3) 右击输入的图表标题，在弹出的菜单中选中【字体】命令。

(4) 在打开的【字体】对话框中设置标题文本的格式，然后单击【确定】按钮。

(5) 使用同样方法，可以设置纵坐标轴刻度文本、横坐标文本、图例文本的格式。

10.5 使用数据透视表/图

数据透视表/图允许用户使用特殊的、直接的操作分析 Excel 表格中的数据。对于创建好的数据透视表/图，用户可以灵活重组其中的行字段和列字段，从而实现修改表格布局，达到透视效果的目的。

10.5.1 数据透视表/图简介

在实际工作中，一些需要汇总或对数据进行细致分析的工作簿，普通图表无法很好地表现出数据之间的关系，这时应使用数据透视表/图来显示工作簿中的数据。本节将介绍数据透视表/图的定义和关系，为下面的学习打下基础。

1. 数据透视表/图的定义

数据透视表是一种可以快速汇总大量数据的交互式报表，它可以将表格中的行和列转换为有意义的、可供分析的数据，方便用户清晰、方便地查看工作簿中的数据信息。

数据透视图与数据透视表相关联，它能准确地显示相应数据表中的数据。

2. 数据透视表/图的关系

数据透视图和数据透视表是动态联系的，一个数据透视图一般有一个使用相应布局的相关联的数据透视表。数据透视图和数据透视表中的字段相互对应，若用户需要修改其中的一个的某个字段位置，则另一个中的相应字段位置也会发生改变。

10.5.2 创建数据透视表

在 Excel 中，创建数据透视表与创建图表的方法基本类似。

【例 10-9】在"学生成绩表"工作表中，创建数据透视表。

(1) 打开"学生成绩表"工作表，选中 B3:G15 单元格区域，然后选择【插入】选项卡，并单击【表格】组中的【数据透视表】按钮。

(2) 在打开的【创建数据透视表】对话框中选中【现有工作表】单选按钮，然后单击【位置】文本框后的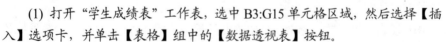按钮，如图 10-22 所示。

(3) 单击 A18 单元格，然后按下 Enter 键返回【创建数据透视表】对话框，单击【确定】按钮。

(4) 在显示的【数据透视表字段列表】窗格中，选中需要在数据透视表中显示的字段，如图 10-23 所示。

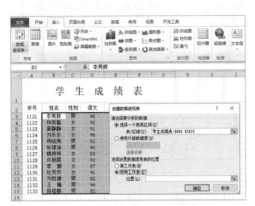

图 10-22　创建数据透视表　　　　　　图 10-23　设置数据透视表中显示的字段

(5) 关闭【数据透视表字段列表】窗格，完成数据透视表的创建。

10.5.3　设置数据透视表

数据透视表主要用整理与分析数据，在创建数据透视表后，用户可以根据需要对其设置汇总、隐藏、显示和排序等操作。

1．设置数据汇总

数据透视表中默认的汇总方式为求和汇总，除此之外，用户还可以手动为其设置求平均值、最大值等汇总方式。

【例 10-10】在"学生成绩表"工作表中设置数据的汇总方式为平均值。

(1) 继续【例 10-9】的操作，打开"学生成绩表"工作表，右击数据透视表中的 C20 单元格，在弹出的菜单中选择【值汇总依据】|【平均值】命令。

(2) 此时，数据透视表中 C 列的数据将随之发生变化。

2．隐藏/显示明细数据

当数据透视表中的数据过多时，可能会不利于阅读者查阅，此时通过隐藏和显示明细数据，可以设置只显示需要的数据。

【例 10-11】在"学生成绩表"工作表中设置隐藏与显示数据。

(1) 打开"学生成绩表"工作表，选中并右击 A20 单元格，在弹出的菜单中选择【展开/折叠】|【展开】命令。

(2) 打开【显示明细数据】对话框，在【请选择待要显示的明细数据所在的字段】列表框中选择【语文】选项，然后单击【确定】按钮，如图 10-24 所示。

(3) 此时，将展开 A20 单元格数据透视表中相应的明细数据，如图 10-25 所示。

(4) 单击展开数据前的 按钮，即可将显示的明细数据隐藏。

图 10-24　设置显示明细数据

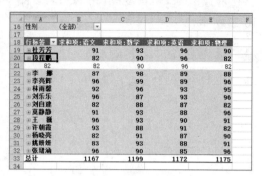
图 10-25　明细数据显示

3. 数据透视表的排序

在 Excel 中对数据透视表进行排序，将更有利于用户查看其中的数据。

【例 10-12】在"学生成绩表"工作表中设置排序数据透视表。

(1) 打开"学生成绩表"工作表，选择数据透视表中的 A12 单元格后，右击，在弹出的菜单中选中【排序】|【其他排序选项】命令。

(2) 在打开的【排序(姓名)】对话框中选中【升序排序(A 到 Z)依据】单选按钮，然后单击该单选按钮下方的下拉列表按钮，在弹出的下拉列表中选中【求和项：语文】选项，如图 10-26 所示。

(3) 单击【确定】按钮，返回工作表后即可看到设置排序后的效果，如图 10-27 所示。

图 10-26　【排序】对话框

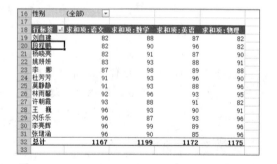
图 10-27　数据透视表排序结果

10.5.4　修改数据透视表格式

数据透视表与图表一样，如果用户需要让对其进行外观设置，可以在 Excel 中对数据透视表的格式进行调整。

【例 10-13】在"学生成绩表"工作表中修改数据透视表的格式。

(1) 选中数据透视表后选择【设计】选项卡，单击【数据透视表样式】组中的【其他】按钮。

(2) 在展开的列表框中选中一种数据透视表样式，即可看到设置后的数据透视表的样式效果。

10.5.5 创建数据透视图

创建数据透视图的方法与创建数据透视表类似，具体如下。

【例10-14】在"学生成绩表"工作表中创建数据透视图。

(1) 打开"学生成绩表"工作表，选中工作表中的整个数据透视表，然后选择【选项】选项卡，并单击【工具】组中的【数据透视图】按钮 。

(2) 在打开的【插入图表】对话框中选中一种数据透视图样式后，单击【确定】按钮。

(3) 返回工作表后，即可看到创建的数据透视图效果。

10.6 打印 Excel 工作表

打印电子表格可以将 Excel 工作表中的数据从计算机中打印到纸上。在打印表格时，用户可以根据实际需求对表格的打印效果进行设置(例如打印区域、打印效果等)，从而打印出符合实际工作需要的表格。

10.6.1 设置打印参数

打印表格就是将制作的表格打印到纸张上，打印前用户可以根据实际需要对打印的参数进行相应的设置，如打印的份数、纸张大小和打印范围等。

【例10-15】设置 Excel 打印参数。

(1) 单击【文件】按钮，在弹出的菜单中选择【打印】选项。

(2) 显示【打印】选项区域，在【份数】数值框中输入需要打印表格的份数，如图10-28所示。

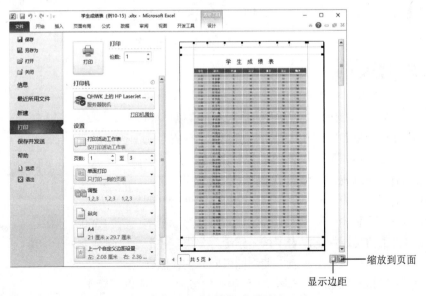

图10-28 【打印】选项区域

(3) 如果表格有很多页，可以在【页数】数值框中设置打印的范围，例如 1~3 页，只需要在【页数】数值框中输入 1，在【至】数值框中输入 3。

(4) 单击下拉列表按钮，在弹出的下拉列表中选择相应的选项，可以设置表格的打印方向，包括【纵向】和【横向】。

(5) 单击下拉列表按钮，在弹出的下拉列表中，可以选择打印纸张的大小。

10.6.2 使用打印预览

在打印电子表格前，用户可以在打印界面的预览区域中预览表格的打印效果，并可以通过拖动鼠标的方式，调整表格页边距。

【例 10-16】在打印预览中调整表格的页边距。

(1) 继续【例 10-15】的操作，在打印页面中单击界面右下角的【显示边距】按钮，在预览区域中显示如图 10-28 所示的页边距控制柄。

(2) 将鼠标光标移动至相应的控制柄上，当其变成十字状态时，按住鼠标左键进行拖动，即可调整页边距。

(3) 单击【缩放到页面】按钮，可以放大打印预览区域，查看页边距的调整效果。

10.6.3 打印表格

根据实际需要对打印份数、纸张大小、打印方向和页边距和页边距设置完成后，就可以直接将电子表格打印。

【例 10-17】打印"学生成绩表"工作表。

(1) 继续【例 10-16】的操作，在打印页面中单击界面中的【打印机】下拉列表按钮，在弹出的下拉列表中选择一种打印机。

(2) 单击【打印】按钮，即可将当前电子表格通过与计算机相连的打印机打印。

10.7 综合案例

1. 处理"员工信息表"工作表中的数据，完成以下操作。
(1) 使用【记录单】功能在"员工信息表"工作表中添加数据。
(2) 在"员工信息表"工作表中按多个条件排序表格数据。
(3) 在"员工信息表"工作表中按笔画条件排序姓名。
(4) 在"员工信息表"工作表中自定义排序"性别"列数据。
(5) 在"员工信息表"工作表中筛选性别"女"，基本工资为 5000 的数据。
(6) 在"员工信息表"工作表中按"学历"分类，并汇总"奖金"列平均值。
(7) 在"员工信息表"工作表中使用图表向导创建图表。
2. 使用图表分析"教师工作表"工作表中的数据，完成以下操作。
(1) 使用"教师工资表"中的数据创建图表。

(2) 在“教师工资表”工作表中设置图表的数据源。

(3) 在“教师工资表”工作表中添加与删除图表的数据系列。

(4) 在“教师工资表”工作表中调整图表的坐标轴。

(5) 在“教师工资表”工作表中更改图表的类型。

(6) 在“教师工资表”工作表中为图表设置布局和样式。

(7) 在“教师工资表”工作表中设置图表的标题，并为图表添加模拟运算表。

3. 使用 Excel 制作图 10-29 所示的“销售趋势分析图表”，要求如下。

(1) 设计图 10-29 左图所示的数据源。

(2) 在工作表中插入“簇状条形图”图表。

(3) 设置美化图表与图表元素。

	A	B	C	D
1	产品	2028年	2029年	2028年
2	核桃粉	569	719	-569
3	荔枝果干	1018	1288	-1018
4	苹果干	1567	1390	-1567
5	酸梅膏	870	1019	-870
6	黄桃罐头	1392	1289	-1392
7				

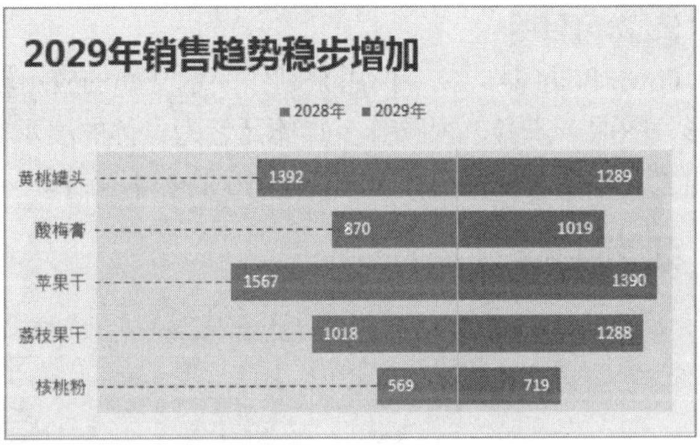

图 10-29　销售趋势分析图表

10.8 课后习题

1. 简述图表主要有哪几种类型，以及其各自的特点。

2. 打开素材文档中的“学生成绩表.xlsx”工作表，创建饼状图表，并在图表中添加趋势线。

3. 根据素材文档中的“学生成绩表.xlsx”工作表，制作条形的数据透视图。

4. 关于数据透视表有如下几种说法，唯一正确的说法是(　　)。

A. 数据透视表与图表类似，它会随数据清单中数据的变化而自动更新

B. 数据透视表的实质是根据用户的需要将源数据清单重新取舍组合

C. 数据透视表中，数据区中的字段总是以求和的方式计算

D. 要修改数据透视表页面布局，须通过【数据】|【数据透视表】命令进行

5. 如果在工作簿中既有工作表又有图表，当选择【文件】菜单中的【保存】命令后，Excel 将(　　)。

A. 只保存其中的工作表

B. 只保存其中的图表

C. 把工作表和图表保存到一个文件中

D. 把工作表和图表分别保存到两个文件中

第 11 章
PowerPoint 2010基础操作

☑ 学习目标

PowerPoint 是一款专门用来制作演示文稿的应用软件,使用 PowerPoint 可以制作出集文字、图形、图像、声音、视频等多媒体元素为一体的演示文稿,让信息以更轻松、更高效的方式表达出来。本章将介绍 PowerPoint 2010 的基本操作。

☑ 知识体系

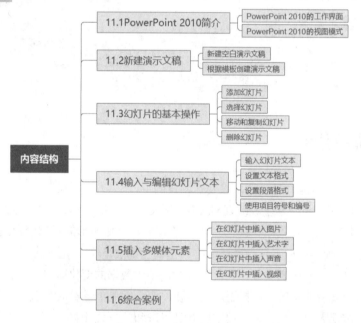

☑ 重点内容

- PowerPoint 2010 工作界面的组成
- 通过幻灯片母版创建演示文稿
- 设置与美化演示文稿
- 在幻灯片中输入与编辑文本
- 在幻灯片中插入图片与艺术字
- 在演示文稿中插入视频与音频

11.1 PowerPoint 2010 简介

PowerPoint 和 Word、Excel 等软件均是 Microsoft 公司推出的 Office 系列软件之一。它可以制作出集文字、图形、图像、声音和视频等多媒体对象为一体的演示文稿，把学术交流、辅助教学、广告宣传、产品演示等信息以更轻松、更高效的方式表达出来。

11.1.1 PowerPoint 2010 的工作界面

PowerPoint 2010 的工作界面主要由标题栏、功能区、预览窗格、幻灯片编辑窗口、备注栏、状态栏、快捷按钮和显示比例滑杆等元素组成，如图 11-1 所示。

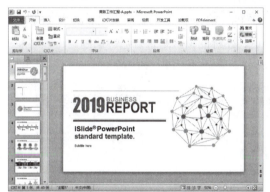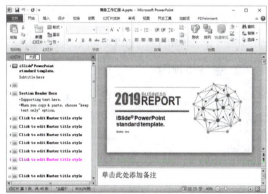

图 11-1 PowerPoint 2010 的工作界面

PowerPoint 2010 的工作界面和 Word 2010 相似，其中相似的元素在此不再重复介绍，仅介绍 PowerPoint 常用的预览窗格、幻灯片编辑窗口、备注栏以及快捷按钮和显示比例滑杆。

(1) 预览窗格：包含两个选项卡，在【幻灯片】选项卡中显示幻灯片的缩略图，单击某个缩略图可在主编辑窗口查看和编辑该幻灯片；在【大纲】选项卡中可对幻灯片的标题性文本进行编辑。

(2) 幻灯片编辑窗口：是 PowerPoint 2010 的主要工作区域，用户对文本、图像等多媒体元素进行操作的结果都将显示在该区域。

(3) 备注栏：在该栏中可分别为每张幻灯片添加备注文本。

(4) 快捷按钮和显示比例滑杆：该区域位于主界面右下角，包括 6 个快捷按钮和 1 个【显示比例滑杆】。其中：4 个视图按钮，可快速切换视图模式；1 个比例按钮，可快速设置幻灯片的显示比例；最右边的 1 个按钮，可使幻灯片以合适比例显示在主编辑窗口；通过拖动【显示比例滑杆】中的滑块，可以直观地改变文档编辑区的大小。

11.1.2 PowerPoint 2010 的视图模式

PowerPoint 2010 提供了普通视图、幻灯片浏览视图、备注页视图、幻灯片放映视图和阅读视图 5 种视图模式。

打开【视图】选项卡，在【演示文稿视图】组中单击相应的视图按钮，或者单击主界面右下角的快捷按钮，即可将当前操作界面切换至对应的视图模式。

1. 普通视图

普通视图又可以分为两种形式，主要区别在于PowerPoint工作界面最左边的预览窗格，它分为幻灯片和大纲两种形式来显示，用户可以通过单击该预览窗口上方的切换按钮进行切换，如图11-1所示。

2. 幻灯片浏览视图

使用幻灯片浏览视图，可以在屏幕上同时看到演示文稿中的所有幻灯片，这些幻灯片以缩略图方式显示在同一窗口中，如图11-2所示。

在幻灯片浏览视图中，可以查看设计幻灯片的背景、配色方案或更换模板后演示文稿发生的整体变化，也可以检查各个幻灯片是否前后协调、图标的位置是否合适等问题。

3. 备注页视图

在备注页视图模式下，用户可以方便地添加和更改备注信息，也可以添加图形等信息，如图11-3所示。

图11-2　幻灯片浏览视图

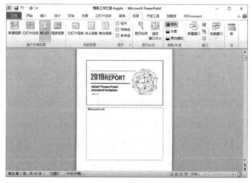

图11-3　备注页视图

4. 幻灯片放映视图

幻灯片放映视图是演示文稿的最终效果。在幻灯片放映视图下，用户可以看到幻灯片的最终效果。幻灯片放映视图并不是显示单个的静止的画面，而是以动态的形式显示演示文稿中的各个幻灯片，如图11-4所示。

5. 阅读视图

如果用户希望在一个设有简单控件的审阅的窗口中查看演示文稿，而不想使用全屏的幻灯片放映视图，则可以在自己的计算机中使用阅读视图，如图11-5所示。

要更改演示文稿，可随时从阅读视图切换至其他的视图模式中。

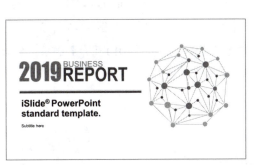
图 11-4　幻灯片放映视图

图 11-5　阅读视图

11.2　新建演示文稿

在 PowerPoint 中，使用 PowerPoint 制作出来的整个文件叫演示文稿，而演示文稿中的每一页叫作幻灯片，每张幻灯片都是演示文稿中既相互独立又相互联系的内容。

11.2.1　新建空白演示文稿

空白演示文稿是一种形式最简单的演示文稿，没有应用模板设计、配色方案以及动画方案，可以自由设计。创建空白演示文稿的方法主要有以下两种。

(1) 启动 PowerPoint 自动创建空白演示文稿：无论是使用【开始】按钮启动 PowerPoint，还是通过桌面快捷图标或者通过现有演示文稿启动，都将自动打开空白演示文稿。

(2) 使用【文件】按钮创建空白演示文稿：单击【文件】按钮，在弹出的菜单中选择【新建】命令，打开 Microsoft Office Backstage 视图，在中间的【可用的模板和主题】列表框中选择【空白演示文稿】选项，单击【创建】按钮，即可新建一个空白演示文稿。

11.2.2　根据模板创建演示文稿

PowerPoint 除了创建最简单的空白演示文稿外，还可以根据自定义模板、现有内容和内置模板创建演示文稿。模板是一种以特殊格式保存的演示文稿，一旦应用了一种模板后，幻灯片的背景图形、配色方案等就都已经确定，所以套用模板可以提高新建演示文稿的效率。

1. 根据现有模板新建演示文稿

PowerPoint 2010 提供了许多美观的设计模板，这些设计模板将演示文稿的样式、风格，包括幻灯片的背景、装饰图案、文字布局及颜色、大小等均预先定义好。用户在设计演示文稿时可以先选择演示文稿的整体风格，然后进行进一步的编辑和修改。

【例 11-1】根据现有模板【PowerPoint 2010 简介】，新建一个演示文稿。

(1) 单击【开始】按钮，选择【所有程序】| Microsoft Office | Microsoft PowerPoint 2010 命令，启动 PowerPoint 2010。

(2) 单击【文件】按钮，在弹出的菜单中选择【新建】命令，打开 Microsoft Office Backstage 视图，在【可用的模板和主题】列表框中选择【样本模板】选项，如图 11-6 所示。

(3) 自动打开【样本模板】窗格，在列表框中选择【PowerPoint 2010 简介】选项，然后单击【创建】按钮，该模板将被应用在新建的演示文稿中，如图 11-7 所示。

 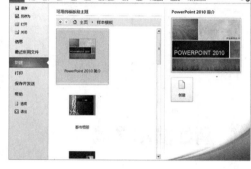

图 11-6　选择样本模板　　　　　　　　图 11-7　使用模板创建演示文稿

2. 根据自定义模板创建演示文稿

用户可以将自定义演示文稿保存为"PowerPoint 模板"类型，使其成为一个自定义模板保存在"我的模板"中。当需要使用该模板时，在【我的模板】列表框中调用即可。

在 PowerPoint 中，自定义模板可以由两种方法获得。

(1) 在演示文稿中自行设计主题、版式、字体样式、背景图案和配色方案等基本要素，然后保存为模板。

(2) 由其他途径(如下载、共享、光盘等)获得。

【例 11-2】将从其他途径获得的模板保存到【我的模板】列表框中，并调用该模板。

(1) 启动 PowerPoint 2010，双击打开预先设计好的模板，单击【文件】按钮，选择【另存为】命令。

(2) 在【文件名】文本框中输入模板名称，在【保存类型】下拉列表框中选择【PowerPoint 模板】选项。此时对话框中的【保存位置】下拉列表框将自动更改保存路径，单击【确定】按钮，将模板保存到 PowerPoint 默认模板存储路径下。

(3) 关闭保存后的模板。启动 PowerPoint 2010，创建一个空白演示文稿。单击【文件】按钮，在弹出的菜单中选择【新建】命令，在中间的【可用的模板和主题】列表框中选择【我的模板】选项，如图 11-8 所示。

(4) 打开【新建演示文稿】对话框的【个人模板】选项卡，选择刚刚创建的自定义模板，单击【确定】按钮，此时该模板应用到当前演示文稿中，如图 11-9 所示。

图 11-8　使用可用的模板和主题

图 11-9　【新建演示文稿】对话框

11.3　幻灯片的基本操作

使用模板新建的演示文稿虽然都有一定的内容，但这些内容要构成用于传播信息的演示文稿还远远不够，这就需要对其中的幻灯片进行编辑操作，如插入幻灯片、复制幻灯片、移动幻灯片和删除幻灯片等。在对幻灯片的编辑过程中，最为方便的视图模式是普通视图和幻灯片浏览视图，而备注页视图和阅读视图模式下则不适合对幻灯片进行编辑操作。

11.3.1　添加幻灯片

在启动 PowerPoint 2010 后，PowerPoint 会自动建立一张新的幻灯片，随着制作过程的推进，需要在演示文稿中添加更多的幻灯片。

添加新幻灯片的具体方法是：打开【开始】选项卡，在【幻灯片】组中单击【新建幻灯片】按钮。

当需要应用其他版式时(版式是指预先定义好的幻灯片内容在幻灯片中的排列方式，如文字的排列及方向、文字与图表的位置等)，单击【新建幻灯片】按钮右下方的下拉箭头，在弹出的下拉菜单中选择需要的版式，即可将其应用到当前幻灯片中。

11.3.2　选择幻灯片

在 PowerPoint 2010 中，可以一次选中一张幻灯片，也可以同时选中多张幻灯片，然后对选中的幻灯片进行操作。

(1) 选择单张幻灯片：无论是在普通视图下的【大纲】或【幻灯片】选项卡中，还是在幻灯片浏览视图中，只需单击目标幻灯片，即可选中该张幻灯片。

(2) 选择连续的多张幻灯片：单击起始编号的幻灯片，然后按住 Shift 键，再单击结束编号的幻灯片，此时将有多张幻灯片被同时选中。

(3) 选择不连续的多张幻灯片：在按住 Ctrl 键的同时，依次单击需要选择的每张幻灯片，此时被单击的多张幻灯片同时选中。在按住 Ctrl 键的同时再次单击已被选中的幻灯片，则该幻灯片被取消选择。

11.3.3 移动和复制幻灯片

PowerPoint 支持以幻灯片为对象的移动和复制操作，可以将整张幻灯片及其内容进行移动或复制。

1. 移动幻灯片

在制作演示文稿时，如果需要重新排列幻灯片的顺序，就需要移动幻灯片。移动幻灯片的步骤如下。

(1) 选中需要移动的幻灯片，在【开始】选项卡的【剪贴板】组中单击【剪切】按钮 。
(2) 在需要移动的目标位置中单击，然后在【开始】选项卡的【剪贴板】组中单击【粘贴】按钮。

2. 复制幻灯片

在制作演示文稿时，有时会需要两张内容基本相同的幻灯片。此时，可以利用幻灯片的复制功能，复制出一张相同的幻灯片，然后对其进行适当的修改。复制幻灯片的步骤如下。

(1) 选中需要复制的幻灯片，在【开始】选项卡的【剪贴板】组中单击【复制】按钮 。
(2) 在需要插入幻灯片的位置单击，然后在【开始】选项卡的【剪贴板】组中单击【粘贴】按钮。

在 PowerPoint 2010 中，同样可以使用 Ctrl+X、Ctrl+C 和 Ctrl+V 快捷键来剪贴、复制和粘贴幻灯片。

11.3.4 删除幻灯片

在演示文稿中删除多余幻灯片是清除大量冗余信息的有效方法。删除幻灯片的方法主要有以下几种。

(1) 选中需要删除的幻灯片，直接按下 Delete 键。
(2) 右击需要删除的幻灯片，在弹出的快捷菜单中选择【删除幻灯片】命令。
(3) 选中幻灯片，在【开始】选项卡的【剪贴板】组中单击【剪切】按钮。

11.4 输入与编辑幻灯片文本

幻灯片文本是演示文稿中至关重要的部分，它对文稿中的主题、问题的说明与阐述具有其他方式不可替代的作用。无论是新建文稿时创建的空白幻灯片，还是使用模板创建的幻灯片都类似一张白纸，需要用户将表达的内容用文字表达出来。

11.4.1 输入幻灯片文本

在 PowerPoint 中，不能直接在幻灯片中输入文字，只能通过文本占位符或插入文本框来添加。下面分别介绍如何使用文本占位符和插入文本框。

1. 在文本占位符中输入文本

大多数幻灯片的版式中都提供了文本占位符，这种占位符中预设了文字的属性和样式，供用户添加标题文字、项目文字等。在幻灯片中单击其边框，即可选中该占位符；在占位符中单击，进入文本编辑状态，此时即可直接输入文本。

【例 11-3】创建一个空白演示文稿，并在其中输入文本。

(1) 创建一个空白演示文稿，单击【单击此处添加标题】文本占位符内部，此时占位符中将出现闪烁的光标。切换至搜狗拼音输入法，输入文本"2019年企业入职培训"，如图 11-10 所示。

(2) 单击【单击此处添加副标题】文本占位符内部，当出现闪烁的光标时，输入文本"公司/人员/制度/规划"，如图 11-11 所示。

图 11-10　输入幻灯片标题

图 11-11　输入内容文本

(3) 在快速工具栏中单击【保存】按钮，将演示文稿以"入职培训"为名保存。

2. 使用文本框

文本框是一种可移动、可调整大小的文字容器，它与文本占位符非常相似。使用文本框可以在幻灯片中放置多个文字块，使文字按照不同的方向排列，也可以突破幻灯片版式的制约，实现在幻灯片中任意位置添加文字信息的目的。

PowerPoint 2010 提供了两种形式的文本框：横排文本框和垂直文本框，分别用来放置水平方向的文字和垂直方向的文字。

【例 11-4】在"入职培训"演示文稿中，插入一个横排文本框。

(1) 继续【例 11-3】，选择【插入】选项卡，在【文本】组中单击【文本框】下拉按钮，在弹出的下拉菜单中选择【横排文本框】命令。

(2) 移动鼠标光标到幻灯片的编辑窗口，当光标形状变为↓形状时，在幻灯片编辑窗口中按住鼠标左键并拖动，鼠标光标变成十字形状＋。当拖动到合适大小的矩形框后，释放鼠标完成横排文本框的插入，如图 11-12 所示。

(3) 此时，光标自动位于文本框内，切换至中文拼音输入法，然后输入文本"培训师：×××"，如图 11-13 所示。

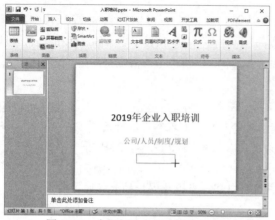

图 11-12　在幻灯片中插入横排文本框　　　　图 11-13　在文本框中输入文本

(4) 在快速工具栏中单击【保存】按钮，保存演示文稿。

11.4.2　设置文本格式

为了使演示文稿更加美观、清晰，通常需要对文本属性进行设置。文本的格式设置包括字体、字形、字号及字体颜色等设置。

【例 11-5】在"入职培训"演示文稿中，设置文本格式，调节占位符和文本框的大小和位置。

(1) 继续【例 11-4】的操作，选中主标题占位符，在【开始】选项卡的【字体】组中，单击【字体】下拉按钮，在弹出的下拉列表框中选择【微软雅黑】选项(该字体非系统自带，需用户自行安装)，在【字号】框中设置字号为 50。

(2) 在【字体】组中单击【字体颜色】下拉按钮，在弹出的菜单中选择【蓝色】选项。

(3) 使用同样方法，设置副标题占位符中文本字体为【微软雅黑】，字号为 36，字体颜色为【灰色】；设置右下角文本框中文本字体为【黑体】，字号为 20。

(4) 分别选中主标题和副标题文本占位符，拖动鼠标调节其大小和位置。

11.4.3　设置段落格式

为了使演示文稿更加美观、清晰，还可以在幻灯片中为文本设置段落格式，如缩进值、间距值和对齐方式。

要设置段落格式，可先选定要设定的段落文本，然后在【开始】选项卡的【段落】命令组中进行设置即可，如图 11-14 所示。

另外，用户还可在【开始】选项卡的【段落】组中，单击对话框启动器按钮，打开【段落】对话框，在【段落】对话框中可对段落格式进行更加详细的设置，如图 11-15 所示。

图 11-14 【段落】命令组　　　　　图 11-15 【段落】对话框

11.4.4 使用项目符号和编号

在演示文稿中，为了使某些内容更为醒目，经常要用到项目符号和编号。这些项目符号和编号用于强调一些特别重要的观点或条目，从而使主题更加美观、突出和分明。

首先选中要添加项目符号或编号的文本，然后在【开始】选项卡的【段落】组中，单击【项目符号】下拉按钮，在弹出的下拉菜单中选择【项目符号和编号】命令，打开【项目符号和编号】对话框。在【项目符号】选项卡中可设置项目符号，在【编号】选项卡中可设置编号，如图 11-16 所示。

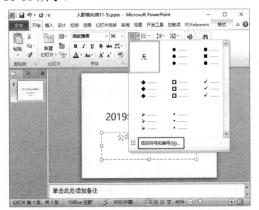

图 11-16 在幻灯片中设置项目符号和编码

在 PowerPoint 2010 中设置段落格式、添加项目符号和编号以及自定义项目符号和编号的方法，与 Word 2010 中的方法非常相似，此处不再赘述。

11.5 插入多媒体元素

幻灯片中只有文本未免会显得单调，PowerPoint 2010 支持在幻灯片中插入各种多媒体元素，包括图片、艺术字、声音和视频等。

11.5.1 在幻灯片中插入图片

在演示文稿中插入图片,可以更生动、形象地阐述其主题和要表达的思想。在插入图片时,要充分考虑幻灯片的主题,使图片和主题和谐一致。

1. 插入剪贴画

PowerPoint 2010 附带的剪贴画库内容非常丰富,所有的图片都经过专业设计,它们能够表达不同的主题,适合于制作各种不同风格的演示文稿。

要插入剪贴画,可以在【插入】选项卡的【插图】组中,单击【剪贴画】按钮,打开【剪贴画】任务窗格,在剪贴画预览列表中单击剪贴画,即可将其添加到幻灯片中。

在剪贴画窗格的【搜索文字】文本框中输入名称(字符*代替文件名中的多个字符,字符?代替文件名中的单个字符)后,单击【搜索】按钮可查找需要的剪贴画;在【结果类型】下拉列表框可以将搜索的结果限制为特定的媒体文件类型。

2. 插入计算机中的图片

用户除了插入 PowerPoint 2010 附带的剪贴画之外,还可以插入磁盘中的图片。这些图片可以是 BMP 位图,也可以是由其他应用程序创建的图片,或从互联网下载的图片,或通过扫描仪及数码相机输入的图片等。

打开【插入】选项卡,在【图像】组中单击【图片】按钮,打开【插入图片】对话框,选择需要的图片后,单击【插入】按钮,即可在幻灯片中插入图片。

【例11-6】在"入职培训"演示文稿中,插入计算机中的图片。

(1) 打开【例11-5】完成的演示文稿,选择【插入】选项卡,在【图像】组中单击【图片】按钮,打开【插入图片】对话框。在【插入图片】对话框中选择需要插入的图片,单击【插入】按钮,将该图片插入到幻灯片中,如图11-17所示。

(2) 使用鼠标调整图片的大小和位置,使其和幻灯片一样大小,选择【格式】选项卡,在【排列】组中单击【置于底层】选项,将图片置于底层,如图11-18所示。

图 11-17 打开【插入图片】对话框

图 11-18 设置将图片至于页面底层

(3) 在快速工具栏中单击【保存】按钮,保存演示文稿。

11.5.2 在幻灯片中插入艺术字

艺术字是一种特殊的图形文字，常被用来表现幻灯片的标题文字。用户既可以像对普通文字一样设置其字号、加粗和倾斜等效果，也可以像图形对象那样设置它的边框、填充等属性，还可以对其进行大小调整、旋转或添加阴影、三维效果等。

1. 添加艺术字

打开【插入】选项卡，在功能区的【文本】组中单击【艺术字】按钮，打开艺术字样式列表，单击需要的样式，即可在幻灯片中插入艺术字。

【例 11-7】在"入职培训"演示文稿中插入艺术字。

(1) 继续【例 11-6】的操作，选择【开始】选项卡，单击【幻灯片】组中的【新建幻灯片】下拉按钮，从弹出的列表中选择【空白】选项，在演示文稿中新建一个空白幻灯片。

(2) 选择【插入】选项卡，在【文本】组中单击【艺术字】按钮，打开艺术字样式列表，选择一种艺术字样式，在幻灯片中插入该艺术字，如图 11-19 所示。

(3) 在【请在此处放置您的文字】占位符中输入文字"目录"。

(4) 使用鼠标调整艺术字的位置并设置其大小，效果如图 11-20 所示。

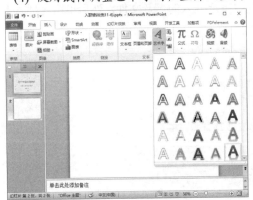
图 11-19 【艺术字】列表

图 11-20 幻灯片中的艺术字效果

2. 编辑艺术字

用户在插入艺术字后，如果对艺术字的效果不满意，可以对其进行编辑修改。选中艺术字后，在【绘图工具】的【格式】选项卡中进行编辑即可。

【例 11-8】在"入职培训"演示文稿中，编辑艺术字。

(1) 继续【例 11-7】的操作，选中艺术字，在打开的【格式】选项卡的【艺术字样式】组中单击【文字效果】按钮，在弹出的样式列表框中选择【映像】|【无映像】选项，为艺术字应用该样式，如图 11-21 所示。

(2) 保持选中艺术字，再次单击【文字效果】按钮，在弹出的样式列表框中选择【阴影】|【向下偏移】选项，设置艺术字效果如图 11-22 所示。

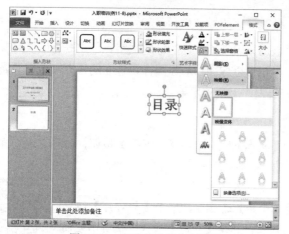

图 11-21　取消艺术字文字效果　　　　图 11-22　为艺术字设置阴影效果

11.5.3　在幻灯片中插入声音

要为演示文稿添加声音，可打开【插入】选项卡，在【媒体】组中单击【音频】下拉按钮，选择相应的命令。例如，用户要在演示文稿中添加自己硬盘中存储的声音文件，可选择【文件中的音频】命令，打开【插入音频】对话框，选中需要插入的声音文件，然后单击【插入】按钮，如图 11-23 所示。

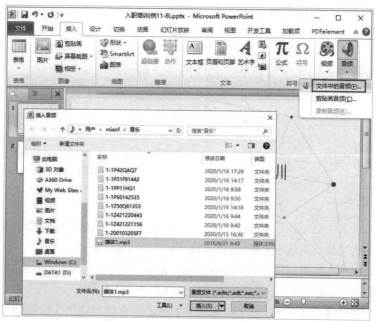

图 11-23　在幻灯片中插入音频文件

插入声音文件后，此时在幻灯片中将显示声音控制图标。选中其中的声音图标，然后打开【音频工具】的【播放】选项卡。在该选项卡中可对音频的具体属性进行设置，例如淡入淡出处理、播放方式等，如图 11-24 所示。

第 11 章 PowerPoint 2010 基础操作

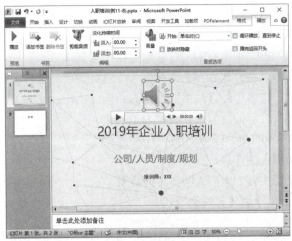

图 11-24 【播放】选项卡

11.5.4 在幻灯片中插入视频

要在演示文稿中添加视频，可打开【插入】选项卡，在【媒体】组中单击【视频】下拉按钮，然后根据需要选择其中的命令。例如，要添加本地计算机上的视频，可选择【文件中的视频】命令，打开【插入视频文件】对话框，然后选择要插入的视频文件，并单击【插入】按钮，如图 11-25 所示。

在幻灯片中插入视频文件后，用户可以通过拖动视频文件四周的小圆点来调整视频播放窗口的大小，或单击视频底部的播放按钮 ▶ 预览视频内容，如图 11-26 所示。

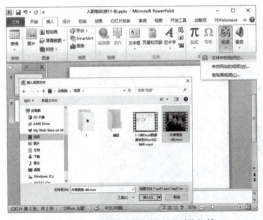

图 11-25 在幻灯片中插入视频文件

图 11-26 预览视频

此外，选中幻灯片中的视频播放窗口，可打开【视频工具】的【播放】选项卡，在该选项卡中可对视频文件的各项参数进行设置。

11.6 综合案例

1. 使用 PowerPoint 2010 制作"宣传文稿"演示文稿，完成以下操作。

(1) 在 PowerPoint 2010 中创建一个空白 PPT，并将其以名称"宣传文稿"保存。
(2) 在"宣传文稿"PPT 中插入与删除幻灯片。
(3) 为"宣传文稿"PPT 中所有的幻灯片设置统一背景。
(4) 在幻灯片母版中调整并删除多余的标题页，然后插入一个自定义内容页。
(5) 通过应用版式，在多个幻灯片中同时插入相同的图标。
(6) 将"宣传文稿"PPT 的母版尺寸设置为 16:9。
(7) 在"宣传文稿"PPT 的第一张幻灯片中插入图片。
(8) 裁剪幻灯片中插入的图片。
(9) 删除"宣传文稿"PPT 中插入的图片的背景。
(10) 在幻灯片页面中绘制【直线】形状。
(11) 设置幻灯片中插入形状的线形与线条颜色。
(12) 在"宣传文稿"PPT 中插入一个横排文本框，并设置文本字符间距。
(13) 在"宣传文稿"PPT 中插入一个横排文本框，并设置其中文本的行距。
(14) 在"宣传文稿"PPT 中利用智能网格线对齐页面中的元素。
(15) 在"宣传文稿"PPT 中利用参考线对齐页面中的元素。
(16) 在"宣传文稿"PPT 中使用【对齐】功能对齐页面元素。
(17) 在"宣传文稿"PPT 中设置文本框纵向分布、靠右对齐。
(18) 在"宣传文稿"PPT 的第 3 张幻灯片中插入 4 张图片，并横向分布对齐。
(19) 为插入幻灯片母版中的图片设置 PPT 内部链接。
(20) 在"宣传文稿"PPT 中为图片设置电子邮件链接。
2. 使用 PowerPoint 2010 制作如图 11-27 所示的幻灯片，要求如下。
(1) 在幻灯片编辑区域中绘制一个图片占位符，并调整其位置。
(2) 在幻灯片编辑区域中绘制图形并设置图形样式。

图 11-27　幻灯片

11.7　课后习题

1. PowerPoint 2010 是一款(　　)软件。
　　A. 系统　　　　　　　　B. 文稿编辑
　　C. 电子表格制作　　　　D. 演示文稿制作

2. 在( )视图下,不能显示在幻灯片中插入的图片对象。
   A. 普通视图大纲模式　　　B. 普通视图幻灯片浏览
   C. 幻灯片　　　　　　　　D. 幻灯片放映
3. PowerPoint 中的( )只有一张幻灯片。
   A. 设计模板　　　　　　　B. 制作模板
   C. 内容模板　　　　　　　D. 大纲模板
4. 有关幻灯片页面版式的描述,不正确的是( )。
   A. 幻灯片应用模板一旦选定,就不可以改变
   B. 幻灯片的大小(尺寸)能够调整
   C. 一篇演示文稿中只允许使用一种母版格式
   D. 一篇演示文稿中不同幻灯片的配色方案可以不同
5. 在演示文稿的幻灯片中,要插入剪贴画或照片等图形,应在( )中进行。
   A. 幻灯片放映视图　　　　B. 幻灯片浏览视图
   C. 普通视图幻灯片模式　　D. 普通视图大纲模式
6. 打开磁盘上已有的演示文稿的方法一般有( )种。
   A. 1　　　　B. 2　　　　C. 3　　　　D. 4
7. 要修改幻灯片中文本框内的内容,应该( )。
   A. 首先删除文本框,然后重新输入一个文字
   B. 选择该文本框中所要修改的内容,然后重新输入文字
   C. 重新选择带有文本框的版式,然后向文本框内输入文字
   D. 用新插入的文本框覆盖原文本框
8. 下列不是幻灯片视图的是( )。
   A. 页面视图　　　　　　　B. 幻灯片浏览
   C. 普通视图　　　　　　　D. 幻灯片放映
9. PowerPoint 2010 演示文稿文件的默认扩展名是( )。
   A. doc　　　　B. bmp　　　　C. txt　　　　D. ppt
10. 如果要终止幻灯片的放映,可以直接按( )键。
    A. Ctrl+C　　　B. Esc　　　C. End　　　D. Alt+F4
11. 在 PowerPoint 2010 中打印文件,以下不是必要条件的是( )。
    A. 连接打印机　　　　　　B. 对被打印的文件进行打印前的幻灯片放映
    C. 安装打印机的驱动程序　D. 设置打印机
12. 登录网站 http://office.microsoft.com,下载并应用 PowerPoint 模板。
13. 使用 PowerPoint 2010 制作一个图文并茂的演示文稿,具体要求如下。
(1) 为演示文稿中的对象设置动画效果。
(2) 为各个幻灯片设置切换动画。
(3) 为演示文稿设置交互效果(例如超链接)。
(4) 为演示文稿添加背景音乐。
(5) 将制作好的演示文稿进行打包。

第 12 章
演示文稿的设置与放映

☑ **学习目标**

在设计幻灯片时，可以使用 PowerPoint 提供的预设格式，轻松地制作出具有专业效果的演示文稿；加入动画效果，在放映幻灯片时产生特殊的视觉或声音效果；还可以加入页眉/页脚和超链接等信息，使演示文稿的内容更为全面。

☑ **知识体系**

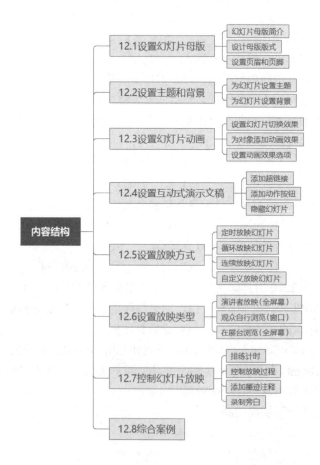

☑ **重点内容**
- 在演示文稿中创建与编辑超链接

- 设置幻灯片的切换与动画效果
- 演示文稿的放映与打包

12.1 设置幻灯片母版

幻灯片母版决定着幻灯片的外观，用于设置幻灯片的标题、正文文字等样式，包括字体、字号、字体颜色、阴影等效果；也可以设置幻灯片的背景、页眉页脚等。也就是说，幻灯片母版可以为所有幻灯片设置默认的版式。

12.1.1 幻灯片母版简介

母版是演示文稿中所有幻灯片或页面格式的底板，或者说是样式，它包括所有幻灯片具有的公共属性和布局信息。用户可以在打开的母版中进行设置或修改，从而快速地创建出样式各异的幻灯片，提高工作效率。

PowerPoint 2010 中的母版类型分为幻灯片母版、讲义母版和备注母版 3 种类型，不同母版的作用和视图都是不相同的。打开【视图】选项卡，在【母版视图】组中单击相应的视图按钮，即可切换至对应的母版视图，如图 12-1 所示。

例如，单击【幻灯片母版】按钮，可打开幻灯片母版视图，并同时打开【幻灯片母版】选项卡，如图 12-2 所示。幻灯片母版中的信息包括字形、占位符大小和位置、背景设计和配色方案。通过更改这些信息，即可更改整个演示文稿中幻灯片的外观。

图 12-1 【母版视图】选项组

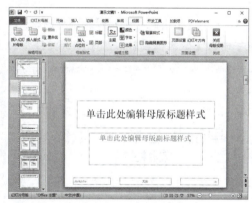

图 12-2 【幻灯片母版】选项卡

无论在幻灯片母版视图、讲义母版视图还是备注母版视图中，如果要返回到普通模式，在【幻灯片母版】选项卡中单击【关闭母版视图】按钮即可。

12.1.2 设计母版版式

在 PowerPoint 2010 中创建的演示文稿都带有默认的版式，这些版式一方面决定了占位符、文本框、图片、图表等内容在幻灯片中的位置；另一方面决定了幻灯片中文本的样式。在幻灯片母版视图中，用户可以按照自己的需求设置母版版式。

【例 12-1】设置幻灯片母版中的字体格式，并调整母版中的背景图片样式。

(1) 启动 PowerPoint 2010，新建一个空白演示文稿，并将其保存为"模板样式"。

(2) 选中第 1 张幻灯片，连续按 5 次 Enter 键，插入 5 张新幻灯片，如图 12-3 所示。

(3) 打开【视图】选项卡，在【母版视图】组中单击【幻灯片母版】按钮，切换到幻灯片母版视图，如图 12-4 所示。

图 12-3　插入新幻灯片

图 12-4　幻灯片母版视图

(4) 选中第 2 张幻灯片，然后选中【单击此处编辑母版标题样式】占位符，右击其边框，在打开的浮动工具栏中设置字体为【微软雅黑】、字号为 60、字体颜色为【深蓝】，如图 12-5 所示。

(5) 选中【单击此处编辑母版副标题样式】占位符，右击其边框，在打开的浮动工具栏中设置字体为【微软雅黑】，字号为 36，字形为【加粗】，并调节其大小，如图 12-6 所示。

图 12-5　设置母版标题样式

图 12-6　设置母版文本样式

(6) 在左侧预览窗格中选择第 3 张幻灯片，将该幻灯片母版显示在编辑区域。打开【插入】选项卡，在【图像】组中单击【图片】按钮。

(7) 打开【插入图片】对话框，选择要插入的背景图片，然后单击【插入】按钮。

(8) 此时在幻灯片中插入图片，并打开【图片工具】的【格式】选项卡，调整图片的大小，然后在【排列】组中单击【下移一层】下拉按钮,选择【置于底层】命令,效果如图 12-7 所示。

(9) 打开【幻灯片母版】选项卡,在【关闭】组中单击【关闭母版视图】按钮,返回到普通视图模式。

(10) 此时除第 1 张幻灯片外,其他幻灯片中都自动带有添加的图片,如图 12-8 所示。在快速访问工具栏中单击【保存】按钮,保存"模板样式"演示文稿。

图 12-7 插入图片后的效果

图 12-8 设置母版后的效果

12.1.3 设置页面和页脚

在制作幻灯片时,使用 PowerPoint 提供的页眉页脚功能,可以为每张幻灯片添加相对固定的信息。要插入页眉和页脚,只需在【插入】选项卡的【文本】组中单击【页眉和页脚】按钮。打开【页眉和页脚】对话框,在其中进行相关操作即可。插入页眉和页脚后,可以在幻灯片母版视图中对其格式进行统一设置。

【例 12-2】在"模板样式"演示文稿中插入页脚,并设置其格式。

(1) 打开"模板样式"演示文稿,选择【插入】选项卡,在【文本】组中单击【页眉和页脚】按钮。

(2) 打开【页眉和页脚】对话框,选中【日期和时间】、【幻灯片编号】、【页脚】、【标题幻灯片中不显示】复选框,并在【页脚】文本框中输入文本"张老师制作",单击【全部应用】按钮,如图 12-9 所示,为除第 1 张幻灯片以外的幻灯片添加页脚。

(3) 打开【视图】选项卡,在【母版视图】组中单击【幻灯片母版】按钮,切换到幻灯片母版视图。

(4) 在左侧预览窗格中选择第 1 张幻灯片,将该幻灯片母版显示在编辑区域。

(5) 选中第 1 张幻灯片中所有的页脚文本框,选择【格式】选项卡,设置字体为【微软雅黑】,字形为【加粗】,字号为 18。

(6) 打开【幻灯片母版】选项卡,在【关闭】组中单击【关闭母版视图】按钮,返回到普通视图模式。

(7) 在快速访问工具栏中单击【保存】按钮,保存"模板样式"演示文稿,如图 12-10 所示。

图 12-9　设置页脚格式　　　　　　　图 12-10　保存幻灯片

要删除页眉和页脚，可以直接在【页眉和页脚】对话框中，选择【幻灯片】或【备注和讲义】选项卡，取消选择相应的复选框即可。如果想删除几个幻灯片中的页眉和页脚信息，需要先选中这些幻灯片，然后在【页眉和页脚】对话框中取消选择相应的复选框，单击【应用】按钮即可；如果单击【全部应用】按钮将会删除所有幻灯片中的页眉和页脚。

12.2　设置主题和背景

PowerPoint 2010 提供了多种主题颜色和背景样式，使用这些主题颜色和背景样式，可以使幻灯片具有丰富的色彩和良好的视觉效果。

12.2.1　为幻灯片设置主题

PowerPoint 2010 为每种设计模板提供了几十种内置的主题颜色，用户可以根据需要选择不同的颜色来设计演示文稿。这些颜色是预先设置好的协调色，自动应用于幻灯片的背景、文本线条、阴影、标题文本、填充、强调和超链接。

应用设计模板后，打开【设计】选项卡，单击【主题】组中的【颜色】按钮，将打开主题颜色菜单。在该菜单中可以选择内置主题颜色，或者用户自定义设置主题颜色。在【主题】组中单击【颜色】按钮，在弹出的菜单中选择【新建主题颜色】命令，打开【新建主题颜色】对话框，在对话框中用户可对主题颜色进行自定义。

此外，在【主题】组中单击【字体】按钮，在弹出的内置字体命令中选择一种字体类型，或选择【新建主题字体】命令，打开【新建主题字体】对话框，在该对话框中自定义幻灯片中文字的字体，并可将其应用到当前演示文稿中。单击【效果】按钮，在弹出的内置主题效果选择一种效果，为演示文稿更改当前主题效果。

12.2.2　为幻灯片设置背景

在设计演示文稿时，用户除了在应用模板或改变主题颜色时更改幻灯片的背景外，还可以根据需要任意更改幻灯片的背景颜色和背景设计，如添加底纹、图案、纹理或图片等。

要应用 PowerPoint 自带的背景样式，可以打开【设计】选项卡，在【背景】组中单击【背景样式】按钮，在弹出的菜单中选择需要的背景样式即可。当用户不满足于 PowerPoint 提供的背景样式时，可以在背景样式列表中选择【设置背景格式】命令，打开【设置背景格式】对话框，在该对话框中可以设置背景的填充样式、渐变以及纹理格式等。

【例 12-3】为"入职培训"演示文稿设置背景图片和背景颜色。

(1) 打开"入职培训"演示文稿，然后添加 3 张幻灯片。选中第 2 张幻灯片，打开【设计】选项卡，在【背景】组中单击【背景样式】按钮，在弹出的背景样式列表框中选择【设置背景格式】命令，打开【设置背景格式】对话框。

(2) 打开【填充】选项卡，选中【图片或纹理填充】单选按钮，单击【纹理】下拉按钮，在弹出的样式列表中选择一种样式，如图 12-11 所示。

(3) 单击【全部应用】按钮，将该纹理样式应用到演示文稿中的每张幻灯片中，在【插入自】选项区域单击【文件】按钮，打开【插入图片】对话框。

(4) 选择一张图片后，单击【插入】按钮，将图片插入到选中的幻灯片中。

(5) 返回至【设置背景格式】对话框，单击【关闭】按钮，关闭【设置背景格式】对话框，图片将设置为幻灯片的背景。

(6) 单击【文件】按钮，在弹出的菜单中选择【保存】命令，保存设置背景格式后的"入职通知"演示文稿，如图 12-12 所示。

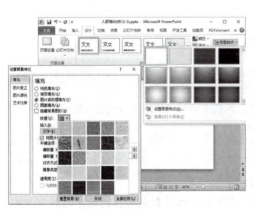

图 12-11 设置填充

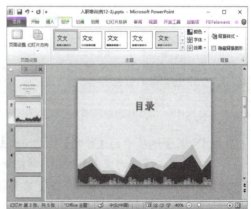

图 12-12 幻灯片背景

12.3 设置幻灯片动画

动画是为文本或其他对象添加的，在幻灯片放映时产生的特殊视觉或声音效果。在 PowerPoint 中，演示文稿中的动画有两种主要类型：一种是灯片切换动画，另一种是对象的动画效果。

12.3.1 设置幻灯片切换效果

幻灯片切换效果是指一张幻灯片如何从屏幕上消失，以及另一张幻灯片如何显示在屏幕上的方式。幻灯片切换方式可以是简单地以一个幻灯片代替另一个幻灯片，也可以创建一种特殊的效果，使幻灯片以不一样的方式出现在屏幕上。用户既可以为一组幻灯片设置同一种切换方式，也可以为每张幻灯片设置不同的切换方式。

【例 12-4】在"入职培训"演示文稿中为幻灯片设置切换动画效果。

(1) 打开"入职培训"演示文稿，选择【视图】选项卡，在【演示文稿视图】组中单击【幻灯片浏览】按钮，将演示文稿切换到幻灯片浏览视图界面，如图 12-13 所示。

(2) 打开【切换】选项卡，在【切换到此幻灯片】组中单击【其他】按钮，在弹出的列表框中选择【百叶窗】选项，此时被选中的幻灯片缩略图将显示切换动画的预览效果，如图 12-14 所示。

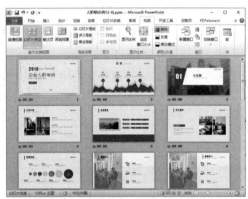

图 12-13　幻灯片浏览视图　　　　　图 12-14　幻灯片切换预览效果

(3) 在【切换】选项卡的【计时】组中，单击【声音】下拉按钮，在打开的列表中选择【风铃】选项，然后单击【全部应用】按钮，将演示文稿的所有幻灯片都应用该切换方式。此时，幻灯片预览窗格显示的幻灯片缩略图左下角都将出现动画标志。

(4) 在【切换】选项卡的【计时】组中，选中【单击鼠标时】复选框，选中【设置自动换片时间】复选框，并在其右侧的文本框中输入 00:05.00，单击【全部应用】按钮，将演示文稿的所有幻灯片都应用该换片方式。

(5) 在【切换】选项卡的【切换此幻灯片】组中单击【效果】按钮，在弹出的效果下拉列表框中可以选择【垂直】或【水平】切换效果。

(6) 打开【幻灯片放映】选项卡，在【开始放映幻灯片】组中单击【从头开始】按钮，此时演示文稿将从第 1 张幻灯片开始放映。单击鼠标，或者等待 5 秒钟后切换至下一张幻灯片。

12.3.2 为对象添加动画效果

在 PowerPoint 中，除了幻灯片切换动画外，还可以设置幻灯片对象的动画效果。所谓动画效果，是指为幻灯片内部各个对象设置的动画效果。用户可以对幻灯片中的文本、图形、表格等对象添加不同的动画效果,如进入动画、强调动画、退出动画和动作路径动画等。

1. 添加进入动画效果

进入动画,可以让文本或其他对象以多种动画效果进入放映屏幕。在添加动画效果之前,需要像设置其他对象属性时那样,首先选中对象。对于占位符或文本框来说,选中占位符、文本框,以及进入其文本编辑状态时,都可以为它们添加动画效果。

选中对象后,打开【动画】选项卡,单击【动画】组中的【其他】按钮,在弹出的下拉列表框中选择一种进入效果,即可为对象添加该动画效果。选择【更多进入效果】命令,将打开【更改进入效果】对话框,如图12-15所示,在其中可以选择更多的进入动画效果。

另外,在【高级动画】组中单击【添加动画】按钮,同样可以在弹出的【进入】列表框中选择内置的进入动画效果,若选择【更多进入效果】命令,则打开【添加进入效果】对话框,如图12-16所示,在其中同样可以选择更多的进入动画效果。

图 12-15　更改进入效果

图 12-16　添加进入效果

【例12-5】在"入职培训"演示文稿中为对象添加进入动画效果。

(1) 打开"入职培训"演示文稿,在第1张幻灯片中选择"2019年企业入职培训"文本框,打开【动画】选项卡,在【动画】组单击【其他】按钮,在弹出的列表框中选择【飞入】进入效果,将该标题应用飞入效果。

(2) 选择"公司/人员/制度/规划"文本框,打开【动画】选项卡,在【高级动画】组单击【添加动画】下拉按钮,在弹出的下拉菜单中选择【更多进入效果】命令,打开【添加进入效果】对话框。

(3) 在【细微型】选项区域中选择【展开】选项。

(4) 单击【确定】按钮,为所选文本应用展开效果。

2. 添加强调动画效果

强调动画是为了突出幻灯片中的某部分内容而设置的特殊动画效果。添加强调动画的过程和添加进入效果大体相同。选择对象后,在【动画】组中单击【其他】按钮,在弹出的【强调】列表框选择一种强调效果,即可为对象添加该动画效果。选择【更多强调效果】命令,将打开【更改强调效果】对话框,在该对话框中可以选择更多的强调动画效果。

另外,在【高级动画】组中单击【添加动画】按钮,同样可以在弹出【强调】列表框中选择一种强调动画效果,若选择【更多强调效果】命令,则打开【添加强调效果】对话框,在该对话框中同样可以选择更多的强调动画效果。

【例 12-6】在"入职培训"演示文稿中为对象添加强调动画效果。

(1) 继续【例 12-5】的操作，选中"培训师：×××"文本框，打开【动画】选项卡，在【动画】组单击【其他】按钮，在弹出的菜单中选择【更多强调效果】命令，打开【更改强调效果】对话框，在【华丽型】选项区域中选择【波浪形】选项，单击【确定】按钮，如图12-17所示，

图 12-17　为对象设置强调动画

(2) 此时可为文本框中的文本添加【波浪形】动画效果。

3. 添加退出动画效果

退出动画是为了设置幻灯片中的对象退出屏幕的效果。添加退出动画的过程和添加进入、强调动画效果大体相同。

在幻灯片中选中需要添加退出效果的对象，在【动画】组中单击【其他】按钮，在弹出的【退出】列表框中选择一种退出效果，即可为对象添加该动画效果。选择【更多退出效果】命令，将打开【更改退出效果】对话框，在该对话框中可以选择更多的退出动画效果。

另外，在【高级动画】组中单击【添加动画】按钮，在弹出【退出】列表框中选择一种退出动画效果，若选择【更多退出效果】命令，则打开【添加退出效果】对话框，在该对话框中可以选择更多的退出动画效果。

【例 12-7】在"入职培训"演示文稿中为对象添加退出动画效果。

(1) 打开"入职培训"演示文稿，然后在幻灯片预览窗格中选择最后一张幻灯片缩略图，将其显示在幻灯片编辑窗口中。

(2) 选中文本框，打开【动画】选项卡，在【高级动画】组中单击【添加动画】下拉按钮，在弹出的【退出】列表框中选择【缩放】选项。

(3) 在【高级动画】组中单击【添加动画】下拉按钮，在弹出的下拉菜单中选择【更多退出效果】命令，打开【添加退出效果】对话框。

(4) 在【温和型】选项区域中选择【回旋】选项，如图12-18所示。

(5) 单击【确定】按钮，为图片对象添加动画效果。

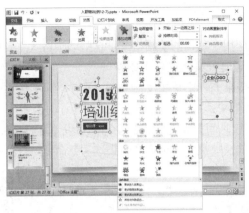

图 12-18　为对象设置退出动画

4．添加动作路径动画效果

动作路径动画又称为路径动画，指定对象沿预定的路径运动。PowerPoint 中的动作路径动画不仅提供了大量可供用户简单编辑的预设路径效果，还可以由用户自定义路径，进行更为个性化的编辑。

添加动作路径效果的步骤与添加进入动画的步骤基本相同，在【动画】组中单击【其他】按钮，在弹出的【动作路径】列表框选择一种动作路径效果，即可为对象添加该动画效果。若选择【其他动作路径】命令，在打开的【更改动作路径】对话框中，可以选择其他的动作路径效果。另外，在【高级动画】组中单击【添加动画】按钮，在弹出的【动作路径】列表框同样可以选择一种动作路径效果；选择【其他动作路径】命令，打开【添加动作路径】对话框，同样可以选择更多的动作路径。

【例12-8】在"入职培训"演示文稿中为对象添加路径动画效果。

(1) 打开"入职培训"演示文稿，然后在幻灯片预览窗格中选择第 2 张幻灯片缩略图，将其显示在幻灯片编辑窗口中。

(2) 选中页面中的文本框，打开【动画】选项卡，在【高级动画】组中单击【添加动画】下拉按钮，在弹出的【动作路径】列表框中选择【自定义路径】命令。

(3) 此时鼠标光标变为十字形，在幻灯片中绘制闭合的多边形路径，释放鼠标后，幻灯片分别显示多个段落的路径，如图 12-19 所示。

(4) 在【动画】选项卡的【预览】组中单击【预览】按钮，此时将放映该张幻灯片，幻灯片动作路径效果如图 12-20 所示。

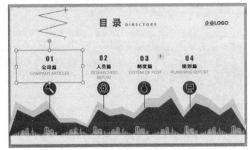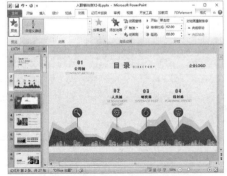

图 12-19　设置对象运动路径　　　　　图 12-20　在幻灯片中预览动画效果

12.3.3 设置动画效果选项

为对象添加了动画效果后，该对象就应用了默认的动画格式。这些动画格式主要包括动画开始运行的方式、变化方向、运行速度、延时方案、重复次数等。

打开【动画窗格】任务窗格，在动画效果列表中单击动画效果，在【动画】选项卡的【动画】和【高级动画】组中重新设置对象的效果；在【动画】选项卡的【计时】组中【开始】下拉列表框中设置动画开始方式，在【持续时间】和【延迟】微调框中设置运行速度。另外，在动画效果列表中右击动画效果，在弹出的快捷菜单中选择【效果选项】命令，打开效果设置对话框，也可以设置动画效果。

【例12-9】在"入职培训"演示文稿中更改动画效果，并设置相关动画选项。

(1) 打开"入职培训"演示文稿，选择【动画】选项卡，在【高级动画】组中单击【动画窗格】按钮，打开【动画窗格】任务窗格。

(2) 选中第1张幻灯片，在【动画窗格】任务窗格中按下 Ctrl+A 快捷键选中所有的动画，在【计时】组的【开始】下拉列表框中选择【与上一动画同时】选项，单击【播放】按钮，预览动画效果，如图12-21所示。

图12-21 设置并预览动画效果

(3) 在【动画窗格】任务窗格的动画列表中右击【企业入职培训】文本框上的动画效果，在弹出的快捷菜单中选择【效果选项】命令，如图12-22所示。

(4) 打开【挥鞭式】对话框，单击【动画文本】下拉按钮，从弹出的列表中选择【按字母】选项，在该选项下的文本框中输入10，然后单击【确定】按钮，如图12-23所示。

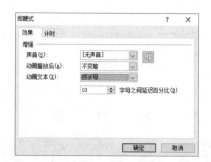

图12-22 设置动画效果选项　　　　图12-23 设置动画效果

(5) 在【动画窗格】任务窗格中右击【组合 28】文本框上的动画效果，在弹出的菜单中选择【效果选项】命令，打开【淡出】对话框，选择【计时】选项卡，单击【重复】下拉按钮，从弹出的列表中选择【2】选项，如图 12-24 所示。

(6) 选择【正文文本动画】选项卡，单击【组合文本】下拉按钮，从弹出的列表中选择【按一级段落】选项，然后单击【确定】按钮，如图 12-25 所示。

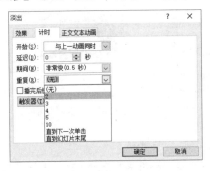　　　　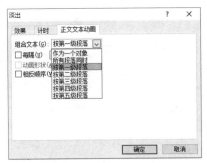

图 12-24　【计时】选项卡　　　　图 12-25　【正文文本动画】选项卡

【动画窗格】任务窗格的列表中选中动画效果，单击上移按钮▲或下移按钮▼可以调整该动画的播放次序。其中，上移按钮表示将该动画的播放次序提前一位，下移按钮表示将该动画的播放次序向后移一位。

12.4　设置互动式演示文稿

在 PowerPoint 中，用户可以为幻灯片中的文本、图形、图片等对象添加超链接或者动作。当放映幻灯片时，单击链接和动作按钮，程序将自动跳转到指定的幻灯片页面，或者执行指定的程序。此时演示文稿具有了一定的交互性，在适当的时放映所需内容，或做出相应的反应。

12.4.1　添加超链接

超链接是指向特定位置或文件的一种连接方式，可以利用它指定程序的跳转位置。超链接只有在幻灯片放映时才有效，当鼠标移至超链接文本时，鼠标将变为手形指针。在 PowerPoint 中，超链接可以跳转到当前演示文稿中的特定幻灯片、其他演示文稿中特定的幻灯片、自定义放映、电子邮件地址、文件或 Web 页上。

【例 12-10】在"入职培训"演示文稿中，为对象设置超链接。

(1) 打开"入职培训"演示文稿，选择第 2 张幻灯片中的文本框"公司篇"，然后打开【插入】选项卡，在【链接】组中单击【超链接】按钮，如图 12-26 所示，打开【插入超链接】对话框。

(2) 在【插入超链接】对话框的【链接到】选项区域中单击【本文档中的位置】按钮，在【请选择文档中的位置】列表框中选择【幻灯片标题】选项下的【幻灯片 3】选项，如图 12-27 所示。

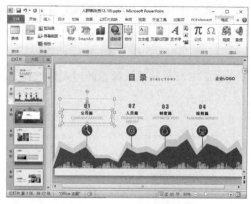
图 12-26 为文本框设置超链接

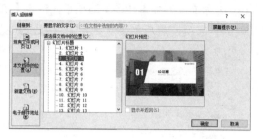
图 12-27 【插入超链接】对话框

(3) 单击【确定】按钮，此时文本框"公司篇"添加了超链接。

(4) 按下 F5 键放映幻灯片，此时将鼠标光标移动到文字"公司篇"上时，鼠标光标变为 形状，单击鼠标，演示文稿将自动跳转到第 3 张幻灯片中。

在 PowerPoint 中，只有幻灯片中的对象才能添加超链接，备注、讲义等内容不能添加超链接。幻灯片中可以显示的对象几乎都可以作为超链接的载体。添加或修改超链接的操作，一般在普通视图中的幻灯片编辑窗口中进行，在幻灯片预览窗口的大纲选项卡中，只能对文字添加或修改超链接。

12.4.2 添加动作按钮

动作按钮是 PowerPoint 中预先设置好的一组带有特定动作的图形按钮。这些按钮被预先设置为指向前一张、后一张、第一张、最后一张幻灯片、播放声音及播放电影等链接，可以方便地应用这些预置好的按钮，实现在放映幻灯片时跳转的目的。

动作与超链接有很多相似之处，几乎包括了超链接可以指向的所有位置。动作还可以设置其他属性，比如设置当鼠标移过某一对象上方时的动作。设置动作与设置超链接是相互影响的，在【设置动作】对话框中所做的设置，可以在【编辑超链接】对话框中表现出来。

【例 12-11】在"入职培训"演示文稿中，添加动作按钮。

(1) 打开"入职培训"演示文稿，在幻灯片预览窗口中选择第 3 张幻灯片缩略图。

(2) 打开【插入】选项卡，在【插图】组中单击【形状】按钮，在打开菜单的【动作按钮】选项区域中选择【动作按钮：开始】选项，在幻灯片的右下角拖动鼠标绘制形状，如图 12-28 所示。

(3) 释放鼠标，自动打开【动作设置】对话框，在【单击鼠标时的动作】选项区域中选中【超链接到】单选按钮，然后选择其下拉列表中的【第一张幻灯片】选项，选中【播放声音】复选框，并在其下拉列表框中选择【打字机】选项，然后单击【确定】按钮，如图 12-29 所示。

图 12-28　绘制动作按钮

图 12-29　【动作设置】对话框

如果在【动作设置】对话框的【鼠标移过】选项卡中设置超链接的目标位置,那么放映演示文稿过程中,当鼠标移过该动作按钮(无须单击)时,演示文稿将直接跳转到目标幻灯片。

12.4.3　隐藏幻灯片

通过添加超链接或动作将演示文稿的结构设置得较为复杂时,有时希望某些幻灯片只在单击指向它们的链接时才会被显示出来。要达到这样的效果,可以使用幻灯片的隐藏功能。

在普通视图模式下,右击幻灯片预览窗格中的幻灯片缩略图,在弹出的快捷菜单中选择【隐藏幻灯片】命令,或者打开【幻灯片放映】选项卡,在【设置】组中单击【隐藏幻灯片】按钮,即可将正常显示的幻灯片隐藏。被隐藏的幻灯片编号上将显示一个带有斜线的灰色小方框,这表示幻灯片在正常放映时不会被显示,只有当单击了指向它的超链接或动作按钮后才会显示。

【例 12-12】在"入职培训"演示文稿中,隐藏第 3 张幻灯片。

(1) 打开"入职培训"演示文稿,在幻灯片预览窗格中选择第 3 张幻灯片缩略图,将其显示在幻灯片编辑窗口中。

(2) 打开【幻灯片放映】选项卡,在【设置】组中单击【隐藏幻灯片】按钮,即可将正常显示的幻灯片隐藏。

(3) 此时,按下 F5 键放映幻灯片,当放映到第 3 张幻灯片时,单击鼠标,则 PowerPoint 将自动播放第 4 张幻灯片。若在放映第 2 张幻灯片中,单击"公司篇"链接,即可放映隐藏的第 3 张幻灯片。

12.5　设置放映方式

PowerPoint 提供了灵活的幻灯片放映控制方法和适合不同场合的幻灯片放映类型,使演示更为得心应手,更有利于主题的阐述及思想的表达。

12.5.1　定时放映幻灯片

用户在设置幻灯片切换效果时,可以设置每张幻灯片在放映时停留的时间,当等待到设定的时间后,幻灯片将自动向下放映。

打开【切换】选项卡，在【计时】组中选中【单击鼠标时】复选框，则用户单击鼠标或按下 Enter 键和空格键时，放映的演示文稿将切换到下一张幻灯片；选中【设置自动换片时间】复选框，并在其右侧的文本框中输入时间(时间为秒)后，则在演示文稿放映时，当幻灯片等待了设定的秒数之后，将自动切换到下一张幻灯片，如图 12-30 所示。

图 12-30 【计时】命令组

12.5.2 循环放映幻灯片

将制作好的演示文稿设置为循环放映，可以应用于如展览会场的展台等场合，让演示文稿自动运行并循环播放。

打开【幻灯片放映】选项卡，在【设置】组中单击【设置幻灯片放映】按钮，打开【设置放映方式】对话框，如图 12-31 所示。在【放映选项】选项区域中选中【循环放映，按 ESC 键终止】复选框，则在播放完最后一张幻灯片后，会自动跳转到第 1 张幻灯片，而不是结束放映，直到用户按 Esc 键退出放映状态。

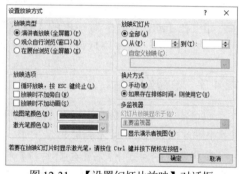

图 12-31 【设置幻灯片放映】对话框

12.5.3 连续放映幻灯片

在【切换】选项卡的在【计时】组选中【设置自动换片时间】复选框，并为当前选定的幻灯片设置自动换片时间，然后单击【全部应用】按钮，为演示文稿中的每张幻灯片设定相同的切换时间，即可实现幻灯片的连续自动放映。

需要注意的是，由于每张幻灯片的内容不同，放映的时间可能不同，所以设置连续放映的最常见方法是通过【排练计时】功能完成。

12.5.4 自定义放映幻灯片

自定义放映是指用户可以自定义演示文稿放映的张数，使一个演示文稿适用于多种观众，可以将一个演示文稿中的多张幻灯片进行分组，以便该特定的观众放映演示文稿中的特定部分。用户可以用超链接分别指向演示文稿中的各个自定义放映，也可以在放映整个演示文稿时只放映其中的某个自定义放映。

【例 12-13】在"入职培训"演示文稿中，创建自定义放映。

(1) 打开"入职培训"演示文稿，选择【幻灯片放映】选项卡，单击【开始放映幻灯片】组中的【自定义幻灯片放映】按钮，在弹出的菜单中选择【自定义放映】命令，打开【自定义放映】对话框，然后单击【新建】按钮，如图 12-32 所示。

(2) 打开【定义自定义放映】对话框，在【幻灯片放映名称】文本框中输入文字"公司篇"，在【在演示文稿中的幻灯片】列表中选择第 3 张至第 10 张幻灯片，然后单击【添加】按钮，将幻灯片添加到【在自定义放映中的幻灯片】列表中，如图 12-33 所示。

图 12-32 【自定义放映】对话框

图 12-33 【定义自定义放映】对话框

(3) 单击【确定】按钮，关闭【定义自定义放映】对话框，则刚刚创建的自定义放映名称将会显示在【自定义放映】对话框的【自定义放映】列表中。

(4) 单击【关闭】按钮，关闭【自定义放映】对话框。打开【幻灯片放映】选项卡，在【设置】组中单击【设置幻灯片放映】按钮，打开【设置放映方式】对话框，在【放映幻灯片】选项区域中选中【自定义放映】单选按钮，然后选择需要的自定义放映名称。

(5) 单击【确定】按钮，关闭【设置放映方式】对话框。此时按下 F5 键，PowerPoint 将自动播放自定义放映的幻灯片。

12.6 设置放映类型

选择【幻灯片放映】选项卡，单击【设置】命令组中的【设置幻灯片放映】选项，在打开的【设置放映方式】对话框，用户可以设置当前演示文稿的放映类型，如图 12-34 所示，包括演讲者放映、观众自行浏览及在展台浏览 3 种。

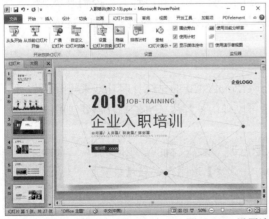 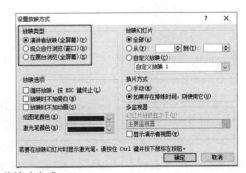

图 12-34 设置演示文稿放映方式

12.6.1 演讲者放映(全屏幕)

演讲者放映是系统默认的放映类型,也是最常见的全屏放映方式。在这种放映方式下,演讲者现场控制演示节奏,具有放映的完全控制权。

演讲者可以根据观众的反应随时调整放映速度或节奏,还可以暂停下来进行讨论或记录观众即席反应,甚至可以在放映过程中录制旁白。演讲者放映一般用于召开会议时的大屏幕放映、联机会议或网络广播等。

12.6.2 观众自行浏览(窗口)

观众自行浏览是在标准 Windows 窗口中显示的放映形式,放映时的 PowerPoint 窗口具有菜单栏、Web 工具栏,类似于浏览网页的效果,便于观众自行浏览。该放映类型用于在局域网或 Internet 中浏览演示文稿。

12.6.3 在展台浏览(全屏幕)

采用该放映类型,最主要的特点是不需要专人控制就可以自动运行,在使用该放映类型时,如超链接等控制方法都失效。当播放完最后一张幻灯片后,会自动从第一张重新开始播放,直至用户按下 Esc 键才会停止播放。该放映类型主要用于展览会的展台或会议中的某部分需要自动演示等场合。

需要注意的是,使用该放映时,用户不能对其放映过程进行干预,必须设置每张幻灯片的放映时间或预先设定排练计时,否则可能会长时间停留在某张幻灯片上。

另外,打开【幻灯片放映】选项卡,按住 Ctrl 键,在【开始放映幻灯片】组中单击【从当前幻灯片开始】按钮,即可实现幻灯片缩略图放映效果。

12.7 控制幻灯片放映

在放映幻灯片时,用户还可对放映过程进行控制,例如设置排练计时、控制放映过程、添加注释和录制旁白等。熟练掌握这些操作,可使用户在放映幻灯片时能够更加得心应手。

12.7.1 排列计时

当完成演示文稿内容制作之后,可以运用 PowerPoint 2010 的排练计时功能来排练整个演示文稿放映的时间。在排练计时的过程中,演讲者可以确切了解每一页幻灯片需要讲解的时间,以及整个演示文稿的总放映时间。

【例 12-14】使用"排练计时"功能排练"入职培训"演示文稿的放映时间。

(1) 打开"入职培训"演示文稿,选择【幻灯片放映】选项卡,在【设置】组中单击【排练计时】按钮,演示文稿将自动切换到幻灯片放映状态,幻灯片左上角出现【录制】对话框,如图 12-35 所示。

(2) 整个演示文稿放映完成后，将打开 Microsoft PowerPoint 对话框，该对话框显示幻灯片播放的总时间，并询问是否保留该排练时间。

(3) 单击【是】按钮，此时演示文稿将切换到幻灯片浏览视图，从幻灯片浏览视图中可以看到：每张幻灯片下方均显示各自的排练时间，如图 12-36 所示。

图 12-35　播放演示文稿时显示【录制】对话框

图 12-36　排练计时结果

用户在放映幻灯片时可以选择是否启用设置好的排练时间。打开【幻灯片放映】选项卡，在【设置】组中单击【设置放映方式】按钮，打开【设置放映方式】对话框。如果在对话框的【换片方式】选项区域中选中【手动】单选按钮，则存在的排练计时不起作用，用户在放映幻灯片时只有通过单击鼠标或按 Enter 键、空格键才能切换幻灯片。

12.7.2　控制放映过程

在放映演示文稿的过程中，可以根据需要按放映次序依次放映、快速定位幻灯片、使屏幕出现黑屏或白屏和结束放映等。

1. 按放映次序依次放映

如果需要按放映次序依次放映，则可以进行如下操作。
- 单击鼠标左键。
- 在放映屏幕的左下角单击 按钮。
- 在放映屏幕的左下角单击 按钮，在弹出的菜单中选择【下一张】命令。
- 单击鼠标右键，在弹出的快捷菜单中选择【下一张】命令。

2. 快速定位幻灯片

如果不需要按照指定的顺序进行放映，则可以快速定位幻灯片。在放映屏幕的左下角单击 按钮，在弹出的菜单中选择【上一张】或【下一张】命令进行切换。

另外，在放映屏幕上右击，在弹出的快捷菜单中选择【定位至幻灯片】命令，在弹出的子菜单中选择要播放的幻灯片，同样可以实现快速定位幻灯片操作。

在幻灯片放映的过程中，有时为了避免引起观众的注意，可以将幻灯片黑屏或白屏显示。具体方法为，在右键菜单中选择【屏幕】|【黑屏】命令或【屏幕】|【白屏】命令即可。

12.7.3 添加墨迹注释

使用 PowerPoint 提供的绘图笔可以为重点内容添加墨迹。绘图笔的作用类似于板书笔，常用于强调或添加注释。用户可以选择绘图笔的形状和颜色，也可以随时擦除绘制的笔迹。

【例 12-15】在"入职培训"演示文稿放映时，使用绘图笔标注重点。

(1) 打开"入职培训"演示文稿，按下 F5 键，播放排练计时后的演示文稿。

(2) 当放映到第 18 张幻灯片时，单击 按钮，或者在屏幕中右击，在弹出的快捷菜单中选择【荧光笔】选项，将绘图笔设置为荧光笔样式，然后在弹出的快捷菜单中选择【墨迹颜色】命令，在打开的【标准色】面板中选择【黄色】选项，如图 12-37 所示。

(3) 此时鼠标变为一个小矩形形状，可以在需要绘制重点的地方拖动鼠标绘制标注，如图 12-38 所示。

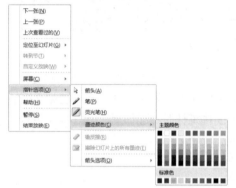

图 12-37 选择墨迹颜色

图 12-38 在幻灯片中拖动鼠标绘制重点

(4) 按下 Esc 键退出放映状态，系统将弹出对话框，询问用户是否保留在放映时所做的墨迹注释。单击【保留】按钮，将绘制的注释图形保留在幻灯片中。

(5) 在绘制注释的过程中出现错误时，可以在右键菜单中选择【指针选项】|【橡皮擦】命令，然后在墨迹上单击，将墨迹按需要擦除；选择【指针选项】|【擦除幻灯片上的所有墨迹】命令，即可一次性删除幻灯片中的所有墨迹。

12.7.4 录制旁白

在 PowerPoint 中，用户可以为指定的幻灯片或全部幻灯片添加录音旁白。使用录制旁白可以为演示文稿增加解说词，使演示文稿在放映状态下主动播放语音说明。

【例 12-16】在"入职培训"演示文稿中录制旁白。

(1) 选择【幻灯片放映】选项卡，在【设置】组中单击【录制幻灯片演示】按钮，在弹出的菜单中选择【从头开始录制】命令，如图 12-39 所示。

(2) 打开【录制幻灯片演示】对话框，保持默认设置，如图 12-40 所示。

第 12 章 演示文稿的设置与放映

 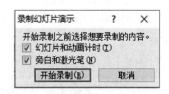

图 12-39　选择【从头开始录制】命令　　图 12-40　【录制幻灯片演示】对话框

(3) 单击【开始录制】按钮，进入幻灯片放映状态，同时开始录制旁白，单击鼠标或按 Enter 键切换到下一张幻灯片。

(4) 当旁白录制完成后，按下 Esc 键或者单击鼠标左键即可，此时演示文稿将切换到幻灯片浏览视图，从幻灯片浏览视图中可以看到每张幻灯片下方均显示各自的排练时间。

在录制了旁白的幻灯片在右下角都会显示一个声音图标，PowerPoint 中的旁白声音优于其他声音文件，当幻灯片同时包含旁白和其他声音文件时，在放映幻灯片时只放映旁白。选中声音图标，按键盘上的 Delete 键即可删除旁白。

12.8　综合案例

1. 制作"工作汇报"演示文稿，完成以下操作。
(1) 创建"工作汇报"演示文稿，并为演示所有的幻灯片设置统一背景。
(2) 在幻灯片母版中调整并删除多余的标题页，然后插入一个自定义内容页。
(3) 通过应用版式，在多个幻灯片中同时插入相同的图标。
(4) 利用占位符在演示文稿的不同幻灯片页面中插入相同尺寸的图片。
(5) 在幻灯片中的图片上使用占位符，制作出样机演示效果。
(6) 在"工作汇报"演示文稿中插入一个横排文本框，并设置文本字符间距。
(7) 在"工作汇报"演示文稿中插入一个横排文本框，并设置其中文本的行距。
(8) 在"工作汇报"演示文稿中使用图像修饰幻灯片页面。
(9) 裁剪"工作汇报"演示文稿中插入的图片。
(10) 删除"工作汇报"演示文稿中图片的背景。
(11) 调整"工作汇报"演示文稿图片的图层位置。
(12) 在"工作汇报"演示文稿中通过插入形状绘制一个矩形和两个圆形形状。
(13) 设置幻灯片中插入形状的填充与线条格式。
(14) 在"工作汇报"演示文稿中使用蒙版修饰幻灯片页面效果。
(15) 为"工作汇报"演示文稿中的所有幻灯片统一设置"棋盘"切换效果。
(16) 为"工作汇报"演示文稿的目录页文本框添加超链接。
(17) 在"工作汇报"演示文稿中设置动作按钮。
2. 使用 PowerPoint 2010 为演示文稿设置动画，完成以下操作。
(1) 制作拉幕效果的对象动画。
(2) 制作文本浮入画面的动画效果。

3. 制作一个如图 12-41 所示的分屏式 PPT 页面,具体要求如下。

(1) 在 PPT 页面绘制一个矩形形状。按下 Alt+F9 组合键显示参考线,根据参考线调整矩形形状的位置和大小。

(2) 在 PPT 页面中绘制文本框,并在其中输入文本。

图 12-41　分屏式 PPT 页面

12.9　课后习题

1. 关于超链接,下列说法中错误的是(　　)。
    A. 使用超链接,用户可以改变演示文稿的播放顺序
    B. 使用超链接,用户可以链接到其他演示文稿或公司 Internet 地址
    C. 单击超链接对象的同时,可以插入一张新幻灯片
    D. 创建超链接的方法是给选定的对象插入超链接而不是创建动作
2. 如果要创建一份关于某公司情况介绍的演示文稿,用下列(　　)方式比较合适。
    A. 利用内容提示向导　　　　B. 利用设计模板,从大纲视图输入内容
    C. 建立空演示文稿　　　　　D. 利用 Word 导入的大纲来创建
3. 在 PowerPoint 中,标题母版控制(　　)的字体、字号、颜色以及背景色和特殊效果等。
    A. 当前幻灯片　　　　　　　B. 所有幻灯片
    C. 第一张幻灯片　　　　　　D. 标题幻灯片
4. 有关对象的动画设置,下列说法中正确的是(　　)。
    A. 只有文字和图形对象才能设置动画
    B. 可以在为对象设置动画的同时设置声音
    C. 预设动画的样式比自定义动画多一些
    D. 可以为幻灯片背景设置动画
5. 下面(　　)方法可以自动进行幻灯片放映。
    A. 排练计时　　　　　　　　B. 切换中选择人工方式
    C. 切换中选择用鼠标切换　　D. 切换中选择自动切换

6. 在 PowerPoint 2010 中，幻灯片(　　)是一张特殊的幻灯片，包含已设定的占位符，这些占位符是为标题、主要文本和所有幻灯片中出现的背景项目而设置的。

　　A. 模板　　　　　　B. 母版　　　　　　C. 版式　　　　　　D. 样式

7. PowerPoint 中的(　　)只有一张幻灯片。

　　A. 设计模板　　　　B. 制作模板　　　　C. 内容模板　　　　D. 大纲模板

8. 通过"百度"搜索引擎搜索素材，创建"商场促销海报"演示文稿，设置其自定义放映，并使用观众自行浏览模式放映该演示文稿。

9. 设计一个母版版式，然后套用该母版版式创建一个演示文稿。

10. 为第 8 题创建的"商场促销海报"演示文稿，分别添加对象动画和幻灯片切换动画。

11. 想一想如何为对象动画设置动画触发器？如何使用动画刷来快速设置动画？

12. 使用插入相册功能，创建一个"个人相册"演示文稿。

13. 在"个人相册"演示文稿中插入一段音频，并设置该音频在演示文稿开始放映时，从头开始播放，结束放映时，停止播放。

第 13 章 计算机网络基础与应用

☑ **学习目标**

计算机的发展推动了互联网技术的发展,而网络的普及使人们的生活变得更加丰富多彩。在互联网高速发展的今天,网络已经不是一个新鲜的名词,网络技术成了每个人必须掌握的基本技能。本章将介绍 Internet 网络的基础和应用方面的相关知识。

☑ **知识体系**

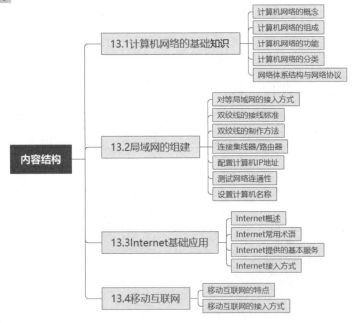

☑ **重点内容**

- 计算机网络的概念、功能和分类
- Internet 的常用接入方法

13.1 计算机网络的基础知识

计算机网络的应用非常广泛,大到国际互联网 Internet,小到几个人组成的工作组,都可以根据需要实现资源共享及信息传输。而要建立计算机网络，应首先了解一些网络的基本概念、网络的功能与结构、网络的类型、通信协议、连接设备等组网所必需的软硬件等相关知识。

13.1.1 计算机网络的概念

计算机网络是利用计算机通信设备和通信线路，将分布在不同地理位置的、具有独立功能的多台计算机、终端及其附属设备相互连接起来，在网络软件(网络协议、网络操作系统等)的支持下，实现相互之间的资源共享与信息传输的计算机系统的集合。

随着计算机技术的发展，计算机网络将具有以下几个特点。

(1) 开放式的网络体系结构，使不同软硬件环境、不同网络协议之间的网络可以互连，真正达到资源共享、数据通信和分布处理的目标。

(2) 向高性能发展，追求高速、高可靠和高安全性，采用多媒体技术，提供文本、声音图像等综合性服务。

在一个计算机网络中，连接对象是计算机、数据终端等，连接介质是通信线缆、通信设备，实现传输控制的是网络协议、网络软件。计算机网络组成示意图如图 13-1 所示。

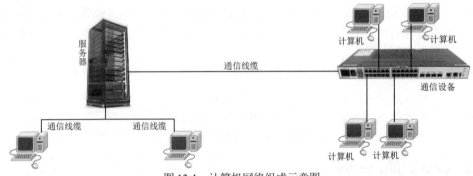

图 13-1 计算机网络组成示意图

13.1.2 计算机网络的组成

计算机网络是计算机应用的高级形式，它充分体现了信息传输与分配手段、信息处理手段的有机联系。从用户角度出发，可将计算机网络看成一个透明的数据传输机构，网上的用户在访问网络中的资源时不必考虑网络的存在。从网络逻辑功能角度来看，可以将计算机网络分成通信子网和资源子网两个部分，如图 13-2 所示。

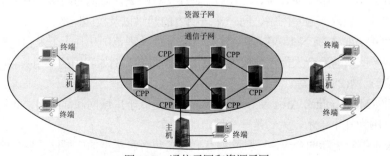

图 13-2 通信子网和资源子网

13.1.3 计算机网络的功能

计算机技术与通信技术的结合形成了计算机网络技术,计算机网络在当今社会中越来越体现出它的作用与价值,其中最重要的是信息交换、资源共享、数据通信及分布式处理。

(1) 信息交换:计算机与计算机之间快速、可靠地互相传送信息,是计算机网络的基本功能。利用网络进行通信,是当前计算机网络最主要的应用之一。人们可以在网上传送电子邮件、发布新闻消息,还可以进行电子商务、远程教育、远程医疗等活动。

(2) 资源共享:计算机网络最主要的功能是实现了资源共享。从用户的角度来看,网络用户既可以使用本地的资源,又可以使用远程计算机上的资源。资源共享包括共享硬件、软件以及存储在公共数据库中的各种数据资源,用户可根据需要使各种资源互通有无,提高资源的利用率。

(3) 数据通信:网络中的计算机与计算机之间可以通过网络快速可靠地传送和交换各种数据和信息,使分散在不同地点的单位或部门可以根据需要对这些信息进行分散、分级或集中处理。这是计算机网络提供的最基本功能。

(4) 分布式处理:利用计算机网络的技术,将一个大型复杂的计算问题分配给网络中的多台计算机,在网络操作系统的调度和管理下,由这些计算机分工协作来完成。此时的网络就像是一个具有高性能的大中型计算机系统,能很好地完成复杂的处理,但费用却比大中型计算机低得多。

(5) 提高计算机的可靠性和可用性:在网络中,当一台计算机出现故障无法继续工作时,可以调度另一台计算机来接替完成计算任务。很显然,比起单机系统来,整个系统的可靠性大为提高。当一台计算机的工作任务过重时,可以将部分任务转交给其他计算机处理,实现整个网络各计算机负担比较均衡,从而提高了每台计算机的可用性。

13.1.4 计算机网络的分类

根据计算机网络的特点,可以按照地理范围、拓扑结构、传输介质和传输速率对其进行分类。

1. 按地理范围分类

计算机网络常见的分类依据是网络覆盖的地理范围,按照这种分类方法,可以将计算机网络分为局域网、广域网和城域网 3 类。

(1) 局域网(Local Area Network,LAN),是连接近距离计算机的网络,覆盖范围从几米到数千米,例如办公室或实验室网络、同一建筑物内的网络以及校园网等。

(2) 广域网(Wide Area Network,WAN),其覆盖的地理范围从几十千米到几千千米,覆盖一个国家、地区或横跨几个大洲,形成国际性的远程网络,例如我国的共用数字数据网(China DDN)、电话交换网(PSDN)等。

(3) 城域网(Metropolitan Area Network,MAN),是介于广域网和局域网之间的一种高速网络,其覆盖范围为几十千米,大约是一个城市的规模。

在网络技术不断更新的今天,一种网络互联设备将各种类型的广域网、城域网和局域网互联起来,形成了称为互联网的网中网。互联网的出现,使计算机网络从局部到全国进而将世界连接在一起，这就是 Internet。

2. 按拓扑结构分类

拓扑学是几何学的一个分支，它是把实体抽象成与其大小、形状无关的点，将点与点之间的连接抽象成线段，进而研究它们之间的关系。计算机网络中也借用这种方法，将网络中的计算机和通信设备抽象成节点，将节点与节点之间的通信线路抽象成链路。这样，计算机网络可以抽象成由一组节点和若干链路组成。这种由节点和链路组成的几何图形，被称为计算机网络拓扑结构，或称网络结构。

拓扑结构是区分局域网类型和特性的一个很重要的因素。不同拓扑结构的局域网中所采用的信号技术、协议以及所能达到的网络性能，会有很大的差别。

(1) 总线形拓扑结构：总线形拓扑结构采用单根传输线(总线)连接网络中所有节点(工作站和服务器)，任一站点发送的信号都可以沿着总线传播，并被其他所有节点接收，如图 13-3 所示。总线结构小型局域网工作站和服务器常采用 BNC 接口网卡，利用 T 型 BNC 接口连接器和 50 欧姆同轴电缆串行连接各站点，总线两个端头需安装终端匹配器。由于不需要额外的通信设备，因此可以节约联网费用。但是，其缺点也是明显的，即只要网络中有一个节点出现故障，将导致整个网络瘫痪。

(2) 星形拓扑结构：星形结构网络中有一个唯一的转发节点(中央节点)，每一台计算机都通过单独的通信线路连接到中央节点，如图 13-4 所示，信息传送方式、访问协议十分简单。

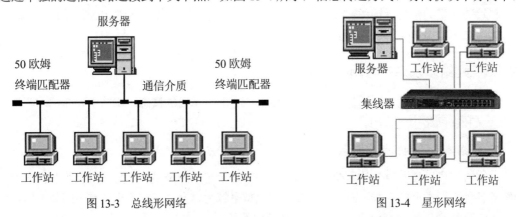

图 13-3 总线形网络　　　　　　　　图 13-4 星形网络

(3) 环形拓扑结构：环形拓扑中各节点首尾相连形成一个闭合的环，环中的数据沿着一个方向绕环逐站传输，如图 13-5 所示。环形拓扑的抗故障性能好，但网络中的任意一个节点或一条传输介质出现故障都将导致整个网络的故障。因为用来创建环形拓扑结构的设备能轻易地定位出故障的节点或电缆问题，所以环形拓扑结构管理起来比总线形拓扑结构要容易，这种结构非常适合于 LAN 中长距离传输信号。然而，环形拓扑结构在实施时比总线形拓扑结构要昂贵，而且环形拓扑结构的应用不像总线形拓扑结构那样广泛。

(4) 树形拓扑结构：树形拓扑由总线形拓扑演变而来，其结构图看上去像一棵倒挂的树，如图 13-6 所示。树最上端的节点叫根节点，一个节点发送信息时，根节点接收该信息并向全树广播。树形拓扑易于扩展与故障隔离，但对根节点依赖性太大。

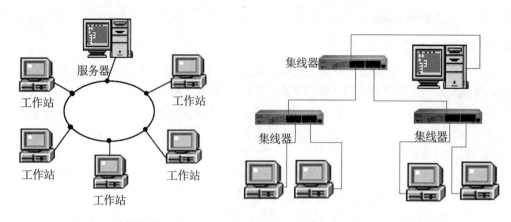

图 13-5　环形网络　　　　　　　图 13-6　树形网络

3. 按传输介质分类

传输介质指的是用于网络连接的通信线路。目前常用的传输介质有同轴电缆、双绞线、光纤、微波等有线或无线传输介质，相应地可以将网络分为同轴电缆网、双绞线网、光纤网及无线网等。

4. 按传输速率分类

传输速率指的是每秒钟传输的二进制位数，通常使用的计量单位为 b/s(bps)、Kb/s、Mb/s。按传输速率可以分为低速网、中速网和高速网。

13.1.5　网络体系结构与网络协议

网络体系结构和网络协议是计算机网络中的两个非常重要的概念。本节主要介绍这两个概念的含义和在网络中的作用。

1. 网络体系结构的基本概念

网络协议可以使不兼容的系统互相通信。如果是给定的两个系统，定义协议将非常方便，但随着各种不同类型的系统不断涌现，其难度也越来越大。允许任意两个具有不同基本体系结构的系统进行通信的一套协议集，称为一个开放系统。

一个完善的网络需要一系列网络协议构成一套完备的网络协议集。大多数网络在设计时是将网络划分为若干个相互联系而又各自独立的层次，然后针对每个层次及层次间的关系制定相应的协议，这样可以减少协议设计的复杂性。像这样的计算机网络层次结构模型及各层协议的集合，称为计算机网络体系结构(Network Architecture)。

在理解网络的体系结构时，应充分注意到网络协议的层次机制及其合理性和有效性。层次结构中每一层都是建立在前一层基础上的，下一层为上一层提供服务，上一层在实现本层功能时会充分利用下一层提供的服务。但各层之间是相对独立的，高层无须知道低层是如何实现的，仅需要知道低层通过层间接口提供服务即可。当任何一层因技术进步发生变化时，只要接口保持不变，其他各层都不会受到影响。当某层提供的服务不再需要时，甚至可以将这一层取消。

网络技术的发展过程中曾出现过多种网络体系结构。信息技术的发展在客观上提出了网络体系结构标准化的需求,在此背景下产生了国际标准化组织(ISO)的开放系统互联参考模型,即 OSI 参考模型。

2. OSI 参考模型

国际标准化组织,简称 ISO (International Standards Organization),在 1978 年制定了开放系统互连(OSI)模型。这是一个层次网络模型,它将网络通信按功能分为 7 个层次,并定义了各层的功能、层与层之间的关系以及位于相同层次的两端如何通信等,如图 13-7 所示。

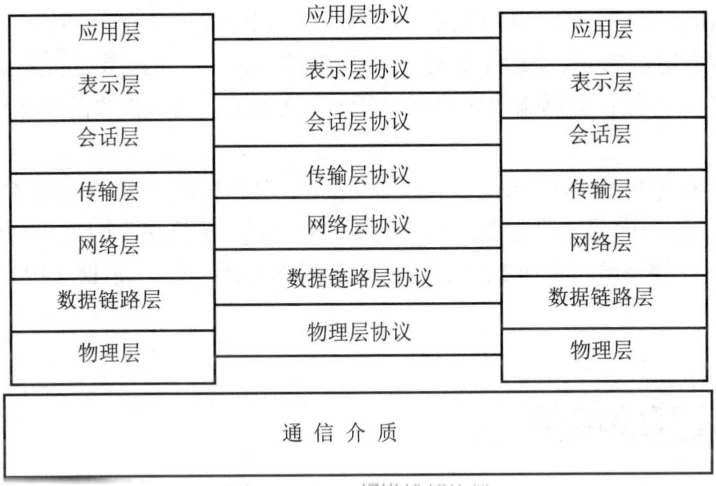

图 13-7 OSI 标准通信协议

在开放系统互连模型中,每一层使用下一层所提供的服务来实现本层的功能,并直接对上一层提供服务。例如,TCP 是传输层服务,使用非可靠的 IP 服务(即网络层服务),保证了对其上一层的可靠连接;而模型中的数据传输则是由上层向下层进行。每一层软件在传递数据前先为其加上相关信息,在产生新的数据包后才向下一层传递。重复这些步骤,直到将数据传到最底层(物理层)。

3. 网络协议

一个功能完善的计算机网络是一个复杂的结构,网络上的多台计算机间不断地交换着数据信息和控制信息。但由于不同用户使用的计算机种类多种多样,不同类型的计算机有各自不同的体系结构、使用不同的编程语言、采用不同的数据存储格式、以不同的速率进行通信,彼此间并不都兼容,通信也就非常困难。为了确保不同类型的计算机顺利地交换信息,因此必须遵守一些事先约定好的共同规则。我们把在计算机网络中用于规定信息的格式以及如何发送和接收信息的一套规则称为协议(Protocol)。

4. TCP/IP 参考模型

TCP/IP 参考模型是另外一个有重要意义的参考模型,与 OSI 参考模型不同,TCP/IP 模型更侧重于互联设备间的数据传送,而不是严格的功能层次划分。它通过解释功能层次分布的重要性做到这一点,但它仍为设计者具体实现协议留下很大的余地。因此,OSI 参考模型在解释互联网络通信机制上比较适合,但 TCP/IP 成了互联网络协议的市场标准。

OSI 参考模型与 TCP/IP 参考模型都采用了层次结构的概念,但是两者在层次划分、使用协议上有很大的区别。TCP/IP 参考模型有四个层次，其中应用层与 OSI 中的应用层对应，传输层与 OSI 中的传输层对应，网络层与 OSI 中的网络层对应，网络接口层与 OSI 中的物理层和数据链路层对应。TCP/IP 中没有 OSI 中的表示层和会话层。

(1) 应用层(Application Layer)：应用层是 TCP/IP 参考模型的最高层，它向用户提供一些常用应用程序接口。应用层包括了所有的高层协议，并且总是不断有新的协议加入。

(2) 传输层(Transport Layer)：传输层主要功能是负责应用进程之间的端—端通信。传输层定义了两种协议：传输控制协议 TCP 与用户数据报协议 UDP。

(3) 网络层(Internet Layer)：网络层负责处理互联网中计算机之间的通信，向传输层提供统一的数据报。网络层包括 IP、ARP、RARP、ICMP 等协议，其中最重要的是 IP 协议，它的主要功能有以下 3 个方面：处理来自传输层的分组发送请求，处理接收的数据包，处理互联的路径。

(4) 网络接口层(Host-to-Network Layer)：网络接口层负责把 IP 包放到网络传输介质上和从网络传输介质上接收 IP 包。通过这种方法，TCP/IP 可以用来连接不同类型的网络，包括局域网、广域网以及无线网等，并可独立于任何特定网络拓扑结构，使 TCP/IP 能适应新的拓扑结构。

13.2 局域网的组建

局域网的结构决定了网络的管理方式，确定局域网的结构是构建局域网的过程中非常重要的一环。目前在小型局域网中应用较为广泛的主要有对等网(Peer-to-Peer)和客户端/服务器网(Client/Server)这两种网络结构。对于大部分家庭用户和小型局域网环境来说，使用对等网就足够实现他们日常的网络功能，并且对等网和客户端/服务器网相比，在实现和管理方面都要简单得多。所以，本书中将把对等局域网作为重点介绍对象。

13.2.1 对等局域网的接入方式

在将计算机接入对等局域网中时，应先选择接入局域网的方式。根据网络中计算机的数量，用户可选择以下 3 种接入方式。

(1) 如果网络中只有两台计算机，只需要在每台计算机上安装一块网卡，然后使用交叉双绞线的方式将两台计算机的网卡连接起来即可，如图 13-8 所示。

图 13-8 两台计算机互连

(2) 如果网络中只有 3 台计算机，可在其中一台计算机上安装两块网卡，另外两台计算机各安装一块网卡，然后用交叉双绞线进行连接，如图 13-9 所示。

(3) 对于具有 3 台以上计算机的对等网，则可以使用集线器或路由器进行连接，使用直通双绞线组成星形网络，如图 13-10 所示。这种接入方式是目前使用最为广泛的局域网连接方式，它可以实现多台计算机共享上网,并且安全性能比较高,不会因其中的某台计算机瘫痪而使整个网络崩溃。

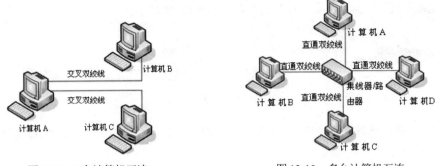

图 13-9　3 台计算机互连　　　　图 13-10　多台计算机互连

13.2.2　双绞线的接线标准

双绞线(Twisted Pair,TP)是最常见的一种电缆传输介质,它使用一对或多对按规则缠绕在一起的绝缘铜芯电线来传输信号。

在局域网中最为常见的是图 13-11 所示的由 4 对、8 股不同颜色的铜线缠绕在一起的五类双绞线,线的最外层是绝缘外套。

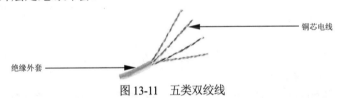

图 13-11　五类双绞线

双绞线的接法有两种标准。
- 568B 标准,即正线:橙白,橙,绿白,蓝,蓝白,绿,棕白,棕。
- 568A 标准,即反线:绿白,绿,橙白,蓝,蓝白,橙,棕白,棕。

根据网线两端连接设备的不同,双绞线的制作方法分为两种:直通线和交叉线。

直通线两端的线序如下。
- A 端从左到右依次为:橙白,橙,绿白,蓝,蓝白,绿,棕白,棕。
- B 端从左到右依次为:橙白,橙,绿白,蓝,蓝白,绿,棕白,棕。

从以上可以看出,直通线两端的线序是相同的,即都是采用 568B 标准。

交叉线两端的线序如下。
- A 端从左到右依次为:橙白,橙,绿白,蓝,蓝白,绿,棕白,棕。
- B 端从左到右依次为:绿白,绿,橙白,蓝,蓝白,橙,棕白,棕。

从以上可以看出,交叉线的一端采用 568B 标准,另一端采用 568A 标准。

13.2.3　双绞线的制作方法

在制作双绞线之前,首先需要准备好相应的工具。制作双绞线时,使用的工具有斜口钳、剥线钳、压线钳和网络测试仪等。

(1) 使用斜口钳剪去所需长度的双绞线，然后在其两端套上护套，如图 13-12 所示。

(2) 使用剥线钳剥去一定长度的护套，露出相互缠绕的 4 对芯线，如图 13-13 所示。然后将 4 对芯线呈扇形拨开，然后将每一对芯线分开，如图 13-14 所示。

图 13-12　套上护套

图 13-13　剥去护套

图 13-14　分开芯线

(3) 将 8 根芯线捋直，按照顺序排列好后，用剥线钳剪齐，然后将其插入 RJ-45 水晶头中，如图 13-15 所示。

(4) 将 RJ-45 接头放入压线钳的压接槽，将水晶头顶紧后，用力将其压紧，然后将护套推向接头，将其套住，如图 13-16 和图 13-17 所示。

图 13-15　插入水晶头

图 13-16　使用压线钳压紧

图 13-17　套上护套线

13.2.4　连接集线器/路由器

集线器的英文名称就是常说的 Hub，英文 Hub 是"中心"的意思。集线器是网络集中管理的最基本单元，如图 13-18 所示。

随着路由器价格的不断下降，越来越多的用户在组建局域网时会选择路由器，如图 13-19 所示。与集线器相比，路由器拥有更加强大的数据通道功能和控制功能。

图 13-18　集线器

图 13-19　路由器

连接集线器与连接路由器的方法相同，将网线一端插入集线器/路由器上的接口，另一端插入计算机网卡接口中即可，如图 13-20 和图 13-21 所示。

图 13-20　连接集线器或路由器

图 13-21　连接计算机网卡接口

13.2.5 配置计算机 IP 地址

IP 地址是计算机在网络中的身份识别码，只有为计算机配置了正确的 IP 地址，计算机才能够接入网络。

【例 13-1】为网络中的计算机配置 IP 地址。

(1) 桌面上右击【网络】图标，在弹出的快捷菜单中选择【属性】命令，如图 13-22 所示，打开【网络和共享中心】窗口。

(2) 在【网络和共享中心】窗口中单击【本地连接】按钮，打开【本地连接状态】对话框，然后在该对话框中单击【属性】按钮，如图 13-23 所示。

图 13-22　【网络】图标　　　　图 13-23　打开【本地连接状态】对话框

(3) 在打开的【本地连接属性】对话框中，双击【Internet 协议版本 4(TCP/IPv4)】选项，如图 13-24 所示。

(4) 由于现在创建的是对等型局域网，因此没有专用的 DHCP 服务器为客户机分配动态 IP 地址，用户必须手动指定一个 IP 地址。例如，用户可以输入一个标准的局域网 IP 地址为 192.168.1.88、子网掩码为 255.255.255.0，如图 13-25 所示。

图 13-24　【本地连接属性】对话框　　　　图 13-25　设置 IP 地址

(5) 在客户端/服务器局域网中，如果网络中的服务器配置有 DHCP 服务，则该服务可以自动为该计算机分配动态 IP 地址，用户只需选择【自动获得 IP 地址】单选按钮即可。

按照上述步骤，也可对网络中的其他计算机进行 TCP/IP 协议的设置。需要注意的是，其余计算机的 IP 地址也应设置为 192.168.0.X，即所有的 IP 地址必须在一个网段中，X 的范围是

1 到 254，并且最后一位 IP 地址不能重复。

13.2.6 测试网络连通性

配置完网络协议后，还需要使用 ping 命令来测试网络连通性，查看计算机是否已经成功接入局域网当中。

【例 13-2】在 Windows 系统中使用 ping 命令测试网络的连通性。

(1) 单击【开始】按钮，在弹出的菜单中输入命令 cmd，如图 13-26 所示。

(2) 按下 Enter 键，打开命令提示符窗口。如果网络中有一台计算机(非本机)的 IP 地址是 192.168.1.1，可在该窗口中输入命令 ping 192.168.138.1，然后按下 Enter 键，如果显示图 13-27 所示的测试结果，则说明网络已经正常连通。

图 13-26　输入命令 cmd

图 13-27　测试网络连通性

13.2.7 设置计算机名称

若想要局域网中的其他用户能够方便地访问自己的计算机，可以为计算机设置一个简单易记的名称。若网络中已经有和自己计算机名称相同的计算机，则需要修改自己计算机的名称。

【例 13-3】在 Windows 7 系统中设置计算机在网络中的名称。

(1) 右击【我的电脑】图标，在弹出的菜单中选择【属性】命令，打开【系统】对话框，如图 13-28 所示。

(2) 单击【更改设置】按钮，打开【系统属性】对话框。在【计算机描述】文本框中输入计算机的新名称，如图 13-29 所示。

图 13-28　【系统】对话框

图 13-29　【系统属性】对话框

(3) 单击【确定】按钮，在打开的对话框中将提示用户要重新启动计算机才能使设置生效。

再次单击【确定】按钮，重新启动计算机后，完成计算机名称的更改。

13.3 Internet 基础应用

Internet，中文译名为因特网，又叫作国际互联网。它是由那些使用公用语言互相通信的计算机连接而成的全球性网络。简单地说，Internet 是由多台计算机组成的系统，它们以电缆相连，用户可以相互共享其他计算机上的文件、数据和设备等资源。

13.3.1 Internet 概述

Internet 最早来源于由美国国防部高级研究计划局(Defense Advanced Research Projects Agency，DARPA)的前身 ARPA 建立的 ARPAnet，这个项目基于这样一种主导思想：网络必须能够经受住故障的考验而维持正常工作，一旦发生战争，当网络的某一部分因遭受攻击而失去工作能力时，网络的其他部分应当能够维持正常通信。最初，APPAnet 主要用于军事研究的目的，它有以下五大特点。

- 支持资源共享。
- 采用分布式控制技术。
- 采用分组交换技术。
- 使用通信控制处理机。
- 采用分层的网络通信协议。

随着通信技术、微电子技术、计算机技术等的高速发展，Internet 技术也日臻完善，由最初的面向专业领域，发展到现在的面向千家万户，Internet 真正走入了寻常百姓家。

13.3.2 Internet 常用术语

用户在初次接触 Internet 时，经常会遇到一些陌生的网络名词，为了能够让用户更好地使用 Internet，首先介绍一些基本的网络术语以供参考。

1. TCP/IP 协议

TCP/IP 协议是 Internet 的基础协议，也是一种计算机数据打包和寻址的标准方法，是用来维护、管理和调整网络系统之间通信的一种通信协议。它规范网络上的所有通信设备，尤其是一台主机与另一台主机之间的数据往来格式及传送方式。

2. IP 地址

Internet 上的每一台机器(PC 机、服务器、路由器等)都由一个独有的 IP 地址来唯一识别。一个 IP 地址含 32 个二进制位(Bit)，被分为 4 段，每段 8 位(1Byte)。例如：202.97.30.181 为 Internet 上的 IP 地址，该网所在的网络为小型网(即 C 类网络)。202.97.30 表示该主机所在的网号，181 表示该主机的主机号。

3. 域名与主机名

IP 地址不容易记忆，因此，Internet 还应用"标准名称"寻址方案，即为每台机器都分配一个独有的"标准名称"，并由分布式命名体系自动翻译成 IP 地址。这种翻译称为"主机名/域名解析"或"名称解析"。

机器的标准名称包括域名和主机名，也采取多段表示方法，多段之间用圆点分开，例如：xatu.edu.cn。标准名称的命名规则与 IP 地址相反，自右向左级别越来越低。例如，最右边的名称 cn 是最高层次的域名，edu 表示 cn 的下一层域名，xatu 表示最低层次的域名。其中 cn 表示中国的网络，edu 表示教育网，xatu 就表示教育网下的一所学校。域名应该尽可能通俗易懂，使人们从域名就能够判断出该主机的工作性质。最高层次域名中的一些常用域名及含义如表 13-1 所示。

表 13-1 常用域名及含义

域 名	机构类型	域 名	机构类型
.gov	政府机构	.firm	商业或公司
.edu	教育机构	.store	供应商品的业务部门
.int	国际组织	.web	与万维网有关的实体
.mil	军事机构	.arts	文艺机构
.com	商业机构	.net	网络中心
.info	信息服务实体	.org	社会组织、专业协会

国家和专区的域名常使用两个字母来表示。例如：au 表示澳大利亚，be 表示比利时，fl 表示芬兰，dk 表示丹麦，de 表示德国，cn 表示中国等。

4. URL

URL 是 Uniform Resource Location 的缩写，译为"统一资源定位符"。通俗地说，URL 是 Internet 上用来描述信息资源的字符串，主要用在各种 WWW 客户程序和服务器程序上。采用 URL 可以用一种统一的格式来描述各种信息资源，包括文件、服务器的地址和目录等。URL 的格式由下列 3 个部分组成：第一部分是协议(或称为服务方式)；第二部分是存有该资源的主机 IP 地址(有时也包括端口号)；第三部分是主机资源的具体地址，如目录和文件名等。

其中，第一部分和第二部分之间用"://"符号隔开，第二部分和第三部分用"/"符号隔开。第一部分和第二部分是不可缺少的，第三部分有时可以省略。例如 http://mp3.baidu.com/。

13.3.3　Internet 提供的基本服务

Internet 提供的服务很多，而且新的服务还不断推出，目前最基本的服务有信息查询服务、电子邮件服务、文件传输服务、电子公告牌、娱乐与会话服务等。

(1) 信息查询服务：Internet 上的信息资源非常丰富，它提供了能在数台计算机上查找所需信息的工具。在此基础上，Internet 又开发了一些功能完善、用户界面良好的信息搜索引擎，帮助用户更轻松、更容易地查找网络信息。

(2) 电子邮件服务：电子邮件服务是 Internet 上使用最为广泛的一种服务，使用这种服务可以传输各种文本、声音、图像、视频等信息。用户只需在网络上申请一个虚拟的电子信箱，就可以通过电子信箱收发邮件。

(3) 文件传输服务：Internet 允许用户将一台计算机上的文件传送到网络上的另一台计算机上。通过传输文件的服务，用户不但可以获取 Internet 上丰富的资源，还可以将自己计算机中的文件复制到其他计算机中。传输的文件内容可包括程序、图片、音乐和视频等各类信息。

(4) 电子公告牌：电子公告牌又称为 BBS，是一种电子信息服务系统。通过提供公共电子白板，用户可以在上面发表意见，并利用 BBS 进行网上聊天、网上讨论、组织沙龙、为别人提供信息等。

(5) 娱乐与会话服务：通过 Internet，用户可以使用专门的软件或设备与世界各地的用户进行实时通话和视频聊天。此外，用户还可以参与各种娱乐游戏，如网上下棋、玩网络游戏、看电影等。

13.3.4　Internet 接入方式

目前可供选用的 Internet 接入方式主要有 PSTN、ISDN、DDN、LAN、ADSL、VDSL、PON、无线接入等几种。下面重点介绍 ADSL 和无线接入两种方式。

1. ADSL 接入

ADSL 是目前使用最多的网络接入方式，使用电话线接入，在上网的同时仍然可以使用电话，理论上最快可以达到 24Mb/s，但从目前的价格和普及程度看，还是 2Mb/s 和 4Mb/s 的 ADSL 网络比较多见。

家庭中若有两台或是更多的计算机，可用路由器加网线连接共享网络(两个设备之间线长不超过 100m)，路由器一般有 4 个有线接口。若有笔记本内置无线网卡，也可以考虑用无线路由器，组成有线无线混合网络，无线可以覆盖 40～60m 半径范围，移动方便。

在一些星级酒店、会场、机场之类的场所，会提供无线接入点(无线信号发射点)，此时只要笔记本有无线网卡就可以接入(若计算机没有内置无线网卡，可以买一个 USB 外置"无线网卡"，建议用 150Mb/s 或更高的速率)。

2. 无线接入

无线上网是指使用无线连接登录互联网的上网方式。它使用无线电波作为数据传送的媒介，方便快捷，深受广大商务人士喜爱。

在 Windows 7 系统中设置电脑无线上网的方法如下。

(1) 单击【开始】按钮，选择【控制面板】选项，打开【控制面板】窗口，单击其中的【网络和共享中心】选项。

(2) 在打开的窗口中，单击【创建新的连接或网络】文字链接，如图 13-30 所示。

(3) 在打开的对话框中，选择【连接到 Internet】选项，然后单击【下一步】按钮。

(4) 在打开的对话框中，单击【无线】链接，如图 13-31 所示。

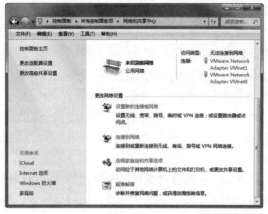
图 13-30　创建新的连接或网络

图 13-31　选择无线连接

(5) 此时，在桌面的右下角自动弹出一个窗口，窗口中显示所有可用的无线网络信号，并按照信号强度从高到低的方式排列，选择一个可用的信号，然后单击"连接"按钮即可。

为了防止他人盗用无线网络，大多数的家庭用户都会设置无线接入密码；而有些场合则会提供免费的无线网络接入点，比如茶社、咖啡厅等场所的无线网络一般不会设置密码，用户可以自由免费地接入。

13.4　移动互联网

移动互联网是移动通信技术与互联网技术融合的产物。目前，移动互联网已逐渐渗透到人们生活、工作的各个领域，丰富多彩的移动互联网应用迅猛发展，正深刻地改变着信息时代的社会生活。

移动互联网的概念有过多次的发展变化。移动互联网最初是"移动增值网"，是移动通信系统提供增值服务的网络。随着独立 WAP 网站的出现，移动互联网开始出现独立于移动网络体系之外的元素。现阶段，移动互联网基本通过移动网络承载接入，但以互联网技术(如 HTTP/XML 等)为基础，业务以互联网业务为主。而未来宽带无线接入的普及，可以让人们有更多接入公共互联网方式的选择。

13.4.1　移动互联网的特点

移动互联网包括 3 个要素：移动终端、无线网络和应用服务。移动互联网使用户可以在移动状态下接入和使用互联网服务。这就要求移动终端必须具有体积小、重量轻、能耗低等便于用户随时使用的特点。这种便携性，一方面让移动终端有很强的个人属性，所用的内容和服务多与即时状态、位置、需求等相关，也更私密，如手机支付业务等；另一方面，也让终端能力受到了屏幕大小、处理能力、输入方式、电池容量等限制。无线网络的能力也会受到无线网络传输环境、技术能力等因素的限制。以上这些使得用户有了不同于以往桌面互联网应用的需求，反过来要求移动互联网服务更加简便、快捷、安全。

综上所述，移动互联网具有便携性、隐私性、位置性、实时性特点。

13.4.2 移动互联网的接入方式

移动互联网支持的无线接入方式，根据覆盖范围的不同，可以分为无线个人域网(WPAN)接入、无线局域网(WLAN)接入、无线城域网(WMAN)接入和无线广域网(WWAN)接入。

(1) WPAN 主要用于个人区域网场合，以 IEEE802.15 为基础。其中，蓝牙是目前最流行的 WPAN 技术，其典型通信距离为 10m，带宽为 3Mb/s；其他技术，如超宽带(UWB)技术侧重于近距离告诉传输；而 Zigbee 技术则专用于短距离的低速数据传输。

(2) WLAN 以 IEEE802.11 标准为基础，也就是众所周知的 Wi-Fi 网络，支持静止和低速的移动接入。其中 802.11g 的覆盖范围约 100m，带宽为 54Mb/s。Wi-Fi 技术成熟，目前处于快速发展中，已在机场、酒店、校园等公共场所被广泛应用。

(3) WMAN 是一种新兴的适合于城域接入的技术，以 IEEE802.16 标准为基础，常被称为 WiMax 网络，支持中速移动，传输距离可达 50km，带宽可至 70Mb/s。WiMax 可以为高速数据应用提供更出色的移动性，但在互联互通和大规模应用方面上存在很多亟待解决的问题。

(4) WWAN 指的是利用现有的移动通信网络实现互联网接入，具有网络覆盖范围广、支持高速移动性、用户接入方便等优点。目前，以 GPRS、EDGE 等数据通信技术为代表的 2.5G 移动通信还没有退出历史舞台，3G、4G 技术被我国和世界范围内广泛应用，而 5G 网络已经开始布局，其共同目标是实现移动业务的带宽化。3G 的 3 种主流制式分别为 WCDMA、CDMA2000 和 TD-SCDMA，基站覆盖范围可以达到 7km，室内应用带宽可以达到 2Mb/s，高速移动时支持 384Kb/s 的数据传输。而按照 ITU(国际电信联盟)的定义，4G 技术要求传输速率静态达到 1Gb/s，用户在高速移动状态下可以达到 100Mb/s。主流的 4G 标准是 LTE Advanced(长期演进技术升级版)。现在 WWAN 是目前使用最广泛的移动互联网接入方式。

13.5 课后习题

1. 通过 Internet 发送或接收电子邮件(E-mail)的首要条件是有一个电子邮件地址，它的正确形式是( )。
   A. 用户名@域名　　　B. 用户名#域名　　　C. 用户名/域名　　　D. 用户名•域名
2. 域名是 Internet 服务提供商(ISP)的计算机名，域名中的后缀.gov 表示机构所属类型为( )。
   A. 军事机构　　　　　B. 政府机构　　　　　C. 教育机构　　　　　D. 商业公司
3. 第一个分组交换网是( )。
   A. ARPARNET　　　　B. 电信网　　　　　　C. 以太网　　　　　　D. Internet
4. 与 Web 站点和 Web 页面密切相关的一个概念是"统一资源定位器"，它的英文缩写是( )。
   A. UPS　　　　　　　B. USB　　　　　　　C. ULR　　　　　　　D. URL
5. 计算机通过远程拨号访问 Internet，除了要有一台计算机和一个 Modem 之外，还要有( )。
   A. 一块网卡和一部电话机　　　B. 一条有效的电话线

C. 一条双绞线　　　　　　D. 一条同轴电缆

6. 下列关于 TCP 和 UDP 的描述中正确的是(　　)。

　　A. TCP 和 UDP 均是面向连接的

　　B. TCP 和 UDP 均是无连接的

　　C. TCP 是面向连接的，UDP 是无连接的

　　D. UDP 是面向连接的，TCP 是无连接的

7. 网卡是用来完成(　　)功能的。

　　A. 物理层　　　B. 数据链路层　　　C. 物理和数据链路层　　　D. 数据链路层和网络层

8. 域名服务器 DNS 的主要功能为(　　)。

　　A. 通过查询获得主机和网络的相关信息

　　B. 查询主机的 MAC 地址

　　C. 查询主机的计算机名

　　D. 合理分配 IP 地址的使用

9. 以下网络分类方法中，(　　)分类采用了不同的标准。

　　A. 局域网/广域网　　　　　B. 树型网/城域网

　　C. 环型网/星型网　　　　　D. 广播网/点对点网

10. 有关 ASP 和 JavaScript 的正确描述是(　　)。

　　A. 两者都能够在 Web 浏览器上运行

　　B. ASP 在服务器端执行，而 JavaScript 一般在客户端执行

　　C. JavaScript 在服务器端执行，而 ASP 一般在客户端执行

　　D. 它们是两种不同的网页制作语言，在制作网页时一般选择其一

11. WWW 是 Internet 上的一种(　　)。

　　A. 浏览器　　　　B. 协议　　　　C. 协议集　　　　D. 服务

12. 关于 IP 地址 192.168.0.0～192.168.255.255 的正确说法是(　　)。

　　A. 它们是标准的 IP 地址，可以从 Internet 的 NIC 分配使用

　　B. 它们已经被保留在 Internet 的 NIC 内部，不能够对外分配使用

　　C. 它们已经留在美国使用

　　D. 它们可以被任何企业用于企业内部网，但是不能够用于 Internet

13. 下列不属于 Internet 接入方式的是(　　)。

　　A. ISP　　　　　B. ADSL　　　　　C. DDN　　　　　D. ISDN

14. Internet Explorer 简称 IE，是(　　)。

　　A. 系统软件　　　　　　　　B. 文件传输软件

　　C. 电子邮件服务软件　　　　D. 应用软件

15. 计算机局域网的英文缩写名称是(　　)。

　　A. WAN　　　　　B. LAN　　　　　C. MAN　　　　　D. SAN

16. 下列不属于计算机网络基本拓扑结构的形式是(　　)。

　　A. 星形　　　　　B. 环形　　　　　C. 总线形　　　　　D. 分支

第 14 章
多媒体技术及应用

☑ **学习目标**

多媒体是指将文字、图像和声音等单一媒体有机结合在一起的媒体,它相比传统的文字或图像媒体能传递更多的信息,已经成为当今计算机技术中的核心部分。广大用户通过多媒体可以得到视觉、听觉以及其他感官上的享受。本章主要介绍多媒体技术的相关知识。

☑ **知识体系**

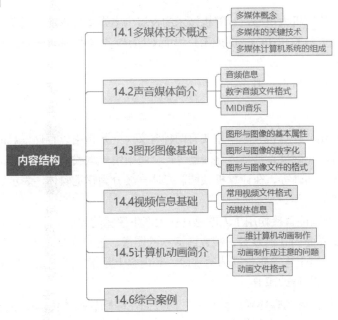

☑ **重点内容**

- 多媒体在计算机中的两种含义
- 多媒体的基本要素及主要特性
- 数字音频、视频的特征、技术指标
- 计算机动画的原理、文件格式和制作方法

14.1 多媒体技术概述

多媒体(Multimedia)简单地说是指文本(Text)、图形(Graphics)、图像(Image)、声音(Sound)、动画(Animation)、视频(Video)等多种媒体的统称。多媒体技术的定义目前有多种解释,可根据多媒体技术的环境特征来给出一个综合的描述,其意义可归纳为:计算机综合处理多种媒体信息,包括文本、图形、图像、声音、动画以及视频等,在各种媒体信息间按某种方式建立逻辑连接,集成为具有交互能力的信息演示系统。

14.1.1 多媒体概念

多媒体技术涉及许多学科,如图像处理系统、声音处理技术、视频处理技术以及三维动画技术等,它是一门跨学科的综合性技术。多媒体技术用计算机把各种不同的电子媒体集成并控制起来,这些媒体包括计算机屏幕显示、视频、语言和声音的合成以及计算机动画等,且使整个系统具有交互性,因此多媒体技术又可看成一种界面技术,它使得人机界面更为形象、生动、友好。

多媒体技术以计算机为核心,计算机技术的发展为多媒体技术的应用奠定了坚实的基础。国外有的专家把个人计算机(PC)、图形用户界面(GUI)和多媒体(Multimedia)称为近年来计算机发展的三大里程碑。

多媒体的主要概念有以下几个。

1. 媒体

多媒体(Medium)在计算机领域中主要有两种含义:一是指用以存储信息的实体,如磁带、磁盘、光盘、U盘、光磁盘、半导体存储器等;二是指用于承载信息的载体,如数字、文字、声音、图形、图像、动画等。在计算机领域,媒体一般分为感觉媒体、表示媒体、表现媒体、存储媒体和传输媒体5类。

(1) 感觉媒体是指能直接作用于人的感官让人产生感觉的媒体。此类媒体包括人类的语言、文字、音乐、自然界面的其他声音、精致或活动的图像、图形和动画等。

(2) 表示媒体是用于传输感觉媒体的手段。其内容上是指对感觉媒体的各种编码,包括语言编码、文本编码和图像编码等。

(3) 表现媒体是指感觉媒体和计算机之间的界面,即感觉媒体传输中电信号和感觉媒体之间转换所用的媒体。表现媒体又分为输入表现媒体和输出表现媒体。输入表现媒体如键盘、鼠标、光笔、数字化仪、扫描仪、麦克风、摄像机等;输出表现媒体如显示器、打印机、扬声器、投影仪等。

(4) 存储媒体是指用于存储表现媒体的介质,包括内存、硬盘、磁带和光盘等。

(5) 传输媒体是指将表现媒体从一处传送到另一处的物理载体,包括导线、电缆、电磁波等。

2. 多媒体的基本元素

(1) 媒体：指以 ASCII 码存储的文件，是最常见的一种媒体形式。
(2) 图形：指由计算机绘制的各种几何图形。
(3) 图像：指由摄像机或图形扫描仪等输入设备获取的实际场景的静止画面。
(4) 动画：指借助计算机生成一系列可供动态实习演播的连续图像。
(5) 音频：指数字化的声音，它可以是解说、背景音乐及各种声响。音频可分为音乐音频和话音音频。
(6) 视频：指由摄像机等输入设备获取的活动画面。由摄像机得到的视频图像是一种模拟视频图像。模拟视频图像输入计算机需经过模数(A/D)转换后，才能进行编辑和存储。

多媒体具有多样化、交互性、集成性和实时性的特征。

14.1.2 多媒体的关键技术

多媒体的关键技术主要包括数据压缩与解压缩、媒体同步、多媒体网络、超媒体等。其中以视频和音频数据的压缩与解压缩技术最为重要。

视频和音频信号的数据量大，同时要求传输速度要高，目前的计算机还不能完全满足要求，因此，对多媒体数据必须进行实时的压缩与解压缩。

数据压缩技术又称为数据编码技术，目前对多媒体信息的数据的编码技术主要有以下几种。

(1) JPEG 标准。JPEG(Joint Photographic Experts Group，联合摄像专家组)是 1986 年制定的主要针对静止图像的第一个图像压缩国际标准。该标准制定了有损和无损两种压缩编码方案，JPEG 对单色和彩色图像的压缩比分别为 10:1 和 15:1。许多 Web 浏览器都将 JPEG 图像作为一种标准文件格式，以供浏览者浏览网页中的图像。

(2) MPEG 标准。MPEG(Moving Picture Experts Group，动态图像专家组)是国际标准化组织和国际电工委员会组成的一个专家组，现在已成为有关技术标准的代名词。MPEG 是压缩全动画视频的一种标准方法，压缩运动图像。它包括三部分：MPEG-Video、MPEG-Audio、MPEG-System(也可用数字编号代替 MPEG 后面对应的单词)。MPEG 平均压缩比为 50:1，常用于硬盘、局域网、有线电视(Cable-TV)信息压缩。

(3) H.216 标准(又称为 P(64)标准)。H.216 标准是国际电报电话咨询委员会(CCITT)为可视电话和电视会议制定的标准，是关于视像和声音双向传输的标准。

14.1.3 多媒体计算机系统的组成

多媒体计算机具有能捕获、存储、处理和展示包括文字、图形、图像、声音、动画和活动影像等多种类型信息的能力。完整的多媒体计算机系统由多媒体计算机硬件系统和多媒体计算机软件系统两大部分组成。

1. 多媒体计算机硬件系统

多媒体计算机硬件系统主要包括以下几个部分。
- 多媒体主机，即支持多媒体指令的 CPU。
- 多媒体输入设备，如录像机、摄像机、话筒等。

- 多媒体输出设备，如音箱、耳机、录像带等。
- 多媒体接口卡，如音频卡、视频卡、图形压缩卡、网络通信卡等。
- 多媒体操纵控制设备，如触摸式显示屏、鼠标、键盘等。

多媒体计算机硬件系统的组成部分如图 14-1 所示。

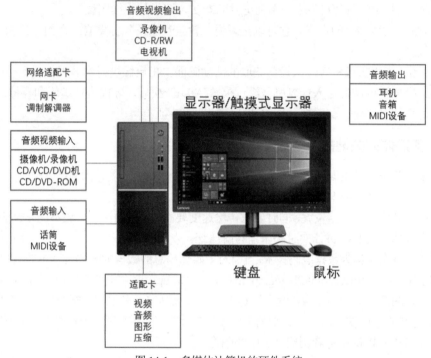

图 14-1 多媒体计算机的硬件系统

2. 多媒体计算机软件系统

多媒体计算机软件系统主要包括以下几个部分。
- 支持多媒体的操作系统。
- 多媒体数据管理系统。
- 多媒体压缩与解压缩软件。
- 多媒体通信软件。

3. 多媒体个人计算机

能够处理多媒体信息的个人计算机称为多媒体个人计算机(Multimedia Personal Computer，MPC)。目前市场上的主流计算机都是 MPC，而且配置已经远远超过了国际 MPC 标准。

多媒体个人计算机中必须配置声卡、CD-ROM 驱动器，其他可根据需要选配。下面介绍多媒体个人计算机所涉及的主要硬件技术。

(1) 声音卡的配置。声音卡又称音频卡或声卡，是多媒体个人计算机必选配件，它是计算机进行声音处理的设配器。其作用是从话筒中捕获声音，经过模/数转换器对声音模拟信号以固定的时间进行采样变成数字化信息，经过转换后的数字信息便可存储到计算机中。在重放声音时，再把这些数字信息送到声音卡数/模转换器中，以同样的采样频率还原为模拟信号，经放大后作为音频输出。有了声音卡，计算机便具有了听、说、唱的功能。

声音卡有三个基本功能：一是音乐合成发音功能；二是混音器(Mixer)功能和数字声音效果处理器(DSP)功能；三是模拟声音信号的输入和输出功能。

(2) 视频卡。图像处理已成为多媒体计算机的热门技术。图像的获取一般可通过两种方法：一种是利用专门的图形、图像处理软件创作所需要的图形；另一种是利用扫描仪或数字照相机把照片、艺术作品或实景输入计算机。然而，上述方法只能采集静止画面，要想捕获动态画面，就要借助于电视设备。视频卡的作用就是为多媒体个人计算机和电视机、录像机或摄像机提供一个接口，用来捕获动态图像，进行实时压缩生成数字视频信号，可以存储，进行各种特技处理，像一般数据一样进行传输。

视频卡是多媒体计算机中处理活动图像的适配器。视频卡是一种统称，并不是必需的。高档视频捕获卡价格昂贵，主要供专业人员使用。在视频卡中，根据功能和所处理的影像源及目标的不同，又可分成许多种类，有视频叠加卡、视频捕获卡、电视编码卡、电视选台卡、压缩/解压卡等。

14.2 声音媒体简介

声音在多媒体课件中不仅可以与文字信息一样，用于叙述、说明课件的内容等，还可以用作背景音乐，起到烘托气氛、强调主题的作用。

14.2.1 音频信息

1. 音频的数字化

在多媒体系统中，声音是指人耳能识别的音频信息。根据声波的特征，可把音频信息分为规则音频和不规则声音。其中规则音频又可以分为语音、音乐和音效。规则音频是一种连续变化的模拟信号，可用一条连续的曲线来表示，称为声波。声波又可以分解为正弦波的叠加。不规则声音一般指不携带信息的噪声。

计算机内采用二进制数表示各种信息，所以计算机内的音频必须是数字形式的，因此必须把模拟音频信号转化成有限个数字表示的离散序列，即实现音频数字化。在这一处理技术中，涉及音频的抽样、量化和编码。

音频数字化的最大好处是资料传输与保存的不易失真。记录的资料只要数字大小不改变，记录的资料内容就不会改变。因此在一般的情况下无论复制多少次，传输多么远，资料的内容都是相同的，不会产生失真。

2. 数字音频的技术指标

数字音频的主要技术指标有采样频率、量化位数和声道数。

(1) 采样频率。采样频率是指1s内采样的次数。根据奈奎斯特(Harry Nyquist)采样理论：如果对某一模拟信号进行采样，则采样后可还原的最高信号频率只有采样频率的一半。

(2) 量化位数。量化位数是对模拟音频信号的幅度轴进行数字化,它决定了模拟信号数字化以后的动态范围。由于计算机按字节运算,一般的量化位数为 8 位和 16 位。量化位越高,信号的动态范围越大,数字化后的音频信号就越可能接近原始信号,但所需的存储空间也越大。

(3) 声道数。声道数有单声道和双声道之分。双声道又称为立体声,在硬件中要占两条线路,音质、音色好,但立体声数字化后所占空间比单声道多一倍。

14.2.2 数字音频文件格式

数字音频是将真实数字信号保存起来,播放时通过声卡将信号恢复成悦耳的声音。绝大多数声音文件采用了不同的音频压缩算法,在基本保持声音质量不变的情况下尽可能获得更小的文件。

(1) Wave 文件(.WAV)。Wave 格式是 Microsoft 公司开发的一种声音文件格式,它符合 RIFF(Resource Interchange File Format)文件规范,用于保存 Windows 平台的音频信息资源,被 Windows 平台及其应用程序广泛支持。Wave 格式支持多种音频位数、采用频率和声道,但其文件尺寸较大,多用于存储简短的声音片段。

(2) AIFF 文件(.AIF/.AIFF)。AIFF(Audio Interchange File Format,音频交换文件格式)是苹果计算机公司开发的一种声音文件格式,被 Macintosh 平台及其应用程序所支持。

(3) Audio 文件(.AU)。Audio 文件是 Sun Microsystems 公司推出的一种经过压缩的数字声音格式,是 Internet 中常用的声音文件格式。

(4) Sound 文件(.SND)。Sound 文件是 NeXT Computer 公司推出的数字声音文件格式。

(5) Voice 文件(.VOC)。Voice 文件是 Creative Labs(创新公司)开发的声音文件格式,多用于保存 Creative Sound Blaster(创新声霸)系列声卡所采集的声音数据,被 Windows 平台和 DOS 平台所支持。

(6) MPEG 音频文件(.MP1/.MP2/.MP3)。MPEG 标准中的音频部分,即 MPEG 音频层(MPEG Audio Layer)。MPEG 音频文件的压缩是一种有损压缩,根据压缩质量和编码复杂程度的不同可分为三层(MPEG Audio Layer 1/2/3),分别对应 MP1、MP2 和 MP3 这三种声音文件。MPEG 音频编码具有很高的压缩率,MP1 和 MP2 的压缩率分别为 4:1 和 6:1~8:1,而 MP3 的压缩率则高达 10:1~12:1,目前使用最多的是 MP3 文件格式。

14.2.3 MIDI 音乐

MIDI(Musical Instrument Digital Interface,乐器数字接口)是数字音乐/电子合成乐器的统一国际标准,它是一种电子乐器之间以及电子乐器与计算机之间的统一交流协议。MIDI 定义了计算机音乐程序、合成器及其他电子设备交换音乐信号的方式,可用于为不同乐器创建数字声音,可以模拟大提琴、小提琴、钢琴等常见乐器。从广义上可以将 MIDI 理解为电子合成器、计算机音乐的统称,包括协议、设备等相关的含义。

MIDI 接口在硬件上是一个带 MIDI 接口的卡，在技术上是一个世界通用的合成器标准。标准中规定击键、离键、变音、音量、触后等大量内容的具体代码。这种 MIDI 接口可以把计算机和其他具有 MIDI 接口的乐器、音响设备、灯控设备、录放音采样器等一切演艺器材连为一个大系统。在系统中的每种 MIDI 乐器和 MIDI 设备上，一般都有两个接口：MIDI OUT 和 MIDI IN，有的还有第三个接口，即 MIDI THRU。各种设备必须用专用的 MIDI 电缆才能将它们正确连接起来。系统连接好后，就可以通过计算机的总控制，实现一个人演奏一个大型乐队并操作控制全部舞台声光电效果。这时音乐家们就可以通过 MIDI 键盘，进行计算机音乐创作。

由于 MIDI 中不仅存储了各种常规乐器的发音，还存储了大量存在于自然界中的风雨雷电、山呼海啸的声音和动物叫声，甚至存储了自然界中不存在的宇宙之声，这就大大丰富了音乐的表现形式，使计算机音乐可以进入传统音乐所不能进入的境界。

MIDI 文件是一种音乐演奏指令序列，相当于乐谱，可以利用声音输出设备或计算机相连的电子乐器进行演奏，由于不包含声音数据，其文件非常小巧。目前的许多游戏软件和娱乐软件中经常可以发现多以 MID、RMI 为扩展名的音乐文件，这些就是在计算机上最为常用的 MIDI 格式。

14.3 图形图像基础

一般来说，图像所表现的显示内容是自然界的真实景物，或利用计算机技术逼真地绘制出带有光照、阴影等特性的自然界景物。而图形实际上是对图像的抽象，组成图形的画面元素主要是点、线、面或简单立体图形等，与自然界景物的真实感相差很大。

14.3.1 图形与图像的基本属性

(1) 分辨率。分辨率是一个统称，有显示分辨率、图像分辨率、打印分辨率和扫描分辨率等。

(2) 颜色深度。颜色深度是指图像中每个像素的颜色(或亮度)信息所占的二进制数位数，记作位/像素(bit per pixel，b/p)。

(3) 文件的大小。图形与图像文件的大小(也称数据量)是指在磁盘上存储整幅图像所有点的字节数(Bytes)，反映了图像所需数据存储空间的大小。

(4) 真彩色。真彩色是指组成一幅彩色图像的每个像素值中，有 R、G、B 三个基色分量，每个基色分量直接决定显示设备的基色强度，这样产生的彩色称为真彩色。

(5) 伪彩色。伪彩色图像是每个像素的颜色不是由每个基色分量的数值直接决定，而是把像素值当作彩色查找表(Color-Look-Up Table，CLUT)的表项入口地址，查找一个显示图像时使用的 R、G、B 强度值，用查找出的 R、G、B 强度值产生的彩色称为伪彩色。

(6) 直接色。直接色(Direct Color)是把像素值的 R、G、B 分量作为单独的索引值，通过相应的彩色变换表找出 R、G、B 各自的基色强度，用这个强度值产生的彩色称为直接色。

14.3.2 图形与图像的数字化

计算机存储和处理的图形与图像信息都是数字化的。因此，无论以什么方式获取图形与图像信息，最终都要转换为由一系列二进制数代码表示的离散数据的集合，这个集合即所谓的数字图像信息，也就是说图形与图像的获取过程就是图形与图像的数字化过程。

数字化图像可以分为位图和矢量图两种基本类型，如图 14-2 所示。

(1) 位图(Bit-Mapped Graphics)：描述和记录图像时，将图像划分成许多栅格，每一个栅格内的图像称为一个像素，描述和记录每一个像素的大小、位置和颜色，就描述和记录了整幅图像。位图的数据量较大，适于表现内容复杂的图像，尤其是现实中的事物。例如使用基于位图的软件(如 Painter 和 Photoshop)创作的图像，通过扫描仪获取的图像等都是位图图像。

(2) 矢量图(Vector Graphic)：描述和记录图像时，将图像要素抽象成几何性质的点、线、面、体，并用数字方法描述和记录它们的形状、大小、位置和颜色(包括颜色的过渡变化)。矢量图适于抽象地或模拟地描绘事物，难以表达至逼真的程度。矢量图是使用基于矢量图的软件(如 FreeHand 和 CorelDRAW)创作出来的。

 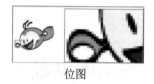

矢量图　　　　　　　　　　　　　　　　位图

图 14-2　矢量图和位图的区别

14.3.3 图形与图像文件的格式

图像数据可以压缩，也可以不压缩。如果压缩，还可以采用不同的压缩算法。由于技术上的一些区别，形成了不同的图像文件格式。

(1) BMP 格式。BMP 是 Windows 通用的图像格式，无压缩，数据量较大。

(2) JPG 格式。JPG 压缩格式的文件数据量小。在图像软件中保存该格式的图像时，可以选择不同的压缩比。质量等级高，压缩比小，图像损失小；质量等级低，压缩比大，图像损失大。JPG 格式不支持 Alpha 通道，采用该格式的图像，适于作为背景素材，不适于作为前景素材。

(3) TIF 格式。TIF 也是一种压缩格式，但压缩比没有 JPG 格式大。可以保存 Alpha 通道，适于作为前景素材。

(4) GIF 格式。GIF 是一种压缩的 256 色图像格式。Animated GIF 格式是由一系列 GIF 图像生成的动画格式。GIF 图像和 GIF 动画的特点是数据量小，适用于网络传输。在多媒体课件中，适当地加入 GIF 图像或 GIF 动画，可以增添生动活泼的效果。

(5) PSD 格式。PSD 是图像软件 Photoshop 的专用图像格式，文件容量很大。可保存图像处理过程中的各种编辑信息，如图层、通道和路径等。

14.4　视频信息基础

视频一词译自英文单词 Video，我们看到的电影、电视、DVD、VCD 等都属于视频的范畴。

视频是活动的图像。正如像素是一幅数字图像的最小单元一样，一幅数字图像组成了视频，图像是视频的最小和最基本的单元。视频是由一系列图像组成的，在电视中把每幅图像称为一帧(Frame)，在电影中每幅图像称为一格。

与静止图像不同，视频是活动的图像。当以一定的速率将一幅幅画面投射到屏幕上时，由于人眼的视觉暂留效应，我们的视觉就会产生动态画面的感觉，这就是电影和电视的由来。对于人眼来说，若每秒播放 24 格(电影的播放速率)、25 帧(PAL 制电视的播放速度)或 30 帧(NTSC 制电视的播放速率)就会产生平滑和连续的画面效果。

14.4.1 常用视频文件格式

目前有多种视频压缩编码方法，下面就目前比较流行的视频格式进行介绍。

(1) AVI 格式(.AVI)。AVI(Audio Video Interleaved，音频视频交错)是 Microsoft 公司开发的一种符合 RIFF 文件规范的数字音频与视频文件格式，原先用于 Microsoft Video for Windows(VFW)环境，现在已被 Windows、OS/2 等操作系统直接支持。

(2) MPEG(.MPEG/.MPG/.DAT)。MPEG 文件格式是运动图像压缩算法的国际标准，它采用有损压缩方法减少运动图像中的冗余信息，同时保证每秒 30 帧的图像动态刷新率，已被几乎所有计算机平台共同支持。MPEG 标准包括 MPEG 视频、MPEG 系统(视频、音频同步)等部分，前文介绍的 MP3 音频文件就是 MPEG 的一个典型应用，而 Video CD(VCD)、Super VCD(SVCD)、DVD(Digital Versatile Disk)则是全面采用 MPEG 技术所产生出来的新型消费类电子产品。

(3) QuickTime 格式(.MOV/.QT)。QuickTime 是 Apple 计算机公司开发的一种音频、视频文件格式，用于保存音频和视频信息，具有先进的视频和音频功能，被包括 Apple Mac OS、Microsoft Windows 在内的主流计算机平台支持。QuickTime 文件格式支持 25 位彩色、支持 RLE、JPEG 等领先的集成压缩技术，提供 150 多种视频效果，并提供了 200 多种 MIDI 兼容音响和设备的声音装置。

(4) ASF 格式。ASF 是 Advanced Streaming Format 的缩写，是 Microsoft 发展出来的一种可以直接在网上观看视频节目的文件压缩格式。由于它使用了 MPEG4 的压缩算法，所以压缩率和图像的质量都很不错。

(5) WMV 格式。WMV 是一种独立于编码方式的、在 Internet 上实时传播多媒体的技术标准，Microsoft 公司希望用其取代 QuickTime 之类的技术标准以及 WAV、AVI 之类的文件扩展名。WMV 的主要优点包括：本地或网络回放、可扩充的媒体类型、部件下载、可伸缩的媒体类型、流的优先级化、多语言支持、环境独立性、丰富的流间关系以及扩展性等。

(6) nAVI 格式。nAVI 是 newAVI 的缩写，是一个名为 ShadowRealm 的组织发展起来的一种新视频格式。它是由 Microsoft ASF 压缩算法修改而来的，改善了原始的 ASF 格式的一些不足，让 nAVI 可以拥有更高的帧率(Frame Rate)。概括来说，nAVI 就是一种去掉视频流特性的改良型 ASF 格式，也可以被视为非网络版本的 ASF。

14.4.2 流媒体信息

1. 流媒体概述

流媒体是从英语 Streaming Media 翻译过来的，所谓流媒体是指采用流式传输的方式在

Internet/Intranet 播放的媒体格式，如音频、视频或多媒体文件。流媒体在播放前并不下载整个文件，只将开始部分内容存入内容，在计算机中对数据表进行缓存并使媒体数据正确地输出。流媒体的数据流随时传送随时播放，只是在开始时有些延迟。

流媒体实现的关键技术是流式传输，流式传输是指通过网络传送媒体(如视频、音频)的技术总称，主要指将整个音频和视频及三维媒体等多媒体文件经过特定的压缩方式解析成一个个压缩包，由视频服务器向用户计算机顺序或实时传送。用户不必等到整个文件全部下载完毕，而是只需经过几秒或几十秒的启动延时即可在用户的计算机上利用解压设备对压缩的 A/V、3D 等多媒体文件解压后进行播放和观看。此时多媒体文件的剩余部分将在后台的服务器内继续下载。与单纯的下载方式相比，这种对多媒体文件边下载边播入的流式传输方式不仅使启动延时大幅度地缩短，而且对系统缓存容量的需求也大大降低，极大地减少了用户等待的时间。

随着 Internet 的飞速发展，流媒体技术的应用也越来越广泛。流媒体除了在互联网上被广泛应用以外，还在手机等移动通信设备上被使用。手机流媒体是继短信之后，手机平台内容开发的又一次进步。手机流媒体主要提供信息、娱乐、通信、监控和定位 5 大项服务内容。用户可以高速率在线观看电视、电影、新闻以及各种娱乐、体育节目，还可以进行 VOD/AOD 视频点播，从而使用户与手机媒体进行互动。在国外，流媒体已经被称为第五媒体，从日、韩、欧美以及中国目前手机流媒体的应用来看，手机流媒体不仅覆盖了人们对于娱乐、信息的需求，更多地覆盖了与人们日常生活关联目前的各个层面。

2. 流媒体文件格式

(1) 微软高级流格式 ASF(.ASF/.WMA/.WMV)。ASF 是 Advanced Streaming Format 的简称，由微软公司开发。ASF 格式用于播放网上全动态影像。微软公司将 ASF 定义为同步媒体的统一容器文件格式。音频、视频、图像以及控制命令脚本等多媒体信息通过这种格式，以网络数据包的形式传输，实现流式多媒体内容发布。

WMA 的全称是 Windows Media Audio，它是微软公司用 ASF 格式开发的与 MP3 格式齐名的一种新的音频格式。由于 WMA 在压缩比和音质方面都超过了 MP3，更是远胜于 RA(Real Audio)，即使在较低的采样频率下也能产生较好的音质，再加上 WMA 有微软的 Windows Media Player 作其强大的后盾，所以一经推出就赢得了一片喝彩。

WMV 的全称是 Windows Media Video，是微软公司用 ASF 格式开发的一种新的视频格式。

(2) QuickTime 格式。QuickTime(MOV)是 Apple(苹果)公司创立一种视频格式，在很长的一段时间里，它都是只在苹果公司的 MAC 计算机上存在，后来才发展到支持 Windows 平台。它无论是在本地播放还是作为视频流格式在网上传播，都是一种优良的视频编码格式。

(3) RealMedia 文件格式(.RA/.RM/.RAM)。RealNetworks 公司的 RealMedia 包括 RealAudio、RealVideo 和 RealFlash 三类文件。RealMedia 格式一开始就定位于视频流应用方面，也可以说是视频流技术的创始者。它可以在用 56K modem 拨号上网的条件下实现不间断的视频播放。

随着网络技术的蓬勃发展，这种新型的流式视频文件格式已经很有替代传统视频格式的气势。RealMedia 是目前 Internet 上最流行的跨平台的客户/服务器结构多媒体应用标准，其采用音频/视频和同步回放技术实现了网上全带宽的多媒体回放。

实现流格式传输一般都需要专用服务器和播放器，用来接收流媒体。因此，使用者必须事先安装播放软件，网络上提供了对应的多媒体播放软件，例如 Windows Media、Real Player、Quick Time。

14.5 计算机动画简介

动画是通过连续播放一系列画面，给视觉造成连续变化的图画。它的基本原理与电影、电视一样，都是视觉原理。医学已经证明，人类具有"视觉暂留"的特性，就是说人的眼睛看到一幅画面或一个物体后，在 1/24s 内不会消失。利用这一原理，在一幅画面还没消失前播放出下一幅画面，就会给人造成一种流畅的视觉变化效果，如图 14-3 所示。

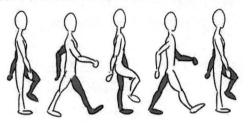

图 14-3　动画示例

因此，电影采用了每秒 24 幅画面的速度拍摄播放，电视采用了每秒 25(PAL 制)或 30 幅(NSTC 制)画面的速度拍摄播放。如果以每秒低于 24 幅画面的速度拍摄播放，就会在播放时出现画面停顿现象。

从制作技术上看，动画可以分为以手工绘制为主的传统动画和以计算机为主的计算机动画。按动作的表现形式来区分，动画大致可以分为接近自然动作的"完善动画"(动画电视)和采样简化、夸张的"局限动画"(幻灯片动画)。如果从空间的视觉效果上看，又可以分为平面动画和三维动画。从播放效果上看，还可以分为顺序动画(连续动作)和交互式动画(反复动作)。从每秒播放的幅数来讲，还有全动画(每秒 24 幅)和半动画(少于 24 幅)之分，国内的动画公司为了节省资金往往采用半动画制作电视片。

计算机动画(Computer Animation)是动态图形与图像时基媒体的一种形式，它是利用计算机二维和三维图形处理技术，并借助于动画编程软件直接生成或对一系列人工图形进行一种动态处理后生成的可供实时演播的连续画面。

计算机动画具有以下几个特点。

(1) 动画的前后帧之间在内容上有很强的相关性，因而其内容具有时间延续性。

(2) 动画具有时基媒体的实时性，亦即画面内容是时间的函数。

(3) 无论是实时变换生成并演播的动画，还是三维真实感动画，由于计算数据量太大，必须采用合适的压缩方法才能按正常时间播放。

(4) 对计算机性能有更高的要求，要求信息处理速度、显示速度、数据读取速度都达到实时性的要求。

14.5.1 二维计算机动画制作

一般来说，按计算机软件在动画制作中的作用分类，计算机动画有计算机辅助动画和造型动画两种。计算机辅助动画属于二维动画，其主要用途是辅助动画师制作传统动画。而造型动画则属于三维动画。计算机的使用，大大简化了动画制作的工作程序，提高了效率。这主要表现在以下几个方面。

(1) 关键帧(原画)的产生。关键帧和背景画面可以用摄像机、扫描仪、数字化仪实现数字化输入，也可以用相应软件直接绘制。动画软件都提供了各种工具，方便绘图。这大大改进了传统动画画面的制作过程，可以随时存储、检索、修改和删除任意画面。传统动画制作中的角色设计及原画创作等几个步骤，使用计算机辅助动画一步就可以完成了。

(2) 中间画面的生成。利用计算机对两幅关键帧进行插值计算，自动生成中间画面，这是计算机辅助动画的主要优点之一，不仅操作精确、流畅，而且将动画制作人员从烦琐的劳动中解放出来。

(3) 分层制作合成。传统动画的一帧画面是由多层透明胶片上的图画叠加合成的，这是保证质量、提高效率的一种方法，但制作中需要精确对位，而且受透光率的影响，透明胶片最多不超过4张。在动画软件中，也同样使用了分层的方法，但对位非常简单，层数从理论上说没有限制，对层的各种控制(如移动、旋转等)也非常容易。

(4) 着色。动画着色是非常重要的一个环节。计算机动画辅助着色可以解除乏味、昂贵的手工着色。用计算机描线着色界线准确、不需晾干、不会串色、改变方便，而且不因层数多少而影响颜色，速度快，更不需要担心前后色彩的变化。动画软件一般都会提供许多绘画颜料效果，如喷笔、调色板等，这也是很接近传统的绘画技术。

(5) 预演。在生成和制作特技效果之前，可以直接在计算机屏幕上演示一下草图或原画，检查动画过程中的动画和时限以便及时发现问题并进行修改。

(6) 库图的使用。计算机动画中的各种角色造型以及它们的动画过程，都可以保存在图库中并反复使用，而且修改也十分方便。在动画中套用动画，就可以使用图库来完成。

14.5.2 动画制作应注意的问题

动画所表现的内容，是以客观世界的物体为基础的，但它又有自己的特点，绝不是简单的模拟。在动画制作中，需要注意以下几个问题。

1. 速度的处理

动画中的速度处理是指调整动画物体变化的快慢，这里的变化含义广泛，既可以是位移，也可以是变形，还可以是颜色的改变。显然，在变化程度一定的情况下，所占用时间越长，速度就越慢；时间越短，速度就越快。在动画中，速度体现为帧数的多少。同样，对于加速和减速运动来说，通过分段调整所用帧数可以模拟出速度的变化。

2. 循环动画

许多物体的变化，都可以分解为连续重复而有规律的变化。因此在动画制作中，可以多制作几幅画面，然后像走马灯一样重复循环使用，长时间播放，这就是循环动画。

循环动画由几幅画面构成，要根据动作的循环规律确定。但是，只有三张以上的画面才能产生循环变化效果，两幅画面只能起到晃动的效果。在循环动画中有一种特殊情况，就是反向循环。比如鞠躬的过程，可以只制作弯腰动作的画面，因为用相反的循序播放这些画面就是抬起的动作。掌握循环动画制作方法，可以减轻工作量，大大提高工作效率。因此在动画制作中，要养成使用循环动画的习惯。

3. 夸张与拟人

夸张与拟人，是动画制作中常用的艺术手法。许多优秀的作品，无不在这方面有所建树。因此，发挥想象力，赋予非生命以生命，化抽象为形象，把人们的幻想与现实紧密交织在一起，创造出强烈、奇妙和出人意料的视觉形象，才能引起用户的共鸣、认可。实际上，这也是动画艺术区别于其他影视艺术的重要特征。

14.5.3 动画文件格式

1. GIF 文件(.GIF)

GIF 是图形交换格式(Graphics Interchange Format)的英文缩写，是由 CompuServe 公司于 20 世纪 80 年代推出的一种高压缩比的彩色图像文件格式。最初，GIF 只是用来存储单幅静止图像，称为 GIF87a，后来，又进一步发展成为 GIF89s，可以同时存储若干幅静止图像并进而形成连续的动画。目前 Internet 上大量采用的彩色动画文件多为这种格式的 GIF 文件。

2. Flic 文件(.FLI/.FLC)

Flic 文件是 Autodesk 公司在其出品的 2D/3D 动画制作软件 Autodesk Animator/Animator Pro/3D Studio 中采用的彩色动画文件格式，其中，FLI 是最初的基于 320×200 分辨率的动画文件格式，而 FLC 则是 FLI 的进一步扩展，采用了更高效的数据压缩技术，其分辨率也不再局限于 320×200。

GIF 和 Flic 文件，通常用来表示由计算机生成的动画序列，其图像相对而言比较简单，因此可以得到比较高的无损压缩率，文件尺寸也不大。然而，对于来自外部世界的真实而复杂的影响信息而言，无损压缩便显得无能为力，而且，即使采用了高效的有损压缩算法，影像文件的尺寸也仍然相当庞大。

14.6 综合案例

使用 Photoshop 处理图像，具体要求如下。
(1) 使用 Photoshop 调整图像的大小，并保存为 JPEG 图像格式。
(2) 使用 Photoshop 将一张图像的背景色调整为透明。
(3) 使用 Photoshop 调整一张曝光不足的图像。
(4) 使用 Photoshop 将图像中错误的文字标注擦除，并添加正确的文字标注。
(5) 使用 Photoshop 的滤镜功能，为图片添加下雪效果。

14.7 课后习题

1. 多媒体计算机中的媒体信息是指( )。
(1) 文字　(2) 声音、图形　(3) 动画、视频　(4) 图像
　　A. (1)　　　　　B. (2)　　　　　C. (3)　　　　　D. 全部

2. 多媒体技术的主要特性有( )。
(1) 多样性　(2) 集成性　(3) 交互性　(4) 可扩充性
　　A. (1)　　　　　B. (1) (2)　　　C. (1) (2) (3)　　D. 全部

3. 目前音频卡的主要功能有( )。
(1) 音频的录制与播放　　　(2) 语音特征识别
(3) 音频的编辑与合成　　　(4) MIDI 接口
　　A. (1) (2) (3)　　B. (1) (2) (4)　　C. (1) (3)　　　D. 全部

4. 在多媒体计算机中常用的图像输入设备是( )。
(1) 数码照相机　(2) 扫描仪　(3) 摄像机　(4) 投影仪
　　A. (1)　　　　　B. (1) (2)　　　C. (1) (2) (3)　　D. 全部

5. 常见的视频卡的种类有( )。
(1) 视频采集卡　(2) 电影卡　(3) 电视卡　(4) 视频转换卡
　　A. (1)　　　　　B. (1) (2)　　　C. (1) (2) (3)　　D. 全部

6. 在 Photoshop 中使用【变形】命令拼合打开的两幅图像文件，最后效果如图 14-4 所示。

图 14-4　拼合图像

第 15 章 计算机安全与维护

☑ **学习目标**

计算机在为用户提供各种服务与帮助的同时也存在着危险,各种病毒、流氓软件、木马程序时刻潜伏在各种载体中,随时可能会危害系统的正常运行。因此,用户在使用计算机时,应做好对系统的维护工作,以维护操作系统的正常运行。

☑ **知识体系**

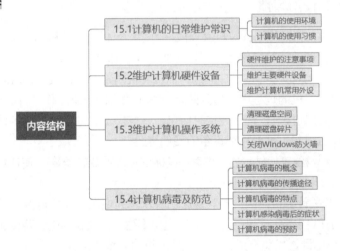

☑ **重点内容**

- 计算机系统的安全设置与日常维护
- 常用计算机防护软件的使用方法
- 计算机病毒的特点与查杀方法

15.1 计算机的日常维护常识

在介绍维护计算机的方法前,用户应先掌握一些计算机维护基础知识,包括计算机的使用环境,养成良好的计算机使用习惯等。

15.1.1 计算机的使用环境

要想使计算机保持运行良好，首先应该在一个良好的使用环境下操作计算机。有关计算机的使用环境，需要注意的事项有以下几点。

(1) 环境温度：计算机正常运行的理想环境温度是5℃～35℃，其安放位置最好远离热源并避免阳光直射。

(2) 环境湿度：最适宜的湿度是30%～80%，湿度太大可能会使计算机受潮而引起内部短路、烧毁硬件；湿度太低，则容易产生静电。

(3) 清洁的环境：计算机要放在一个比较清洁的环境中，以免大量的灰尘进入计算机而引起故障。

(4) 远离磁场干扰：强磁场会对计算机的性能产生很坏的影响，例如导致硬盘数据丢失、显示器产生花斑和抖动等。强磁场干扰主要来自一些大功率电器和音响设备等，因此，计算机要尽量远离这些设备。

(5) 电源电压：计算机的正常运行需要一个稳定的电压，如果家里电压不够稳定，一定要使用带有保险丝的插座，或者为计算机配置一个UPS电源。

15.1.2 计算机的使用习惯

在日常的工作中，正确使用计算机并养成好习惯，可以使计算机的使用寿命更长，运行状态更加稳定。关于正确的计算机使用习惯，主要有以下几点。

(1) 计算机的大多数故障都是软件问题，而计算机病毒又是造成软件故障的常见原因。因此，在日常的使用计算机的过程中，做好防范计算机病毒的查毒工作十分必要。

(2) 在计算机插拔连接时，或在连接打印机、扫描仪、Modem、音响等外部设备时，应先确保关断电源，以免引起主机或外部设备的硬件烧毁。

(3) 定期清洁计算机(包括显示器、键盘、鼠标以及机箱散热器等)，使计算机经常处于良好的工作状态。

(4) 避免频繁开关计算机，因为给计算机组件供电的电源是开关电源，要求至少要关闭电源半分后才可再次开启电源。若市电供电线路电压不稳定，或者供电线路接触不良，则可以考虑配置UPS或净化电源，以免造成计算机组件的迅速老化或损坏。

15.2 维护计算机硬件设备

对计算机硬件部分的维护是整个维护工作的重点。用户在对计算机硬件的维护过程中，除了要检查硬件的连接状态以外，还应注意保持各部分硬件的清洁。

15.2.1 硬件维护的注意事项

在维护计算机硬件的过程中，用户应注意以下事项。

(1) 有些原装和品牌计算机不允许用户自己打开机箱，例如擅自打开机箱可能会失去一些由厂商提供的保修权利。

(2) 各部件要轻拿轻放，尤其是硬盘，防止损坏零件。

(3) 用螺丝固定各部件时，应首先对准部件的位置，然后再上紧螺丝。尤其是主板，略有位置偏差就可能导致插卡接触不良；主板安装不平将可能导致内存条、适配卡接触不良甚至造成短路，时间一长甚至可能会发生形变，从而导致故障发生。

(4) 拆卸时注意各插接线的方位，如硬盘线、电源线等，以便正确还原。

在拆卸维护计算机之前还必须注意以下事项。

(1) 断开所有电源。

(2) 在打开机箱之前，双手应该触摸一下地面或者墙壁，释放身上的静电。拿主板和插卡时，应尽量拿卡的边缘，不要用手接触板卡的集成电路。

(3) 不要穿容易与地板、地毯摩擦产生静电的胶鞋在各类地毯上行走。脚穿金属鞋能很好地释放人身上的静电，而有条件的工作场所应采用防静电地板。

15.2.2 维护主要硬件设备

计算机最主要的硬件设备除了显示器、鼠标与键盘外，几乎都存放在机箱中。本节详细介绍维护计算机主要硬件设备的方法与注意事项。

1. 维护与保养 CPU

计算机内部绝大部分数据的处理和运算都是通过 CPU 处理的，因此 CPU 的发热量很大，对 CPU 的维护和保养主要是做好相应的散热工作，具体如下。

(1) CPU 散热性能的高低关键在于散热风扇与导热硅脂工作的好坏。若采用风冷式 CPU 散热，为了保证 CPU 的散热能力，应定期清理 CPU 散热风扇上的灰尘，如图 15-1 所示。

(2) 当用户发现 CPU 的温度一直过高时，需要在 CPU 表面重新涂抹 CPU 导热硅脂，如图 15-2 所示。

图 15-1 清理 CPU 散热风扇

图 15-2 涂抹 CPU 导热硅胶

(3) 若 CPU 采用水冷散热器，在日常使用过程中，还需要注意观察水冷设备的工作情况，包括水冷头、水管和散热器等。

2. 维护与保养硬盘

随着硬盘技术的改进，其可靠性已大大提高，但如果不注意使用方法，也会引起故障。因此，对硬盘进行维护十分必要，具体注意事项如下。

(1) 环境的温度和清洁条件：由于硬盘主轴电机是高速运转的部件，再加上硬盘是密封的，所以周围温度如果太高，热量散不出来，会导致硬盘产生故障；但如果温度太低，又会影响硬盘的读写效果。因此，硬盘工作的温度最好是在20℃～30℃范围内。

（2）防静电：硬盘电路中有些大规模集成电路是MOS工艺制成的，MOS电路对静电特别敏感，易受静电感应而被击穿损坏，因此要注意防静电问题。由于人体常带静电，在安装或拆卸、维修硬盘系统时，不要用手触摸印制板上的焊点。当需要拆卸硬盘系统以便存储或运输时，一定要将其装入抗静电塑料袋中。

（3）经常备份数据：由于硬盘中保存了很多重要的数据，因此要对硬盘上的数据进行保护。每隔一定时间对重要数据进行一次备份，备份硬盘系统信息区以及CMOS设置。

（4）防磁场干扰：硬盘通过对盘片表面磁层进行磁化来记录数据信息，如果硬盘靠近强磁场，将有可能破坏磁记录，导致所记录的数据遭受破坏，因此必须注意防磁，以免丢失重要数据。防磁方法主要是不要靠近音箱、喇叭、电视机等这类带有强磁场的物体。

计算机中的主要数据都保存在硬盘中，硬盘一旦损坏，会给用户造成很大的损失。因此，硬盘在拆卸时要注意以下几点。

（1）在移动硬盘时，应用手捏住硬盘的两侧，尽量避免手与硬盘背面的电路板直接接触。注意轻拿轻放，尽量不要磕碰或者与其他坚硬物体相撞。

（2）在拆卸硬盘时，尽量在正常关机并等待磁盘停止转动后(听到硬盘的声音逐渐变小并消失)再进行移动。

（3）硬盘内部的结构比较脆弱，应避免擅自拆卸硬盘的外壳。

3. 维护与保养光驱

光驱是计算机中的读写设备，对光驱保养应注意以下几点。

（1）光驱的主要作用是读取光盘，因此要提高光驱的寿命，首先需要注意的是光盘的选择。尽量不要使用盗版或质量差的光盘，如果盘片质量差，激光头就需要多次重复读取数据，从而使其工作时间加长，加快激光头的磨损，进而缩短光驱的寿命。

（2）光驱在使用的过程中应保持水平放置，不能倾斜放置。

（3）在使用完光驱后应立即关闭仓门，防止灰尘进入。

（4）关闭光驱时应使用光驱前面板上的开关盒按键，切不可用手直接将其推入盘盒，以免损坏光驱的传动齿轮。

（5）放置光盘的时候不要用手捏住光盘的反光面移动光盘，指纹有时会导致光驱的读写发生错误。

（6）光盘不用时将其从光驱中取出，否则会导致光驱负荷很重，缩短使用寿命。

（7）尽量避免直接用光驱播放光碟，这样会大大加速激光头的老化，可将光碟中的内容复制到硬盘中进行播放。

4. 维护与保养各种适配卡

系统主板和各种适配卡是机箱内部的重要配件，例如内存、显卡、网卡等。这些配件由于都是电子元件，没有机械设备，因此在使用过程中几乎不存在机械磨损，维护起来也相对简单。适配卡的维护主要有下面几项工作。

（1）有时扩展卡的接触不良是因为插槽内积有过多灰尘，这时需要把扩展卡拆下来，然后用软毛刷擦掉插槽内的灰尘，重新安装即可，如图15-3所示。

（2）如果使用时间比较长，扩展卡接头会因为与空气接触而产生氧化，这时候需要把扩展卡拆下来，然后用软橡皮轻轻擦拭接头部位，将氧化物去除。在擦拭的时候应当非常小心，不要损坏接头部位，如图15-4所示。

图 15-3　清理主板

图 15-4　清除氧化部分

(3) 只有在完全插入正确的插槽中，才不会造成接触不良。如果扩展卡固定不牢(比如与机箱固定的螺丝松动)，使用计算机过程中碰撞了机箱，就有可能造成扩展卡的故障。出现这种问题后，只要打开机箱，重新安装一遍就可以解决问题。

(4) 在使用计算机的过程中有时会出现主板上的插槽松动，造成扩展卡接触不良。这时，用户可以将扩展卡更换到其他同类型插槽上，就可以继续使用。这种情况一般较少出现，也可以找经销商进行主板维修。

在主板的硬件维护工作中，如果每次开机都发现时间不正确，调整以后下次开机又不准了，这就说明主板的电池快没电了，这时就需要更换主板的电池。如果不及时更换主板电池，电池电量全部用完后，CMOS 信息就会丢失。更换主板电池的方法比较简单，只要找到电池的位置，然后用一块新的纽扣电池更换原来的电池即可。

5. 维护与保养显示器

液晶显示器(LCD)是比较容易损耗的器件，在使用时要注意以下几点。

(1) 避免屏幕内部烧坏：如果长时间不用，一定要关闭显示器，或者降低显示器的亮度，避免导致内部部件烧坏或者老化。这种损坏一旦发生就是永久性的，无法挽回。

(2) 注意防潮：长时间不用显示器，可以定期通电工作一段时间，让显示器工作时产生的热量将机内的潮气蒸发掉。另外，在使用时应尽量避免让湿气进入 LCD。发现有雾气，要用软布将其轻轻地擦去，然后才打开显示器电源。

(3) 正确清洁显示器屏幕：若发现显示屏表面有污迹，可使用清洁液(或清水)喷洒在显示器表面，然后再用软布轻轻地将其擦去。

(4) 避免冲击屏幕：LCD 屏幕十分脆弱，所以要避免强烈的冲击和振动。还要注意不要对 LCD 显示器表面施加压力。

(5) 切勿拆卸：一般用户尽量不要拆卸 LCD。即使在关闭了很长时间以后，背景照明组件中的 CFL 换流器依旧可能带有大约 1000V 的高压，能够导致严重的人身伤害。

6. 维护与保养鼠标

鼠标的维护是计算机外部设备维护工作中最常做的工作。使用光电鼠标时，要特别注意保持感光板的清洁和感光状态良好，避免污垢附着在发光二极管或光敏三极管上，遮挡光线的接收，如图15-5所示。无论是在什么情况下，都要注意千万不要对 PS/2 接口的鼠标进行热插拔，这样做极易把鼠标和鼠标接口烧坏。

此外，鼠标能够灵活操作的一个条件是鼠标具有一定的悬垂度。长期使用后，随着鼠标底座四角上的小垫层被磨低，导致鼠标悬垂度随之降低，鼠标的灵活性会有所下降。这时将鼠标底座四角垫高一些，通常就能解决问题，如图15-6所示。垫高的材料可以用办公常用的透明胶纸等，若一层不起作用，可以垫两层或更多，直到感觉鼠标已经完全恢复灵活性为止。

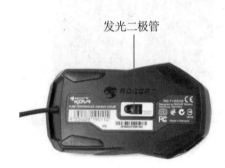

图15-5 鼠标的发光二极管

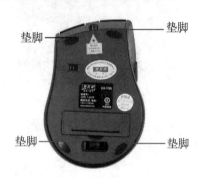

图15-6 鼠标的垫脚

7. 维护与保养键盘

键盘是计算机最基本的部件之一，因此其使用频率较高。按键用力过大、金属物掉入键盘以及茶水等溅入键盘内，都会造成键盘内部微型开关弹片变形或被灰尘油污锈蚀，出现按键不灵的现象。键盘日常维护主要从以下几个方面考虑。

(1) 电容式键盘因其特殊的结构，易出现计算机在开机时自检正常，但其纵向、横向多个键同时不起作用，或局部多键同时失灵的故障。此时，应拆开键盘外壳，仔细观察失灵按键是否在同一行(或列)电路上。若是且印制线路又无断裂，则是连接的金属线条接触不良所致。拆开键盘内电路板及薄膜基片，把两者连接的金属印制线条擦净，之后将两者吻合好，装好压条，压紧即可。

(2) 键盘受系统软件支持与管理，不同机型的键盘不能随意更换。更换键盘时，应切断计算机电源，并把键盘背面的选择开关置于当前计算机的相应位置上。

(3) 键盘内过多的尘土会妨碍电路正常工作，有时甚至会造成误操作。键盘的维护主要就是定期清洁表面的污垢，一般清洁可以用柔软干净的湿布擦拭键盘；对于顽固的污垢可以先用中性的清洁剂擦除，再用湿布对其进行擦洗，如图15-7所示。

(4) 机械式键盘按键失灵，大多是金属触点接触不良，或因弹簧弹性减弱而出现重复。应重点检查维护键盘的金属触点和内部触点弹簧，如图15-8所示。

图15-7 清晰键盘

图15-8 键盘的触点

(5) 大多数键盘没有防水装置，一旦有液体流进，便会使键盘受到损害，造成接触不良、腐蚀电路和短路等故障。当大量液体进入键盘时，应当尽快关机，将键盘接口拔下，打开键盘用干净吸水的软布擦干内部的积水，最后在通风处自然晾干即可。

(6) 大多数主板都提供了键盘开机功能。要正确使用这一功能，自己组装计算机时必须选用工作电流大的电源和工作电流小的键盘，否则容易导致故障。

在清洗键帽下方的灰尘时，不一定非要把键盘全部拆卸下来，可以用普通的注射针筒抽取无水酒精，对准不良键位接缝处注射，并不断按键以加强清洗效果。

8. 维护与保养电源

电源是一个容易被忽略但却非常重要的设备，它负责供应整台计算机所需要的电量，一旦电源出现问题，整个系统都会瘫痪。电源的日常保养与维护主要就是除尘，使用吹气球一类的辅助工具从电源后部的散热口处清理电源的内部灰尘。

为了防止因为突然断电对计算机电源造成损伤，还可以为电源配置 UPS(不间断电源)。这样即使断电，通过 UPS 供电，用户仍可正常关闭计算机电源。

15.2.3 维护计算机常用外设

随着计算机技术的不断发展，计算机的外接设备也越来越丰富，常用的外接设备包括打印机、扫描仪、U 盘以及移动硬盘等。下面将介绍如何保养与维护打印机和移动存储设备。

1. 维护与保养打印机

在打印机的使用过程中，经常对打印机进行维护，可以延长打印机的使用寿命，提高打印机的打印质量。对于针式打印机的保养与维护，应注意以下几个方面的问题。

(1) 打印机必须放在平稳、干净、防潮、无酸碱腐蚀的工作环境中，并且应远离热源、震源和日光的直接照晒。

(2) 保持清洁，定期用小刷子或吸尘器清扫机内的灰尘和纸屑，经常用在稀释的中性洗涤剂中浸泡过的软布擦拭打印机机壳，以保证良好的清洁度。

(3) 在加电情况下，不要插拔打印电缆，以免烧坏打印机与主机接口元件。插拔前一定要关掉主机和打印机电源。

(4) 正确使用操作面板上的进纸、退纸、跳行、跳页等按钮，尽量不要用手旋转手柄。

(5) 应选择高质量的色带。色带是由带基和油墨制成的，高质量色带的带基没有明显的接痕，其连接处是用超声波焊接工艺处理过的，油墨均匀。而低质量的色带的带基则有明显的双层接头，油墨质量很差。

(6) 经常检查打印机的机械部分有无螺钉松动或脱落，检查打印机的电源和接口连接电线有无接触不良的现象。

(7) 电源线要有良好的接地装置，以防止静电积累和雷击烧坏打印通信口等。

(8) 应尽量减少打印机空转，最好在需要打印时才打开打印机。

目前，使用最为普遍的打印机类型为喷墨打印机与激光打印机两种。其中喷墨打印机日常维护主要有以下几方面的内容。

(1) 内部除尘：喷墨打印机内部除尘时应注意不要擦拭齿轮，不要擦拭打印头和墨盒附近的区域；一般情况下不要移动打印头，特别是有些打印机的打印头处于机械锁定状态，用手无法移动打印头，如果强行用力移动打印头，将造成打印机机械部分损坏；不能用纸制品清洁打印机内部，以免机内残留纸屑；不能使用挥发性液体清洁打印机，以免损坏打印机表面。

(2) 更换墨盒：应注意不能用手触摸墨水盒出口处，以防杂质混入墨水盒。

(3) 清洗打印头：大多数喷墨打印机开机即会自动清洗打印头，并设有按钮对打印头进行清洗，具体清洗操作可参照喷墨打印机操作手册上的步骤进行。

激光打印机也需要定期清洁维护，特别是在打印纸张上沾有残余墨粉时，必须清洁打印机内部。如果长期不对打印机进行维护，则会使机内污染严重，比如电晕电极吸附残留墨粉、光学部件脏污、输纸部件积存纸尘而运转不灵等。这些严重污染不仅会影响打印质量，还会造成打印机故障。对激光打印机的清洁维护需注意以下事项。

(1) 内部除尘的主要对象有齿轮、导电端子、扫描器窗口和墨粉传感器等。在对这些设备进行除尘时，可用柔软的干布对其进行擦拭。

(2) 外部除尘时可使用拧干的湿布擦拭，如果外表面较脏，可使用中性清洁剂；但不能使用挥发性液体清洁打印机，以免损坏打印机表面。

(3) 在对感光鼓及墨粉盒用油漆刷除尘时，应注意不能用坚硬的毛刷清扫感光鼓表面，以免损坏感光鼓表面膜。

2. 维护与保养移动存储设备

常见的计算机移动存储设备包括 U 盘与移动硬盘，掌握维护与保养这些移动存储设备的方法，可以提高这些设备的使用可靠性，还能延长设备的使用寿命。在日常使用 U 盘的过程中，用户应注意以下几点。

(1) 不要在 U 盘的指示灯闪得飞快时拔出 U 盘，因为这时 U 盘正在读取或写入数据，中途拔出可能会造成硬件和数据的损坏。

(2) 不要在备份文档完毕后立即关闭相关的程序，因为那时 U 盘上的指示灯还在闪烁，说明程序还没完全结束，这时拔出 U 盘，很容易影响备份。所以文件备份到 U 盘后，应过一些时间再关闭相关程序，以防意外。

(3) U 盘一般都有写保护开关，但应该在 U 盘插入计算机接口之前切换，不要在 U 盘工作状态下进行切换。

(4) 在系统提示"无法停止"时也不要轻易拔出 U 盘，这样会造成数据遗失。

(5) 应将 U 盘放置在干燥的环境中，不要让 U 盘口接口长时间暴露在空气中，否则容易造成表面金属氧化，降低接口敏感性。

(6) 不要将长时间不用的 U 盘一直插在 USB 接口上，否则一方面容易引起接口老化，另一方面对 U 盘也是一种损耗。

(7) U 盘的存储原理和硬盘有很大的不同，不要整理碎片，否则影响使用寿命。

(8) U 盘里可能会有 U 盘病毒，插入计算机时最好进行 U 盘杀毒。

移动硬盘与 U 盘都属于计算机移动存储设备，在日常使用移动硬盘的过程中，用户应注意以下几点。

(1) 移动硬盘工作时尽量保持水平，无抖动。

(2) 尽量使用主板上自带的 USB 接口，因为有的机箱前置接口和主板 USB 接口的连接很差，这也是造成 USB 接口出现问题的主要因素。

(3) 拔下移动硬盘前一定先停止该设备，复制完文件就立刻直接拔下移动硬盘很容易引起文件复制的错误，下次使用时就会发现文件复制不全或损坏的问题。有时候遇到无法停止设备的时候，可以先关机再拔下移动硬盘。

(4) 应及时移除移动硬盘，不少用户为了省事，无论是否使用移动硬盘都将它连接到计算机上，这样计算机一旦感染病毒，那么病毒就可能通过计算机 USB 端口感染移动硬盘，从而影响移动硬盘的稳定性。

(5) 使用移动硬盘时影响散热的皮套等全取下来。

(6) 平时存放移动硬盘时注意防水(潮)、防磁、防摔。

(7) 应定期使用磁盘碎片整理工具对移动硬盘进行碎片整理。

15.3 维护计算机操作系统

操作系统是计算机运行的软件平台，系统的稳定直接关系到计算机的操作。下面主要介绍操作系统的日常维护，包括清理磁盘空间、整理磁盘碎片以及系统防火墙的设置等。

15.3.1 清理磁盘空间

系统在使用过一段时间后，会产生一些垃圾冗余文件，这些文件会影响到计算机的性能。磁盘清理程序是 Windows 自带的用于清理磁盘冗余内容的工具。

【例 15-1】使用 Windows 7 操作系统自带的【磁盘清理】功能，清理磁盘垃圾文件。

(1) 单击【开始】按钮，在弹出的菜单中选择【所有程序】|【附件】|【系统工具】|【磁盘清理】命令，打开【磁盘清理：驱动器选择】对话框，然后在【驱动器】下拉列表框中选择需要清理的磁盘，例如 E 盘，并单击【确定】按钮，如图 15-9 所示。

(2) 稍等片刻，打开【本地磁盘(E:)的磁盘清理】对话框。切换到【磁盘清理】选项卡，在【要删除的文件】组合框中可以选择需要删除的文件类型，如图 15-10 所示。

图 15-9 【磁盘清理：驱动器选择】对话框　　图 15-10 选择需要删除的文件类型

(3) 在打开的对话框中单击【查看文件】按钮，查看回收站中的文件。完成后，关闭【回收站】窗口，在【本地磁盘(E:)的磁盘清理】对话框中单击【确定】按钮，弹出【磁盘清理】提示对话框，如图 15-11 所示。

(4) 单击【删除文件】按钮，系统即会将这些文件进行清理，以释放磁盘空间，如图 15-12 所示。

图 15-11 确认删除文件

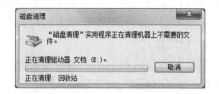

图 15-12 系统执行磁盘清理

15.3.2 整理磁盘碎片

在使用计算机进行创建、删除文件或者安装、卸载软件等操作时，会在硬盘内部产生很多磁盘碎片。碎片的存在会影响系统往硬盘写入或读取数据的速度，而且由于写入和读取数据不在连续的磁道上，也加快了磁头和盘片的磨损速度，所以定期清理磁盘碎片对用户的硬盘保护有很大的实际意义。

【例 15-2】使用 Windows 7 操作系统自带的【磁盘碎片整理程序】功能，整理磁盘碎片。

(1) 单击【开始】按钮，在菜单中选择【所有程序】|【附件】|【系统工具】|【磁盘碎片整理程序】命令，打开【磁盘碎片整理程序】对话框，然后在该对话框中选择一个磁盘，并单击【分析磁盘】按钮，如图 15-13 所示。

(2) 系统会对选中的磁盘自动进行分析。分析完成后，系统会显示分析结果，如图 15-14 所示。

图 15-13 选择需要整理碎片的磁盘分区

图 15-14 显示磁盘分析结果

(3) 如果需要对磁盘碎片进行整理，可单击【磁盘碎片整理】按钮，系统即可自动进行磁盘碎片整理，如图 15-15 所示。

(4) 为了省去手动进行磁盘碎片整理的麻烦，用户可设置让系统自动整理磁盘碎片。在【磁盘碎片整理程序】对话框中单击【配置计划】按钮，打开【磁盘碎片整理程序：修改计划】对话框，在该对话框中用户可预设磁盘碎片整理的时间。例如可设置为每周星期三的中午 12 点进行整理，如图 15-16 所示。

图 15-15　执行磁盘碎片整理

图 15-16　使用配置计划

(5) 设置完成后单击【确定】按钮，即可设置计算机按照指定计划整理磁盘碎片。

15.3.3　关闭 Windows 防火墙

操作系统安装完成后，如果用户的系统中需要安装的第三方具有防火墙，那么这个软件可能会与 Windows 自带的防火墙产生冲突，此时用户可关闭 Windows 防火墙。

【例 15-3】关闭 Windows 7 操作系统的防火墙功能。

(1) 单击【开始】按钮，选择【所有程序】|【附件】|【系统工具】|【控制面板】命令，然后在打开的【控制面板】窗口中双击【Windows 防火墙】选项，打开【Windows 防火墙】窗口，并单击【打开或关闭 Windows 防火墙】选项，如图 15-17 所示。

(2) 打开【自定义设置】窗口，分别选中【家庭/工作(专用)网络位置设置】和【公用网络位置设置】设置组中的【关闭 Windows 防火墙(不推荐)】单选按钮，如图 15-18 所示，然后单击【确定】按钮。

图 15-17　【Windows 防火墙】窗口

图 15-18　设置【关闭 Windows 防火墙】

15.4　计算机病毒及防范

对计算机的日常维护操作可以分为内、外两个方面：对内就是养成良好的计算机使用习惯，掌握维护计算机硬件与系统的各类方法；对外则是保护计算机安全，阻止病毒、木马以及强制广告等不良程序对计算机的入侵。

15.4.1 计算机病毒的概念

所谓计算机病毒在技术上来说，是一种会自我复制的可执行程序。对计算机病毒的定义可以分为以下两种：一种定义是通过磁盘、磁带和网络等作为媒介传播扩散，能"传染"其他程序的程序；另一种是能够实现自身复制且借助一定的载体存在的具有潜伏性、传染性和破坏性的程序。

因此，确切来说，计算机病毒就是能够通过某种途径潜伏在计算机存储介质(或程序)里，当达到某种条件时即被激活的具有对计算机资源进行破坏作用的一组程序或指令集合。

15.4.2 计算机病毒的传播途径

传染性是病毒最显著的特点，归结起来病毒的传播途径主要有以下几种。
(1) 不可移动的计算机硬件设备：这种类型的病毒较少，但通常破坏力极强。
(2) 移动存储设备：例如 U 盘、移动硬盘、MP3、存储卡等。
(3) 计算机网络：网络是计算机病毒传播的主要途径，这种类型的病毒种类繁多，破坏力大小不等。它们通常通过网络共享、FTP 下载、电子邮件、文件传输、WWW 浏览等方式传播。
(4) 点对点通信系统和无线通道：目前，这种传播方式还不太广泛，但在未来的信息时代这种传播途径很可能会与网络传播成为病毒扩散的最主要的两大渠道。

15.4.3 计算机病毒的特点

凡是计算机病毒，一般来说都具有以下特点。
(1) 传染性：病毒通过自身复制来感染正常文件，达到破坏计算机正常运行的目的。但是它的感染是有条件的，也就是病毒程序必须被执行之后它才具有传染性，才能感染其他文件。
(2) 破坏性：任何病毒侵入计算机后，都会或大或小地对计算机的正常使用造成一定的影响，轻者降低计算机的性能，占用系统资源，重者破坏数据导致系统崩溃，甚至会损坏计算机硬件。
(3) 隐藏性：病毒程序一般都设计得非常小巧，当它附带在文件中或隐藏在磁盘上时，不易被人觉察，有些更是以隐藏文件的形式出现，不经过仔细地查看，一般用户很难发现。
(4) 潜伏性：一般病毒在感染文件后并不是立即发作，而是隐藏在系统中，在满足条件时才激活。一般都是某个特定的日期，例如"黑色星期五"就是在每逢 13 号的星期五才会发作。
(5) 可触发性：病毒如果没有被激活，它就像其他没执行的程序一样，安静地待在系统中，没传染性也不具有杀伤力，但是一旦遇到某个特定的条件，它就会被触发，具有传染性和破坏力，对系统产生破坏作用。这些特定的触发条件一般是病毒制造者设定的，它可能是时间、日期、文件类型或某些特定数据等。
(6) 不可预见性：病毒种类多种多样，病毒代码千差万别，而且新的病毒制作技术也不断涌现。因此，用户对于已知病毒可以检测、查杀，但对于新的病毒却没有未卜先知的能力，尽管这些新式病毒有某些病毒的共性，但是它采用的技术将更加复杂，更不可预见。
(7) 寄生性：病毒嵌入到载体中，依靠载体而生存，当载体被执行时，病毒程序也就被激活，然后进行复制和传播。

15.4.4 计算机感染病毒后的症状

如果计算机感染上了病毒，用户如何才能得知呢？一般来说，感染病毒的计算机会有以下几种症状。

(1) 平时运行正常的计算机变得反应迟钝，并会出现蓝屏或死机现象。
(2) 可执行文件的大小发生不正常的变化。
(3) 对于某个简单的操作，可能会花费比平时更多的时间。
(4) 开机出现错误的提示信息。
(5) 系统可用内存突然大幅减少，或者硬盘的可用磁盘空间突然减小，而用户并没有放入大量文件。
(6) 文件的名称或扩展名、日期、属性被系统自动更改。
(7) 文件无故丢失或不能正常打开。

如果计算机出现了以上几种症状，那很有可能是计算机感染上了病毒。

15.4.5 计算机病毒的预防

在使用计算机的过程中，如果用户能够掌握一些预防计算机病毒的小技巧，那么就可以有效地降低计算机感染病毒的概率。这些技巧主要包含以下几个方面。

(1) 最好禁止可移动磁盘和光盘的自动运行功能，因为很多病毒会通过可移动存储设备进行传播。
(2) 最好不要在一些不知名的网站上下载软件，很有可能病毒会随着软件一同下载到计算机上。
(3) 尽量使用正版杀毒软件。
(4) 经常从所使用的软件供应商处下载和安装安全补丁。
(5) 对于游戏爱好者，尽量不要登录一些外挂类的网站，很有可能在登录的过程中，病毒已经悄悄地侵入了计算机系统。
(6) 使用较为复杂的密码，尽量使密码难以猜测，以防止钓鱼网站盗取密码。不同的账号应使用不同的密码，避免雷同。
(7) 如果病毒已经进入计算机，应该及时将其清除，防止其进一步扩散。
(8) 共享文件要设置密码，共享结束后应及时关闭。
(9) 要对重要文件形成习惯性的备份，以防遭遇病毒的破坏，造成意外损失。
(10) 可在计算机和网络之间安装使用防火墙，提高系统的安全性。
(11) 定期使用杀毒软件扫描计算机中的病毒，并及时升级杀毒软件。

15.5 课后习题

1. 防范计算机病毒的技巧有哪些？
2. 简述如何维护与保养 CPU。
3. 简述如何维护与保养显示器。

4. 简述如何 360 杀毒软件查杀电脑病毒。
5. 使用 U 盘、移动硬盘或光盘等外部存储设备备份计算机中的重要资料。
6. 使用 360 安全卫士的【木马查杀】功能对磁盘进行全盘扫描并清除扫描到的木马。
7. 使用 360 安全卫士的【开机加速】功能管理计算机的启动项。
8. 简述计算机病毒的特点。
9. 如何判断计算机是否感染病毒？
10. 计算机病毒进入中国的时间是(　　)。
    A. 1983 年　　　　B. 1997 年　　　　C. 1989 年　　　　D. 1946 年
11. 计算机工作事宜的温度是(　　)。
    A. 5℃~40 ℃　　　B. 5℃~15℃　　　C. 15℃~30℃　　　D. 30℃~40℃
12. 计算机在开机后首先进行设备检测，称为(　　)。
    A. 启动系统　　　B. 开机　　　　C. 设备检测　　　D. 系统自检
13. 计算机在开机后显示器在显示 Award Soft Ware, Inc System Configurations 时停止启动，说明：_____。
14. 计算机开机后发现 CPU 频率降低了，显示信息为 Defaults CMOS Setup Loaded，并且重新设置 CPU 频率，说明：_____。
15. 启动计算机时，键盘自检出错，屏幕显示 keyboard error Press F1 Resume 出错信息，说明：_____。

第 16 章
计算机新技术

☑ **学习目标**

近些年来，计算机行业的新技术层出不穷，新概念也不断涌现。各类专业名词、产品发布会让人应接不暇。从技术上来说，模式识别、传感器网络、神经网络、复杂网络、5G、物联网、云计算、大数据、人工智能、虚拟现实、增强现实等一系列名词，出现得越来越频繁，让很多人难以把握未来科技的发展方向。

本章将从众多计算机领域新技术中，有针对性地介绍云计算、大数据、物联网、人工智能等常见的技术，通过介绍其概念、发展、特点和应用，帮助用户对新技术有一个初步、简要的理解。

☑ **知识体系**

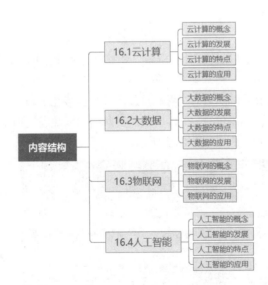

☑ **重点内容**

- 云计算的概念、特点和应用
- 大数据的概念、特点和应用
- 物联网的概念、发展和应用
- 人工智能的概念、特点和应用

16.1 云计算

云计算(Cloud Computing)是基于互联网的相关服务的增加、使用和交付模式,通常涉及通过互联网来提供动态易扩展且经常是虚拟化的资源。"云"是网络、互联网的一种比喻说法。如图16-1所示的云计算概念图中,过去往往用"云"来表示电信网,后来也用来表示互联网和底层基础设施的抽象。云计算可以让用户体验到每秒10万亿次的运算能力,拥有这么强大的计算能力后,我们可以通过计算机来模拟核爆炸、预测气候变化或者市场发展趋势。

图 16-1 云计算概念图

16.1.1 云计算的概念

不同于传统的计算机,云计算引入了一种全新的方便人们使用计算资源的模式,即云计算能让人们方便、快捷地自助使用远程计算资源。计算资源所在地称为云端(也称为云基础设施),输入/输出设备称为云终端。云终端就在人们触手可及的地方,而云端位于"远方"(与地理位置远近无关,需要通过网络才能到达),两者通过计算机连接在一起。云终端和云端之间是标准的C/S模式,即客户端/服务器模式——客户端通过网络向云端发送请求消息,云端计算处理后返回结果。云计算的可视化模型如图16-2所示。

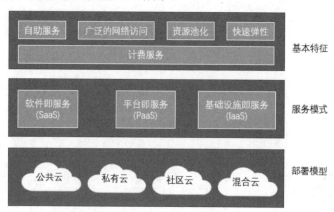

图 16-2 云计算可视化模型

16.1.2 云计算的发展

云计算的本质是一种服务提供模型，通过这种模型可以随时随地、按需地通过网络访问共享资源池的资源，这个资源池的资源内容包括计算资源、网络资源、存储资源等，这些资源能够动态分配和调整，在不同的用户之间灵活切换划分。凡是符合这些特征的 IT 服务都可以称为云计算服务。云计算从出现到现在，大体上经历了 4 个阶段。

1. 电厂模式阶段

电厂模式是指利用电厂的规模效应来降低电力的价格，并让用户使用起来更方便，且无须维护和购买任何发电设备。云计算就是这样一种模式，将大量分散资源集中在一起，进行规模化管理，降低成本，从而方便用户。

2. 效用计算阶段

在 1960 年左右，当时计算设备的价格是非常高昂的，远非普通企业、学校和机构所能承受，所以很多人产生了共享计算资源的想法。1961 年，人工智能之父麦肯锡在一次会议上提出了"效用计算"这个概念，其核心借鉴了电厂模式，具体目标是整合分散在各地的服务器、存储系统以及应用程序来共享给多个用户，让用户能够像把灯泡插入灯座一样来使用计算机资源，并且根据其所使用的量来付费。

3. 网格计算阶段

网格计算研究如何把一个需要非常巨大的计算能力才能解决的问题分成许多小的部分，然后把这些部分分配给许多低性能的计算机来处理，最后把这些计算结果综合起来攻克大问题。可惜的是，由于网格计算在商业模式、技术和安全性方面的不足，使其并没有在工程界和商业界取得预期的成功。

4 云计算阶段

云计算的核心与效用计算和网格计算非常类似，也是希望 IT 技术能像使用电力那样方便，并且成本低廉。但与效用计算和网格计算不同的是，云计算在需求方面已经有了一定的规模，同时在技术方面也已经基本成熟。

16.1.3 云计算的特点

云计算具有 5 个基本特征、4 种部署模型和 3 种服务模式。

1. 基本特征

云计算的 5 个基本特征如下。

(1) 自助服务。云计算的消费者不需要或很少需要云服务提供商的协助，即可单方面按需获取云端的计算资源。

(2) 广泛的网络访问。消费者可以随时随地使用任何云终端设备接入网络并使用云端的计算资源。常见的云端设备包括手机、平板、笔记本电脑、PDA 账上电脑和台式计算机等。

(3) 资源池化。计算资源需要被池化，以便通过多租户形式共享给多个消费者，只有池化后才能根据消费者的需求动态分配或再分配各种物理和虚拟的资源。消费者通常不知道自己正在使用的计算资源的确切位置,但是在自助申请时允许指定大概的区域范围。

(4) 快速弹性。消费者能方便、快捷地按需获取和释放计算资源,也就是说,需要时能快速获取资源从而扩展计算能力,不需要时能迅速释放资源以便降低计算能力,从而减少资源的使用费用。对于消费者来说,云端的计算资源是无限的,可以随时申请并获取任何数量的计算资源。但这里我们需要消除一个误解,那就是一个实际的云计算系统不一定是投资巨大的工程,也不一定要购买成千上万台计算机,或者不一定具备超大规模的运算能力。其实一台计算机就可以组建一个最小的云端,云端建设方案采用可伸缩性策略,刚开始时采用几台计算机,然后根据用户数量规模来增减计算机资源。

(5) 计费服务。消费者使用云端计算资源是要付费的,付费的计量方法有很多,比如根据某类资源(如存储、CPU、内存、网络宽带等)的使用量和时间长短计费,也可以按照每使用一次来计费。但不管如何计费,对消费者来说,价码要清楚,计量方法要明确,而云服务提供商需要监视和控制资源的使用情况,并及时输出各种资源的使用报表,做到供需双方费用结算清清楚楚。

2. 部署模型

云计算的4种部署模型如下。

(1) 私有云。私有云的云端资源只给一个单位组织内的用户使用,这是私有云的核心特征。而云端的所有权、日常管理和操作的主体到底属于谁并没有严格的规定,可能是本单位,也可能是第三方机构,还可能是二者的联合。云端可能位于本单位内部,也可能托管在其他位置。

(2) 社区云。社区云的云端资源专门给固定的几个单位内的用户使用,而这些单位对云端具有相同的诉求(如安全要求、合规性要求等)。云端的所有权、日常管理和操作的主体可能是本社区内的一个或多个单位,也可能是社区外的第三方机构,还可能是二者的联合。云端可能部署在本地,也可能部署于别处。

(3) 公共云。公共云的云端资源开放给社会公众使用。云端的所有权、日常管理和操作的主体可以是一个商业组织、学术机构、政府部门或者它们其中的几个联合。公共云的云端可能部署在本地,也可能部署在其他地方。

(4) 混合云。混合云由两个或两个以上不同类型的云(私有云、社区云或公共云)组成,它们之间相互独立,但使用标准的或专有的技术将它们组合起来,而这些技术能实现云之间的数据和应用程序的平滑流转。由多个相同类型的云组合在一起属于多云的范畴,比如两个私有云组合在一起的混合云属于多云的一种。由私有云和公共云构成的混合云是目前最流行的形式,当私有云资源短暂性需求过大时(成为"云爆发",Cloud Bursting),自动租赁公共云资源来平抑私有云资源的需求峰值。例如,网店在节假日或双十一活动期间点击量巨大,这时就会临时使用公共云资源来应急。

3. 服务模式

云计算的3种服务模式如下。

(1) 软件即服务(Software as a Service,SaaS):云服务提供商把IT系统中应用软件层作为服务出租出去,消费者不用自己安装应用软件,直接使用即可,这进一步降低了云服务消费者的技术门槛。

(2) 平台即服务(Platform as a Service，PaaS)：云服务提供商把 IT 系统中的平台软件层作为服务出租出去，消费者自己开发或者安装程序，并运行程序。

(3) 基础设施即服务(Infrastructure as a Service，IaaS)：云服务提供商把 IT 系统的基础设施层作为服务出租出去，由消费者自己安装操作系统、中间件、数据库和应用程序。

云计算的精髓就是把有形的产品(网络设备、服务器、存储设备、软件等)转化为服务产品，并通过网络让人们远距离在线使用，使产品的所有权和使用权分离。

16.1.4 云计算的应用

云应用不同于云产品，云产品一般由软硬件厂商开发和生产出来，而云应用是由云计算运营商提供的服务，这些运营商需要事先采用云产品搭建云计算中心，然后才能对外提供云计算服务。在云计算产业链上，云产品是云应用的上游产品。

云计算的目的是云应用，离开应用，搭建云计算中心没有任何意义。我国目前的云计算中心如雨后春笋般出现，但云应用却很少。下面将介绍几种常见的云应用。

1. 办公云

与传统的计算机为主的办公环境相比，私有办公云具有更多的优势。
(1) 建设成本和使用成本低。
(2) 维护容易。
(3) 云终端是纯硬件产品，可靠、稳定且折旧周期长。
(4) 数据集中存放在云端，更容易保全企业的知识资产。
(5) 能够实现移动办公，办公人员可以在任何一台云终端上通过登录账号办公。

以一个员工人数小于 20 人的企业为例，采用两台服务器做云端，办公软件安装在服务器上，数据资料也存放在服务器上，为每位员工分配一个账号，员工利用账号可以通过有线或无线网络连接到办公终端，登录云端办公，如图 16-3 所示。

2. 医疗云

医疗云的核心是以全民电子健康档案为基础，建立覆盖医疗卫生体系的信息共享平台，打破各个医疗机构信息孤岛的现象，同时围绕居民的健康提供统一的健康业务部署，建立远程医疗系统，尤其使得很多缺医少药的农村受惠，如图 16-4 所示。

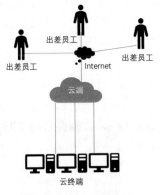

图 16-3　办公云概念图

图 16-4　医疗云概念图

通过医疗云，医院或相关机构可以在人口密集居住的区域增设各种体检自助终端，甚至可以使自助终端进入家庭。建立医疗云，利国利民。

3. 园区云

园区云的企业经营的产品具有竞争关系或上下游关系，企业的市场营销和经营管理具有很大的共性，且企业相对集中，所以在园区内部最适合构建云计算平台。由园区管理委员会主导并运营云端，通过光纤接入园区内各家企业，企业内部配备云终端。

园区云的云端应具有以下云应用。

(1) 企业应用云。ERP(企业资源计划)、CRM(企业客户管理)、SCM(供应链管理)等企业应用软件是现代企业的必备软件，代表着企业研发、采购、生产、销售和管理的流程化和现代化。如果园区内每家企业单独购买这些软件，则价格昂贵、实施困难、运维复杂，但经过云化后部署于云端，企业按需租用，价格低廉，难以迎刃而解。

(2) 电子商务云。为了覆盖尽量长的产业链条，引入电子商务云，一方面对内可以打通上下游企业的信息通路，整合产业链条上的相关资源，从而降低交易的成本；另一方面对外可以形成统一的门户和宣传口径，避免内部恶意竞争，进而形成凝聚力一致对外，这对营销网络建设、强化市场开拓、整体塑造园区品牌形象具有重大意义。

(3) 移动办公云。在园区内部部署移动办公云，使得园区内企业以低廉的价格便可以达到以下目的。

- 使用正版软件。
- 企业知识资产得以保全。
- 随时、随地办公。
- 企业IT投入大幅度下降。
- 快速部署应用。
- 从繁重的IT运维中解脱出来专注于核心业务。

(4) 数据存储云。如果关键数据丢失，则大部分的企业将面临倒闭，这已经是业界的共识。在园区部署数据存储云，以数据块或文件的形式通过在线或离线的手段存储企业的各种加密或解密的业务数据，并建立数据回溯机制，可以规避存储设备毁坏、计算机被盗、火灾发生、水灾发生、房屋倒塌、雷击等事故造成的企业数据丢失或泄密的风险。

(5) 高性能计算云。新产品开发、场景模拟、工艺改进等往往涉及模拟实验、数据建模等需要大量计算的子项目，如果只靠单台计算机，则一次计算过程往往会耗费很长的时间，而且失败率较高。因此，园区统一引入高计算性能的计算云和3D打印设备，出租给有需要的企业，可以加快产品迭代的步伐。

(6) 教育培训云。抽取当前各个企业培训的共性部分，形成教育培训公共云平台，实现现场和远程培训相结合，一方面能最大限度减少教育培训方面的重复建设，降低企业对新员工和新业务的培训投入，加强校企合作，集中优良的师资和培训条件，使教育培训效果事半功倍；另一方面又能通过网络快速实现"送教下乡"。

16.2 大数据

大数据(Big Data)，指无法在一定时间范围内用常规软件工具进行捕捉、管理和处理的数据集合。

16.2.1 大数据的概念

研究机构 Gartner 给出定义："大数据"是需要新处理模式才能具有更强的决策力、洞察发现力和流程优化能力的海量、高增长率和多样化的信息资产。

大数据技术的战略意义不在于掌握庞大的数据信息，而在于对这些含有意义的数据进行专业化处理。换言之，如果把大数据比作一种产业，那么这种产业实现盈利的关键，在于提高对数据的"加工能力"，通过"加工"实现数据的"增值"。

从技术上看，大数据与云计算的关系就像一枚硬币的正反面一样密不可分。大数据无法用单台的计算机进行处理，必须采用分布式架构。它的特色在于对海量数据进行分布式数据挖掘，必须依托云计算的分布式处理、分布式数据库和云存储、虚拟化技术。

16.2.2 大数据的发展

大数据的发展历程总体上可以划分为 3 个重要阶段，包括萌芽期、成熟期和大规模应用期。

(1) 萌芽期(20 世纪 90 年代至 21 世纪初)：随着数据挖掘理论和数据库技术的逐步成熟，一批商业智能工具和知识管理技术开始被应用，如数据仓库、专家系统、知识管理系统等。

(2) 成熟期(21 世纪前 10 年)：Web 2.0 应用迅猛发展，非结构化数据大量产生，传统处理方法难以应对，带动了大数据技术的快速突破，大数据解决方案逐渐走向成熟，形成了并行计算与分布式系统两大核心技术，谷歌的 GFS 和 MapReduce 等大数据技术受到追捧，Hadoop 平台开始大行其道。

(3) 大规模应用期(2010 年以后)：大数据应用渗透各行各业，数据驱动决策，信息社会智能化程度大幅提高。

16.2.3 大数据的特点

随着大数据时代的到来，"大数据"已经成为互联网信息技术行业的流行词汇。关于"什么是大数据"这个问题，很多人比较认可关于大数据的 4V 说法，即大数据的 4 个特点：数据量大(Volume)、数据类型繁多(Variety)、处理速度快(Velocity)和价值密度低(Value)。

1. 数据量大

人类进入信息社会后，数据以自然方式增长，其产生不以人的意志为转移。从 1986 年开始，到 2010 年为止，二十多年的时间中，全球数据的数量增长了 100 倍，今后数据增长的速度将更快，我们正生活在一个"数据爆炸"的时代。目前世界上只有 25%的设备是联网的，大约 80%的上网设备是计算机和手机，而在不远的将来，将有更多的用户成为网民，汽车、电视、家用电器、生产机器等各种设备也将接入互联网。随着 Web 2.0 和移动互联网的快速发展，人们已经可以随时随地、随心所欲发布包括博客、微博、微信等在内的各种信息。随着物联网的推广和普及，各种传感器和摄像头将遍布工作和生活的各个角落，这些设备每时每刻都在自动产生大量数据。

综上所述，人类社会正在经历第二次"数据爆炸"(如果把印刷在纸张上的文字和图形也看作数据，那么人类历史上第一次"数据爆炸"发生在造纸术和印刷术发明的时期)。各种数据产生速度之快，产生数量之大，已经远远超出人类可以控制的范围，"数据爆炸"成为大数据时代的鲜明特征。根据著名咨询机构IDC(Internet Data Center)做出的估测，人类社会产生的数据一直都在以每年50%的速度增长，也就是说，每两年就增加一倍，这被称为"大数据摩尔定律"。这意味着，人类在最近两年产生的数据量相当于之前产生的全部数据量之和。

数据存储单位之间的换算关系如表16-1所示。

表16-1 数据存储单位之间的换算关系

单 位	换算关系
Byte(字节)	1Byte=8bit
KB(Kilobyte，千字节)	1KB=1024Byte
MB(Megabyte，兆字节)	1MB=1024KB
GB(Gigabyte，吉字节)	1GB=1024MB
TB(Trillionbyte，太字节)	1TB=1024GB
PB(Petabyte，拍字节)	1PB=1024TB
EB(Exabyte，艾字节)	1EB=1024PB
ZB(Zettabyte，泽字节)	1ZB=1024EB

2. 数据类型繁多

大数据的数据来源众多，科学研究、企业应用和Web应用等都在源源不断地生成新的数据。生物大数据、交通大数据、医疗大数据、电信大数据、电力大数据、金融大数据等都呈现出"井喷式"增长，所涉及的数据量十分巨大，已经从TB级跃升至PB级。

大数据的数据类型丰富，包括结构化数据和非结构化数据，其中前者占10%左右，主要是指存储在关系数据库中的数据；后者占90%左右，种类繁多，主要包括邮件、音频、视频、微信、微博、位置信息、链接信息、手机信息、网络日志等。

类型繁多的异构数据，对数据处理和分析技术提出了新的挑战，也带来了新的机遇。传统数据主要存储在关系数据库中，但是，在类似Web 2.0等应用领域中，越来越多的数据开始被存储在非关系型数据库中，这就必然要求在集成的过程中进行数据转换，而这种转换的过程是非常复杂和难以管理的。传统的联机分析处理(On-Line Analytical Processing，OLAP)和商务智能工具大都面向结构化数据，而在大数据时代，用户友好的、支持非结构化数据分析的商业软件也将迎来广阔的市场空间。

3. 处理速度快

大数据时代的数据产生速度非常迅速。在 Web 2.0 应用领域，在 1 分钟内，新浪网可以产生 2 万条微博，Twitter 可以产生 10 万条推文，苹果可以下载 4.7 万次应用，淘宝网可以卖出 6 万件商品，百度可以产生 90 万次搜索查询，Facebook 可以产生 600 万次浏览。大名鼎鼎的大型强子对撞机(LHC)，大约每秒产生 6 亿次的碰撞，每秒产生约 700MB 的数据，有成千上万台计算机分析这些碰撞。

大数据时代的很多应用都需要基于快速生成的数据实时分析结构，用于指导生产和生活实践。因此，数据处理和分析的速度通常要达到秒级响应，这一点和传统的数据挖掘技术有着本质的不同，后者通常不要求给出实时分析结构。

为了实现快速分析海量数据的目的，新兴的大数据分析技术通常采用集群处理和独特的内部设计。以谷歌公司的 Dremel 为例，它是一种可扩展的、交互式的实时查询系统，用于只读嵌套数据的分析，通过结合多级树状执行过程和列式数据结构，它能做到几秒内完成对万亿张表的聚合查询，系统可以扩展到成千上万的 CPU 上，满足谷歌上万用户操作 PB 级数据的需求，并且可以在 2~3 秒内完成 PB 级数据的查询。

4. 价值密度低

大数据虽然看起来很美好，但是价值密度却远远低于传统关系数据库中已有的数据。在大数据时代，很多有价值的信息都分散在海量数据中，以小区监控视频为例，如果没有意外事件发生，连续不断产生的数据都是没有任何价值的，当发生盗窃、火灾等意外事件时，也只有记录事故过程的一小段视频是有价值的。但是，为了能够获得发生盗窃、火灾时的一段宝贵的视频，我们不得不投入大量资金购买监控设备、网络设备、存储设备，耗费大量的电能和存储空间，来保存摄像头连续不断传来的监控数据。

16.2.4 大数据的应用

大数据无处不在，包括金融、汽车、餐饮、电信、能源等在内的社会各行各业都已经融入了大数据的印记。表 16-2 所示是大数据在社会各个领域的应用情况。

表 16-2 大数据在社会各个领域的应用

领　域	应　用
制造	利用大数据可以提升制造业水平，包括产品故障诊断、改进生产工艺、优化生产过程能耗、生产计划与排程等
能源	随着智能电网的发展，电力公司可以掌握海量的用户用电信息，利用大数据技术分析用户用电模式，可以改进电网运行，合理设计电力需求响应系统，确保电网运行
生物医学	大数据有助于实现流行病预测、智慧医疗、健康管理，同时还可以帮助医学人员解读 DNA，了解更多的生命奥秘
互联网	大数据可以帮助互联网从业人员分析客户行为，进行商品推荐和有效地广告投放
金融	大数据在高频交易、社交情绪分析和信贷风险分析三大金融创新领域发挥着重要作用

(续表)

领域	应用
安全	大数据可以帮助政府构建强大的国家安全体系，可以帮助企业抵御网络攻击，可以帮助警察预防犯罪发生
电信	利用大数据可以实现客户离网分析，及时掌握客户离网倾向，出台客户挽留措施
汽车	利用大数据和物联网技术的无人驾驶汽车，在不远的未来将走入我们的日常生活
体育	大数据可以帮助教练训练球队，并预测比赛结构
城市管理	大数据可以实现智能交通、环保监测、城市规划和智能安防
物流管理	利用大数据可以优化物流网络，提高物流效率，降低物流成本
餐饮娱乐	大数据可以实现餐厅 O2O 模式，提供影视作品拍摄建议，改变餐饮和娱乐行业的运营模式
个人生活	大数据可以分析个人生活的习惯，为人们提供周到的个性化服务

16.3 物联网

物联网(Internet of Things，IoT)顾名思义，就是物物相连的互联网。这里有两层意思：第一层意思是物联网的核心和基础仍然是互联网，物联网是在互联网基础上的延伸和扩展的网络；第二层意思是物联网的用户端延伸和扩展到了任何物品与物品之间，进行信息交换和通信，也就是物物相息。

16.3.1 物联网的概念

物联网是物物相连的互联网，是互联网的延伸，它利用局部网络或互联网等通信技术把传感器、控制器、机器、人员和物等通过新的方式连在一起，形成人与物、物与物相连，实现信息化和远程管理控制。

从技术架构上看，物联网可以分为感知层、网络层、处理层和应用层 4 层，如图 16-5 所示。

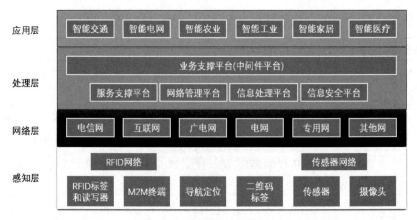

图 16-5　物联网体系架构

(1) 感知层：如果把物联网体系比喻为一个人体，那么感知层就好比人体的神经末梢，用来感知物理世界，采集来自物理世界的各种信息。感知层包含大量的传感器，如温度传感器、湿度传感器、应力传感器、加速度传感器、重力传感器等。

(2) 网络层：相当于人体的神经中枢，起到信息传输的作用。网络层包含各种类型的网络，如互联网、移动通信网络、卫星通信网络等。

(3) 处理层：相当于人体的大脑，起到存储和处理的作用，包括数据存储、管理和分析平台。

(4) 应用层：直接面向用户，满足各种应用需求，如智能交通、智慧农业、智慧医疗、智能工业等。

16.3.2 物联网的发展

在物联网的发展过程中，有两个关键因素将发挥重要作用：一是人工智能；二是边缘计算。

1. 人工智能

随着 AlphaGo 利用增强学习的技术打败了人类的卓越棋手，人工智能应用在一些边缘智能的应用场景已经开始实现。但整个人工智能的发展是离不开数据的，因为它需要大量的数据进行训练。

随着越来越多的非结构化数据需要我们进行处理，并要从非结构化数据中发现内在的关联，人工智能技术是其中的重点。

2. 边缘计算

数据量的增加也在推动整个计算模式的演变。

在互联网时代，互联网通过云计算平台来实现用户随时随地按需访问自己所需要的资源。云计算的技术能够帮助实现资源的共享，给用户提供一个最佳的用户体验。在每年的双 11 活动中，天猫商城上销售峰值已经超过 25 亿/秒，要支撑这样大量的计算，云计算平台功不可没。

而在物联网时代，随着数字化转型，需要更敏捷的连接、更有效的数据处理，同时还要有更好的数据保护，而由于边缘计算能够有效地降低对带宽的要求，能够提供及时的响应，并且对数据的隐私提供保护，其发挥的作用越来越大。许多人认为，边缘计算正成为物联网的发展支柱。

16.3.3 物联网的应用

下面用一个简单的智能公交实例来介绍物联网的应用。目前很多城市居民的智能手机中都安装了"掌上公交"APP，可以用手机随时随地查询每辆公交车的当前到达位置信息，这就是一种非常典型的物联网应用。在智能公交应用中，每辆公交车都安装了 GPS 定位系统和 4G 网络传输模块，在车辆行驶过程中，GPS 定位系统会实时采集公交车当前到达位置信息，并通过车上的 4G 网络传输模块发送给车辆附近的移动通信基站，经由电信运营商的 4G 移动通信网络传送到智能公交指挥调度中心的数据处理平台，平台再把公交车位置数据发送给智能手机用户，用户手机上的"掌上公交"APP 就会显示出公交车的当前位置信息。这个应用实现了"物与物相连"，即公交车和手机这两个物体连接在一起，让手机可以实时获得公交车的位置信息。

在这个应用中，安装在公交车上的 GPS 定位设备属于物联网的感知层；安装在公交车上的 4G 网络传输模块以及电信运营商的 4G 移动通信网络属于物联网的网络层；智能公交指挥调度中心的数据处理平台属于物联网的处理层；智能手机上安装的"掌上公交"APP属于物联网的应用层。

16.4 人工智能

人工智能(Artificial Intelligence，AI)，是研究、开发用于模拟、延伸和扩展人的智能的理论、方法、技术及应用系统的一门新的技术科学。

16.4.1 人工智能的概念

人工智能是计算机科学的一个分支，它企图了解智能的实质，并生产一种新的能以人类智能相似的方式做出反应的智能机器，该领域的研究包括机器人、语言识别、图像识别、自然语言处理和专家系统等。人工智能从诞生以来，理论和技术日益成熟，应用领域也不断扩大，可以设想，未来人工智能带来的科技产品将会是人类智慧的"容器"。人工智能可以对人的意识、思维的信息过程的模拟。人工智能虽然不是人的智能，但能像人那样思考，也可能超过人的智能。

16.4.2 人工智能的发展

1956年夏季，以麦卡赛、明斯基、罗切斯特和申农等为首的一批有远见卓识的年轻科学家在一起聚会，共同研究和探讨用机器模拟智能的一系列有关问题，并首次提出了"人工智能"这一术语，它标志着"人工智能"这门新兴学科的正式诞生。IBM公司"深蓝"电脑击败了人类的世界国际象棋冠军更是人工智能技术的一个完美表现。

从1956年正式提出人工智能学科算起，60多年来，人工智能取得长足的发展，成为一门广泛的交叉和前沿科学。总的说来，人工智能的目的就是让计算机这台机器能够像人一样思考。如果希望做出一台能够思考的机器，那就必须知道什么是思考，更进一步讲就是什么是智慧。什么样的机器才是智慧的呢？科学家已经制作出汽车、火车、飞机、收音机等，它们模仿我们身体器官的功能，但是能不能模仿人类大脑的功能呢？到目前为止，我们也仅仅知道大脑是由数十亿个神经细胞组成的器官，我们对其知之甚少，模仿它或许是天下最困难的事情了。

而当计算机出现后，人类开始真正有了一个可以模拟人类思维的工具，在以后的岁月中，无数科学家为这个目标努力着。如今人工智能已经不再是几个科学家的专利，全世界几乎所有大学的计算机系都有人在研究这门学科，在大家不懈的努力下，如今计算机似乎已经变得十分聪明了。例如，1997年5月，IBM公司研制的深蓝(Deep Blue)计算机战胜了国际象棋大师卡斯帕洛夫(Kasparov)。

许多人或许没有注意到，在一些地方计算机帮助人类进行其他原来只属于人类的工作，计算机以它的高速和准确为人类发挥着它的作用。人工智能是计算机科学的前沿学科，计算机编程语言和其他计算机软件都因为有了人工智能的进展而得以存在。

16.4.3 人工智能的特点

现有人工智能的特点可以总结为：弱人工智能比人强，强人工智能不如人。

弱人工智能就是指应用到专一领域只具备专一功能的人工智能系统，例如股价预测、无人驾驶、智能推送或者 Alpha 狗。这类应用涉及的领域非常专一，重复劳动量大，训练数据体量异常庞大，涉及复杂决策或分类难题。

强人工智能就是指通用型人工智能。目前人工智能系统受限于学习能力、算法、数据来源等，只适合训练针对单一工作的弱人工智能系统。由于人类目前对于自己的认知行为的研究尚且有限，还无法开发出具有跟人类一样认知能力的全能型人工智能系统。

16.4.4 人工智能的应用

人工智能应用的范围很广，包括计算机科学、金融贸易、医药、诊断、工业、运输、远程通信、在线和电话服务、法律、科学发现、玩具和游戏、音乐等诸多方面，下面举例介绍常见的几种应用。

1. 计算机科学

人工智能产生了许多方法解决计算机科学较困难的问题。它们的许多发明已被主流计算机科学采用，而不认为是 AI 的一部分。下面内容起初是 AI 实验室发展的：时间分配；界面演绎员；图解用户界面；计算机鼠标；快发展环境；联系表数据结构；自动存储管理；符号程序；功能程序；动态程序；客观指向程序。

2. 金融

银行用人工智能系统组织运作金融投资和管理财产。2001 年 8 月，在模拟金融贸易竞赛中，机器人战胜了人。金融机构已长久使用人工神经网络系统去发觉变化或规范外的要求，如银行使用协助顾客服务系统，帮助核对账目、发行信用卡和恢复密码等。

3. 医院和医药

医学临床可用人工智能系统组织病床计划，并提供医学信息。例如，人工智能可以帮助解析医学图像，系统可以通过扫描数据图像，从计算 X 光断层图发现疾病(典型应用是发现肿块)。

4. 工业

如今，在工业中已普遍应用人工智能技术，其应用有如下场景。

(1) 应用数据的可视化分析：人工智能能够收集设备运行的各项数据(如温度、转速、能耗情况、生产力状况等)，并存储数据以供二次分析，对生产线进行节能优化，提前检测出设备运行是否异常，同时提供降低能耗的措施。

(2) 机器的自我诊断：如果一条生产线突然发出故障报警，人工智能能够自己进行诊断，找到哪里产生了问题，原因是什么，同时还能够根据历史维护的记录或者维护标准，告诉人们如何解决故障，甚至让机器自己解决问题、自我恢复。

(3) 预测性维护：通过人工智能技术让机器在出现问题之前就感知到或者分析出可能出现的问题。比如，工厂中的数控机床在运行一段时间后刀具就需要更换，通过分析历史的运营数据，机器可以提前知道刀具会损坏的时间，从而提前准备好更换的配件，并安排在最近的一次维护时更换刀具。

下面介绍几个国际科技公司的人工智能技术在工业领域布局的案例。

(1) 阿里巴巴。2017 年，在 BAT 和 AMG 中，阿里 ET 工业大脑是第一个下到车间里的人工智能。光伏材料制造商保利协鑫和阿里云的合作是中国工业制造领域的创新示范，阿里云在该制造商车间做的第一件事，是把生产线上所有端口的数据上了云，然后调集上千台服务器的算力，短时间内从数千个变量里找到了影响良品率的 60 个。接下来则交由人工智能实时监测和控制这些变量，生产线只要"奉命行事"即可。

(2) 西门子。西门子中央研究院在慕尼黑演示了双臂机器人的一部分，借助人工智能的高度自动化，该机器人无须编程即可自主分工协作，用于产品制造。传统的机器人无法理解这种 CAD/CAM(计算机辅助设计和制造)模型，但新的机器人原型可以做到。从某种意义上说，这就好像机器人能够理解不同的语言，从而不必对其运动和工艺进行编程。

(3) 通用电气。通用电气宣布与众多电气公司达成多年协议，并与纽约电力管理局(NYPA)达成广泛的协议，致力于成为全球首个全数字化电力公司。如今，GE 预测分析软件的综合智能运营中心已经开放，该运营中心是一家尖端的资产监控和诊断中心。其中，GE 和 Enel 将部署和优化 GE 的资产绩效管理(APM)软件，该软件在 GE 的工业物联网(IIoT)平台 Predix 上运行，以监测、预测和提高 13 个燃气电厂和 1 个燃煤电厂的可靠性，这 14 个发电厂都使用通用电气或阿尔斯通的涡轮机和发电机。

5. 客户服务

人工智能是自动上线的好助手，可减少操作，使用的主要是自然语言加工系统。呼叫中心的回答机器也用类似技术，如语言识别软件可方便计算机的顾客更好地操作。

16.5 课后习题

1. 简述云计算的基本特征和服务模式。
2. 简述云计算的常见应用。
3. 简述大数据的特点和应用。
4. 简述物联网的概念与常见应用。
5. 简述人工智能的基本概念。
6. 简述人工智能的特点与应用。

参考文献

[1] 刁树民，郭吉平，李华. 大学计算机基础[M]. 5版. 北京：清华大学出版社，2014.
[2] 唐永华. 大学计算机基础[M]. 2版. 北京：清华大学出版社，2015.
[3] 唐朔飞. 计算机组成原理[M]. 北京：高等教育出版社，2005.
[4] 教育部考试中心. 全国计算机等级考试[M]. 北京：高等教育出版社，2018.
[5] 于占龙. 计算机文化基础[M]. 北京：清华大学出版社，2005.
[6] 娄岩. 计算机与信息技术应用基础[M]. 北京：清华大学出版社，2016.